国外著名建筑师丛书 （第3辑）

U0725570

阿尔瓦罗·西扎

蔡凯臻　王建国　编著

中国建筑工业出版社

图书在版编目(CIP)数据

阿尔瓦罗·西扎/蔡凯臻，王建国编著．—北京：中国建筑工业出版社，2005（2022.9重印）
（国外著名建筑师丛书：第3辑）
ISBN 978-7-112-07096-1

Ⅰ.阿...　Ⅱ.①蔡...　②王...　Ⅲ.西扎－建筑艺术－研究　Ⅳ.TU-095.52

中国版本图书馆CIP数据核字（2004）第141272号

阿尔瓦罗·西扎是葡萄牙蜚声世界的著名建筑师，他1933年出生于葡萄牙北部的一个海岸小城镇——马托西纽什，1949~1955年在葡萄牙波尔图大学建筑学院学习，1955年开始进入建筑事务所工作。阿尔瓦罗·西扎从1950年代至今长达40多年的建筑实践中，共完成世界各地140余项的建筑作品创作，他一生赢得了许多荣誉与奖项，包括1992年的普利茨克奖。阿尔瓦罗·西扎还一直积极投身于建筑教育工作。

《阿尔瓦罗·西扎》一书共分评述、作品、论文三大部分，全书系统、全面、翔实地介绍了享誉世界的著名建筑师阿尔瓦罗·西扎一生所做的作品、发表的论文，并对其进行评述。书中还附有阿尔瓦罗·西扎的简历、主要奖项与荣誉，以及主要作品年表等。本书可供广大建筑设计、科研、规划设计人员、建筑院校师生等学习参考。

责任编辑：吴宇江
责任设计：崔兰萍
责任校对：李志瑛　张　虹

国外著名建筑师丛书（第3辑）
阿尔瓦罗·西扎
蔡凯臻　王建国　编著
*
中国建筑工业出版社出版、发行（北京海淀三里河路9号）
各地新华书店、建筑书店经销
北京嘉泰利德公司制版
廊坊市海涛印刷有限公司印刷
*
开本：787×1092毫米　1/16　印张：21¼　插页：8　字数：600千字
2005年7月第一版　2022年9月第三次印刷
定价：**78.00元**
ISBN 978-7-112-07096-1
　　（35539）

版权所有　翻印必究
如有印装质量问题，可寄本社退换
（邮政编码　100037）

阿尔瓦罗·西扎

从滨海大道远望博阿·诺瓦餐厅外观

阿维利诺·杜阿尔特住宅花园一隅

莱萨·达·帕尔梅拉海洋游泳池沿滨海大道外观

平托·索托银行沿主街道外观

平托·索托银行大厅室内

博格斯·伊尔玛奥银行室内

博格斯·伊尔玛奥银行沿街外观

塞图巴尔教师培训学校教室侧翼围合的内院

从杜罗河上远望波尔图大学建筑学院

加利西亚现代艺术中心鸟瞰

加利西亚现代艺术中心展厅室内

加利西亚现代艺术中心沿街外观

1998 年世界博览会葡萄牙展览馆西南外观

福尔诺斯教区中心圣堂室内

福尔诺斯教区中心东北外观

从南面远眺阿威罗大学图书馆

阿威罗大学图书馆底层阅览室内景

塞拉维斯基金会东南外观

莱维格里斯大厦室内一角

阿利坎特神学院东南外观

目　录

1

评述

引 言

我的建筑中并不存在一种预先确立的风格，也不想建立一种风格。它是对一个具体问题的回应，对我所参与的变革过程中的某种境遇的回应……在建筑学中，认为风格的统一可以解决一切问题的阶段已经过去。一种预先确立的风格也许纯净、美丽，却无法引起我的兴趣。❶

——阿尔瓦罗·西扎(1978)

1992年，"建筑界的最高荣誉"——普利茨克奖授予了一位来自于葡萄牙的建筑师——阿尔瓦罗·西扎。这标志着西扎的建筑成就获得了广泛的承认和关注，也一举奠定了他在世界建筑界的主流地位，象征着西扎建筑事业的高峰。

当时，普利茨克奖评审委员会这样评价西扎的建筑：

"阿尔瓦罗·西扎(Alvaro Siza)的建筑直接从1920年代到1970年代占统治地位的现代主义中发展而来。但是西扎拒绝这种归类，作为现代主义原则和美学意义的延续，西扎的建筑囊括了对各种要素的尊重：对于其祖国葡萄牙(一个时代的进步使建筑材料和形式日益古旧的国家)传统的尊重；对于文脉的尊重(不论是里斯本的老建筑和老街区，还是波尔图游泳俱乐部的布满礁石的海岸)；对于时代的尊重，在这个时代，建筑师在所有的制约和挑战中进行实践。西扎的建筑是对他和他的建筑正在经历的变革状态的回应。

西扎40年来创造了独特而可信的建筑表达，同时以其特有的清新使建筑界感到惊讶。西扎的建筑是对精神的感知和升华。同早期的现代主义建筑大师一样，他所创造的形式为光所渲染，自身的外表具有一种简洁性。这些形式是诚实的，它们直接解决设计问题。如果需要阴影，一个悬挂的面板就会被设置。如果需要景观，就设置一扇窗户。楼梯、坡道和墙壁似乎都被预先设置于西扎的建筑之中。然而，从更深入的观察中可以发现，这种简洁性被一种深层的复杂性所揭示。在创造性的背后存在着一种对建筑的精心把握和控制。"❷

1933年6月25日，阿尔瓦罗·西扎出生于葡萄牙北部的一个海岸小城镇——马托西纽什(Matosinhos)。1949～1955年，西扎在波尔图大学建筑学院学习，1954年实施了其最早的设计作品。1955～1958年进入费尔南多·塔欧拉(Fernando Távora)事务所工作。1958年，西扎开设自己的事务所，开始独立的建筑实践。从1950年代至今长达40多年的建筑实践中，从早期的博阿·诺瓦餐厅和莱萨·达·帕尔梅拉海洋游泳池到1970年代完成的马拉古埃拉居住区规划设计、平托·索托银行和博格斯·伊尔玛奥银行；从1980年代的德国柏林克罗伊策堡的公寓和荷兰海牙的凡·德·温尼公园住宅到1990年代的波尔图建筑学院、福尔诺斯教区中心、加利西亚现代艺术中心、1998年世界博览会葡萄牙展馆等大型公共建筑项目，西扎的设计足迹从马托西纽什步入波尔图，又从葡萄牙走向了德国、荷兰、西班牙、意大利及巴西等

---

❶ Robert Levit. Alvaro Siza. http://www.appendx.org/issue3/levitt/index1-7.htm
❷ http：//www.pritzkerprize.com/siza.htm

3

许多国家，一共设计并完成了140余项建筑作品。这些项目的成功使西扎赢得了很高的国际声誉，也先后获得了葡萄牙建筑师学会奖、密斯·凡·德·罗基金欧洲经济共同体建筑奖、哈佛大学城市设计威尔士王子奖、阿尔瓦·阿尔托基金会金奖、贝尔拉格奖、日本奈良世界建筑展金奖等国际、国内建筑协会及各类竞赛的多项奖项，而在1992年，更是获得了"建筑界的最高荣誉"——普利茨克奖，从而成为享誉世界的建筑大师。不仅如此，西扎还一直积极投身于建筑教育工作。1966~1969年，西扎在母校任教，并于1976年担任教授，教授建筑构造和施工学课程。此外，西扎还先后被瑞士联邦高等工业学院、美国宾夕法尼亚大学、哈佛大学GSD等知名院系聘为客座教授。

作为一定历史时期建筑实践活动和理论发展的浓缩和精华，建筑大师们的设计思想和设计方法一贯是建筑设计及其理论研究者关注的焦点和学习、借鉴的典范。从1960年代末期至今，许多著名建筑评论家都对西扎倾注了浓厚的兴趣。1974年以来，葡萄牙社会逐步在民主、经济和文化等各方面获得巨大发展，西扎的作品已经成为了国家繁荣的文化象征。现今，西扎本人也被看作是葡萄牙建筑界的领袖人物，成为葡萄牙新一代青年建筑师追随和学习的榜样。西扎虽然被誉为"在世的大师"、"世界建筑的里程碑式人物"，但却拒绝那些将建筑史生硬地肢解、简化为种种学派和潮流的归类，也不卷入任何理论的宣言和论战[1]，而长期致力于寻求本土文化与全球文化的对抗与交流、自身与外部的联系与变革。他的建筑根植于葡萄牙本土的文化背景，结合现代主义建筑的精髓，着眼于对建筑本体问题(建筑与基地的关系、空间与使用、光线、材料与细部等)的冷静思考，开发出一种自然而真实的建筑语言，创造出独特的建筑形象和场所特质，形成了朴实而严谨的独特作风。

西扎的建筑不是封闭的，而是开放的；不是单一的，而是多义的；不是概念性的，而是现实性的。他的作品不断以新的形象为每一个特定的情况赋予新的定义，持续回应着先进工程技术的发展和社会的深刻变革。他的建筑以平实的形象实现了任何伟大艺术的光辉理想——与人类及生活的完美契合，标志着"CIAM以来在建筑领域最富活力的发展方向"[2]。因此，深入而系统的分析西扎本人的建筑设计思想、设计方法，解读其独特的建筑语言，透彻研究建构手段及其互动关系，揭示隐藏于其卓越的建筑成就背后的奥秘，对于从多侧面、多角度探究建筑本体问题，都具有重要的理论和实践价值。

西扎获得的各种奖项和荣誉不仅代表着其建筑事业的成功，而且也是他长期坚持不懈的实践与成功把握各种机遇的结果。西扎的独特观念和娴熟技巧与其在亚欧美三大洲的140余个作品一起持续地积累。而且，他是在并不发达的欧洲边缘地区成长，逐步获得成功并在国际上获得广泛知名度的建筑师。探究其学习历程，分析其建筑思想和建筑表达在各个时期的转变，可以使我们对这样一位建筑师的成长、建筑观念的形成和演进过程具有深层次的了解。

[1] 张路峰 著. 阅读西扎.建筑师，1998 (10)：51
[2] Peter Testa. Cosa Mentale：The Architecture of Álvaro Siza. Alvaro Siza. Bacel：Birkhauser Verlag, 1996.10

一、建筑事业的缘起与发展

1.1 社会历史背景

1.1.1 葡萄牙概况

葡萄牙是阿尔瓦罗·西扎的祖国，也是他逐步成长并长期从事建筑实践的基地。深入了解葡萄牙特殊的地理状况、社会历史、政治经济、文化风貌，对于探寻西扎建筑观念的形成过程及发展机制是至关重要的。

葡萄牙共和国(The Portuguese Republic)，国土面积为92072.00km²，人口约998万人，首都里斯本。葡萄牙人占总人口的99.5%，外国人占0.5%，其中主要为西班牙人。在葡萄牙，97%的居民信奉天主教，1%的人信奉基督教新教，其他宗教的信徒占2%。

葡萄牙在拉丁语中意为"温暖的港口"，它位于欧洲西南部，伊比利亚半岛西部，西、南濒临大西洋，海岸线长832km，沿海多河口及港湾，东部和北部与西班牙接壤。地形从沿海向内陆逐渐升高，而由北向南则逐渐降低，北部为高原区，中部为山区，南部为丘陵区，平原仅占全国面积的11%，最大海拔高度达到2000m。就全国而言，陆地的构成成分差异明显：在北方主要是花岗岩，内陆多为片岩，而中心地区石灰石的分布较广，南方则分布有黏土、大理石和某些种类的花岗岩；因此整个地貌从北方米纽省(Minho)湿润、植被茂盛的花岗岩土地，到阿伦特茹(Alentejo)的干燥、温暖和起伏的地形，迅速转变为阿尔加夫(Algarve)草木茂盛的广阔区域。由此可以发现，尽管葡萄牙国土较小，却在地形、地貌方面存在着非常显著的区别。而就总体而言，"葡萄牙的自然风景是明亮而宁静的，具有优雅、可爱和悠久的纯洁感，在情感和思想之间，更能够激发人的情感，拥有一种多样性中的自然特质"[1]。

图 1 葡萄牙简明地图

注：此图不包括亚速尔群岛和马德拉岛

---

[1] Fernando Távora. Immigration/Emigration. Portuguese architectural culture in the world. CASABELLA (700)：101～102

5

受其地理位置的影响，葡萄牙的气候差异明显。沿着海岸线气候温和，内陆则令人感到些许难受；北方为温带海洋性气候，相对寒冷，南方为亚热带地中海式气候，相对温暖。在夏季，内地炎热干燥，而沿海则温暖湿润。春秋季节则温度宜人，冬季比较寒冷。在全国范围内常年日照充足、阳光明媚、光线强烈。

葡萄牙的历史悠久，是欧洲古国之一，至今仍可见到旧石器时代和新石器时代的人类聚居地遗址。

葡萄牙历史上曾长期受罗马人和日尔曼人的统治。公元前219年，罗马军队入侵，为了维护其统治和掠夺更多的财富，罗马人大力发展采矿业，建设了大量的道路。后来，为了进一步加强殖民化，罗马人沿着道路由南向北、平行于海岸线进行了行政区域的划分和新城市的确定，例如埃武拉(Evora)、贝雅(Beja)、里斯本(Lisbon)、科英布拉(Coimbra)、波尔图(Oporto)、布拉加(Braga)等，这些城市构成了日后葡萄牙的主体城镇体系。随后，北方的日尔曼人和摩尔人等相继入侵。711年，摩尔人(非洲西北部伊斯兰教民族)入侵伊比利亚半岛，前后共占领了近800年的时间(直到1492年)，这直接导致了阿拉伯文化在这一区域的深远影响，直至今日，由北至南穿过葡萄牙，仍可以明显感受到阿拉伯文化的影响。

葡萄牙王国建立于1143年，实行君主专制。通过从南到北逐渐夺回被阿拉伯人占领的区域，逐渐确定了直至今日仍然有效的国土疆界。在取得独立并明确疆域之后，葡萄牙面临着命运的选择：葡萄牙位于欧洲的西边边界，是一个土地贫瘠的小国家，并且将西班牙的大部分国土和大西洋相互隔离。为了确保其自身的独立自主、摆脱资源的限制和来自于国土较大的近邻西班牙的威胁，葡萄牙开始大力发展航海事业，众多的航海家驾驭着全副装备的远洋海轮沿着海岸线和河流航行，为了寻求财富而不断探索新的大陆，葡萄牙逐渐进入了海洋扩张的时期。公元14世纪末期的航海先后到达了亚速尔群岛、北非、印度、中国和巴西等地。15～16世纪，葡萄牙成为海上强国，在非洲、美洲、亚洲拥有许多殖民地，葡萄牙人竭尽全力来控制广阔的土地。这一时期海外殖民地的资源输入和商业贸易的发展使葡萄牙步入最为繁荣和富足的黄金时代。然而，在1580年，由于先前进行的针对摩尔人的战争失败，葡萄牙被西班牙吞并。但是葡萄牙人的信念却从未丧失，而且通过不懈努力，终于在1640年摆脱西班牙统治。在1654年葡萄牙与英国结盟，自18世纪起，葡萄牙曾一度成为英国附属国。

从19世纪到20世纪中叶，葡萄牙一直处于政权频繁交替的动荡之中。1891年第一共和国成立。1910年成立了第二共和国。1926年，第二共和国被推翻。1932年，安东尼奥·德·奥利维拉·萨拉查(Antinio de Oliveira Salazar)出任政府总理，葡萄牙开始了工业化的进程。就在这一时期，葡萄牙城乡居民流动逐渐增加，在里斯本和波尔图等城市中出现了社会性的居住问题。二战之后，由于国内经济状况日渐低迷及失业率的居高不下，许多葡萄牙人移居到欧洲的其他国家，如法国、瑞士和德国等，而巴黎竟成为当时世界上葡萄牙人口第二多的地方。1968年萨拉查被卡埃塔诺所代替。1974年4月25日发生革命，卡埃塔诺政权被推翻。

1974年"4.25"革命后，长达40余年的萨拉查独裁统治虽然被推翻，但国内政局仍然动荡不已，政府更迭频繁。在过去10多年中，更换了11届政府，经济每况愈下。1970年代中期和1980年代初期爆发的两次西方经济危机对葡萄牙经济更是雪上加霜。1983年，葡萄牙成为西欧经济欠发达的国家之一，工业基础较薄弱，人民生活水平较低，能源、原材料和粮食对外依赖严重，外债高达136亿美元，通货膨胀率超过25%，失业率在10%以上，人均国民生产总值在西欧居末位。

1986年6月1日，葡萄牙加入欧洲自由贸易联盟，不久成为北大西洋公约组织成员国。此后得到大量拨款，经济发展较快，人均收入逐年增加，金融状况有所好转。1986~1990年，经济年平均增长率为4.7%。自1991年始，因受欧洲经济衰退的影响，经济增长率逐年下降，1993年出现负增长，1994年开始复苏，1995年和1996年经济实现低速增长，平均增长率达到2.2%。最近几年，葡萄牙经济明显好转，进入了经济发展所谓的"黄金时期"。[1]

图2　葡萄牙贝雅附近的教堂

考察葡萄牙的历史进程，不难发现：在其发展过程中，葡萄牙人在被异族不断侵略的同时也致力于海外扩张，而在这种侵略与扩张的交替中，权力与疆土不断更迭变换。葡萄牙人的生活算不上安逸，"总是与一种哀伤的感觉相伴"。而由于贫穷，葡萄牙人试图在另一个扩张的世界中追寻更大的财富和快乐，"为了改善生活条件，他们经常离开原住处，等到他回来的时候，或为没有任何收获而苦恼，或为在国外的成功而心满意足"，这使"葡萄牙人具有一个不断移居的灵魂"[2]。

历史上的多次入侵和扩张导致了不同民族、不同信仰(基督教、伊斯兰教、犹太教)的人群的混居，本土居民的不断移民与回归带来了异域的文化，而不同的建筑文化也随之引入。13~15世纪的哥特建筑、15~18世纪的巴洛克建筑、18世纪后半期的新古典主义建筑及19世纪早期的新哥特、新伊斯兰和折衷主义建筑等相继出现。而事实上，如同向殖民地输出观念和形式一样，在连续的文化交流过程中，葡萄牙不仅从殖民地，而且也从其他区域输入对于本土城市和建筑具有影响的经验和成果，并且依据当地的具体情况采取了某些变形，从而形成了某种混合性的表达。例如，盛行于北部的罗马风建筑尽管是引进的，却因一种军事用途的传统而呈现出一种简朴、有力的形式；而15~16世纪的晚期哥特式的作品则运用了摩尔人伊斯兰建筑文化的主题和当地传统的建筑表达；18世纪的巴洛克风格发源于意大利，却成为清新形式和经济繁荣的表现。

不难发现，在葡萄牙的历史进程中，建筑文化的交流与融合贯穿始终，这种交流与融合从来都是双方向的，不同文化的碰撞，使葡萄牙建筑师可以参考历史上出现过的建筑形式，并从中汲取有益的建筑价值和意义。在葡萄牙有限的土地范围之内，自然的、社会的、经济的和文化的状况高度地多样化；在本土及殖民地的各个地方具有不同的建筑形式，在房屋及城市的建造过程中所面对的差异性经常导致多种多样的解决方法，所以"与其说葡萄牙人是一位系统性的设计者，还不如说是一位即席表演的诗人。"[3]

因此，注重异域建筑文化与本土建筑文化的融合及追求建筑表达的多样性从来都为葡

---

[1]　http://www.PortugalNo1.com

[2]　Fernando Távora. Immigration/Emigration. Portuguese architectural culture in the world, CASABELLA (700)：101~102

[3]　Fernando Távora. Immigration/Emigration. Portuguese architectural culture in the world, CASABELLA (700)：101~102

萄牙建筑师所注重，这就要求在处理各种不同的气候、种族、文化及建筑的时候更多地采取混合的、便捷的、灵活的及适应性强的解决方法，从而逐渐形成了葡萄牙建筑师独特的整体建筑观念：出于对新、旧不同价值观的尊重，不是将新的要素强加于事物，而是通过理解与领悟，保证建筑的一致性和独特性，注重交流与融合、兼收并蓄、推陈出新、永不停止地变化以适应新的环境，这些观念都成为包括西扎在内的葡萄牙建筑师一致恪守的忠实信条。

1.1.2 1910～1956 年间的葡萄牙建筑

葡萄牙社会历史的特殊性铸就了葡萄牙特殊的建筑文化，这一深厚的文化传统深深地根植于西扎内心之中，成为其思想意识中最为坚固而持久的本质核心。此外，西扎建筑思想的形成和演进、建筑道路的选择和明确，则不可避免地受到当时葡萄牙社会及建筑发展的大环境和大气候的影响。

在 1910 年的葡萄牙，工人对先前半个世纪君主专制的奢侈浪费怀有极大的愤恨，而且对于自身极度贫困的生活状况及教会的反动政策极为不满，这种长期的敌对状态终于导致在里斯本爆发了暴动。在暴动持续了三天之后，曼努埃尔二世(Manuel Ⅱ)国王被迫流亡英国，葡萄牙第二共和国随即于 1910 年 10 月 5 日宣告成立。新的共和党政权贯彻了一些反教会的措施并颁布了一个自由主义的法规，但是它并不能够改善工人阶级的状况。在 1920 年代早期，这一自由主义的政府日趋腐败堕落、低效无能，此时的葡萄牙仍是一个贫穷落后且具有很高文盲率的国家。1926 年，共和党政权彻底失败，第二共和国被推翻，造成了国家权力的真空。而在这次政治危机中，自由主义政府依赖军队来维护对社会的控制，形成了军事专政。两年之后，安东尼奥·德·奥利维拉·萨拉查(Antinio de Oliveira Salazar)地位逐渐上升。1932年，萨拉查出任政府总理，成为国家的绝对统治者。在其后的一年内，萨拉查的统治地位和法西斯主义政权日益巩固。与另一些欧洲国家一样，在当时，法西斯主义政权同样致力于使葡萄牙这个不发达国家尽快实现现代化。

现代主义的发展是以欧洲多样的政治形势所造成的思想和价值观的巨大差异为特征的。在葡萄牙，现代建筑源自于对法西斯式建筑表达的强烈反对。萨拉查政权在其统治的前几年，从风格和主题上都接受了现代主义，支持葡萄牙现代建筑的发展。在这一时期出现了卡洛斯·拉莫斯(Carlos Ramos)和克里斯蒂诺·达·西尔瓦(Cristino da Silva)等人的作品，还有波尔图郊区所建造的一些现代主义的住宅，都是这种政策的反映。

然而，从 1935 年之后，人们逐渐认识到萨拉查政权文化政策的反动性质。在当时的葡萄牙存在着两种情况：一方面，出于对当时第三帝国的崇拜，具有法西斯性质的萨拉查政权同样注重以建筑来表现自身强大的政治力量，他们追随一种常见的法西斯式风格，采用了古典主义有限的样式范围，制定了关于建筑风格样式的强制性规范，虽然这些"庄严、雄伟的"建筑形式在外观上与任何一座葡萄牙传统建筑没有任何的相似之处，但却被法西斯政权出于政治目的从过去的样式中提取出来，强迫性地用于表现自我的英雄主义目标。于是就某种意义而言，国家就拥有了对风格的制约，对于建筑风格的怀疑、背逆以及超越这种建筑规范的越轨行为都是不允许的。在这一时期相继出现了一系列折衷主义的模仿性作品和许多水平低下的设计。这些建筑不论其地点、环境及功用的差异，都呈现出千篇一律、形态雷同的表达——在功能方面，它们是现代的；在形式上，即使规模很小的普通房屋也必须是纪念性的，几乎所有的建筑都在外观上呈现类似于新古典主义的特征。这就人为地造成了一种建筑风格上的同一性。

另一方面的现状是由私人及商业建筑的增长造成的。当时，与今天的葡萄牙相同，许多葡萄牙人在国外工作并返回祖国重新建立家园或从事商业活动，这些移民的回归导致大量的私人住宅和商业建筑的建造。他们在海外已经接受了不同建筑文化的影响，因此在大量建造房屋时就自然而然地运用了许多引进的建筑风格。由于他们来自于完全不同的城市、气候、科技、材料及社会环境中，就造成了风格上的混乱。而且，葡萄牙的大多数城镇和乡村的建筑存在显著的一致性，在强烈的对比下，这些建筑更令人感到怪异和突兀。

这两种状况使当时的葡萄牙建筑陷入了一套空洞的风格样式的演绎❶,这引起了一些建筑师的强烈不满，为了改变现状和解决现实问题，许多人进行了不懈探索。1947 年，在波尔图学院接受教育的一些建筑师建立了现代主义建筑师的组织(ODMA)，形成了所谓的"波尔图学派"。他们"以自信、充满青春活力的热情和自己的方式参与解决国家面临的社会和技术问题"。在这一时期，出现了一些展览和一定数量的论文，共同反对在低造价住宅中市政委员会强加的一种官方的"葡萄牙建筑风格"。

1948 年，政府组织了一次关于公共房屋政策的大型纪实性展览。同时，葡萄牙国家建筑师联合会组织了第一次国家建筑会议。由于以波尔图学院的毕业生为主体的建筑师团体针对现实的情况不断地提出疑问，最后在与会的建筑师中就达成了一定的共识：必须发动一次美学上的革命才能够解决城市和住宅的现实问题；建筑的演变和发展应当伴随着个人和集体生活的根本上的解放和自由；创作的自由和权利是与现实的社会问题紧密联系的。而且，会议还大量引述勒·柯布西耶的理论和雅典宪章，强调对于一种新的城市和建筑合理性的急迫要求。与会者还普遍认为，建筑通过自身应当将自然的特征——阳光、空间和树木重新引入葡萄牙人的生活，以替代关于"风格"的询问，这成为为获得建筑创作自主性而呼吁奔走的建筑师广泛关注的焦点❷。

1940 年代末，一场关于葡萄牙建筑形式问题的大辩论终于爆发了，在多样性中寻求本土特殊性成为了当时的急迫需求。首先，弗朗西斯科·肯尔·杜·阿马拉(Francisco Keil do Amaral)在《建筑学》(《Arquitectura》)杂志中提议，应该在葡萄牙组织一次对本土不同建筑表现形式的系统研究；随后塔欧拉在他年仅 23 岁时出版的评论《葡萄牙的建筑问题》中表示：应该对葡萄牙的本土建筑进行全面深入的研究，并使建筑师在设计中能够对之加以利用。

虽然直到 1955 年，政府才批准和资助阿马拉在 1940 年代晚期提出的建议，但是在阿马拉的领导下，包括塔欧拉在内的大批献身于现代主义运动的建筑师先后投入到这项调查和研究之中，最终完成了一部名为《葡萄牙国家建筑调查》(Sindicato Nacional dos Arquitectos)的调查报告。总的来说，与 1930 年代萨拉查的独裁政权所鼓吹的"葡萄牙建筑风格"截然相反，这一调查"首先表明对于现实的投入，一种接近于人们的现实条件的姿态"❸。一方面，他们反对那些法西斯主义政权宣称的所谓合法化的建筑形态；另一方面，也试图探究历史上葡萄牙建筑和城市的具体形态，建立关于葡萄牙城市和乡村建筑的知识主体，吸收利用建造

❶ Robert Levit. Alvaro Siza. http://www.appendx.org/issue3/levitt/index1-7.htm
❷ Kenneth Frampton. Architecture as Critical Transformation: The Work of Alvaro Siza. Notes. alvaro siza Complete Works. Phaidon Press Limited, 2000.61
❸ Alvaro de Campos. PORTUGAL, EVENTS AND ECHOES. domus (655) november, 1984:2~4

图3　葡萄牙塞图巴尔鸟瞰

历史和生活环境中的经验和知识，发现现代化进程中在过去的秩序原则的基础上发展而来的新的秩序原则，为未来的干预和设计提供形式上的逻辑基础。这本调查报告按照地区逐个记录了葡萄牙本土建筑的各种类型。尽管在书中他们按建筑类型来制图和归纳，但在导言中却拒绝承认类型的重要。他们担心过于强调类型会使他们总结的形式构成会像他们所反对的政府规定的形式规范一样，被抽象为一种"葡萄牙建筑"的新代码。他们在本土建筑中所寻求的是所谓"风格"以外的建筑形式，也就是所谓的形式的"常数"。同时还指出，大众化建筑反映了人民大众的某些特征；在这些建筑中存在与地理学特征、社会经济状况的密切联系，而本土建筑语言被看作生活本身及其社会状况的直接产物。戈麦斯(Paulo Varela Gomes)在《工作和生活关系的形而上学》一书中曾经准确地描述了本土大众化建筑的意义：它们是"完全直率的表达，没有任何强加的和预先确立的风格要素来干扰这些关系的清晰而直接的表达"[❶]。总体而言，在这一研究中产生了一个对于现代主义运动的多样性表达的解释：大众化建筑被看作葡萄牙现代建筑的一个重要的起源、一种理性的建造、一种对于丰富的才艺、形式的可靠性和真实性的表现。这一深入到"大众化"形式的研究通过认真细致的工作，在本土大众化建筑中寻求"永久的"建筑原型，并将其作为一种正确的处理方式加以运用，从而获得葡萄牙现代建筑的表达形式的源泉和评价标准，为葡萄牙建筑发展提供了新的方向[❷]。

综上所述，1910~1955年间的葡萄牙社会及建筑走过的是一条独特的发展道路：现代主义引入葡萄牙的时间较晚，且往往以一种被"变形的"状态出现。因此，20世纪初的工业化导致的建筑思想和城市规划中的乐观主义在葡萄牙并未被轻易地接受。虽然葡萄牙接受了1920年代到1930年代的欧洲现代主义第一次思潮，极力鼓吹实现现代化，但实际上，政府通过维护对民众的霸权主义政治统治，使葡萄牙远离现代化变革的影响。政治压迫和经济上的不平等使葡萄牙及其民众与外界隔绝；然而，从另一个角度看，这种隔绝恰恰造成了一个幸运的结果：葡萄牙建筑师可以旁观并研究在欧洲其他地方发生的现代主义建筑和城市规划所带来的不良后果。历史上长久的不安定和文化上的剧烈碰撞与融合促成了葡萄牙人不断反思、兼收并蓄的传统，因而面对现代主义的种种问题，葡萄牙人迅速地做出了自己的反应，转而向本土的建筑传统——尤其是往往被忽视的大众化建筑寻求真正的形式来源和建造基础，从而使葡萄牙的现代建筑走上了一条极具地方特色的道路。正是在这样一个特殊的环境和时期，

---

❶　Robert Levit. Alvaro Siza. http://www.appendx.org/issue3/levitt/index1-7.htm

❷　Nuno Teotónio Pereira. ARCHITETTURA POPOLARE, DALL' INCHIESTA AL PROGETTO. domus (655), november. 1984：28~31

西扎开始了自己建筑学习的历程。

1.2 最初的学习之路

1.2.1 在波尔图大学建筑系的学习

1949～1955年，西扎在波尔图美术学院(波尔图大学建筑学院的前身)学习。最初西扎学习的是雕塑专业，二年级转学建筑，这使西扎能够以一种雕塑家的眼光来看待建筑，从而在造型上获得了更大的自由度和表现力，最终导致了其建筑作品所呈现出的复杂的雕塑形态。而且，当时的波尔图美术学院是巴黎美术学院系统的学校，从巴黎美术学院移植而来的19世纪艺术体系要求学生通过勤奋的复制设计图纸和大量绘制精巧的透视图来掌握古典的设计原则。这种严格的基本功训练为西扎打下了深厚的专业基础。

更重要的是，1940年代末，以波尔图美术学院的毕业生为主体的现代主义建筑师的组织(ODMA)成为"波尔图学派"的代表，提倡以新的美学来解决国家面临的现实问题。在那场从本土建筑传统中寻求葡萄牙现代建筑发展出路的轰轰烈烈的运动中，这些来自波尔图的建筑师在葡萄牙北部地区进行了大量的调查研究，系统总结了乡村和城市居住区的结构形态及其在整个地域内的意义，成为必不可少的重要力量。波尔图美术学院恰恰是这些建筑师进行研究活动和发表成果的基地，包括西扎在内的众多学生实际上也广泛参与了调查研究的工作，也就自然而然地接受了新一代建筑师的思想和观念，而费尔南多·塔欧拉正是"波尔图学派"最重要的代表人物之一。

1.2.2 导师——费尔南多·塔欧拉教授的教导

费尔南多·塔欧拉(Fernando Távora)是西扎在波尔图美术学院学习时的老师，他1923年8月25日出生于葡萄牙波尔图，1952年毕业于波尔图美术学院，经建筑学教授的资格论文考核成为该学院的教授，后来任波尔图大学建筑系主任。塔欧拉是葡萄牙建筑师协会和奥特陆CIAM成员、波尔图市议会的特聘建筑师及许多地方政府的规划及建筑顾问，同时他还是欧洲经济共同体建筑学培训顾问委员会成员和国家美术学会的特邀通讯员。他于1949年开始设计活动，其作品先后在波尔图、华盛顿、威尼斯展出，获得很高的声誉和广泛的承认❶。

塔欧拉的建筑思想源于他对现代主义的质疑。在事业初期短暂的激进时期之后，他逐渐对现代建筑千篇一律的建筑形象产生了疑问，于是转向葡萄牙的本土建筑，试图整合地方性和传统建筑的价值，寻找现代葡萄牙建筑发展的"第三条道路"。

塔欧拉在其发表的评论——《葡萄牙的建筑问题》中表明了这样的观点：对于葡萄牙建筑的研究到目前为止仍未进行。许多考古学家已经研究了我们的建筑并且撰写了一些著作，但是众所周知的是，他们并未赋予这项研究以当代的意义，从而使其成为新的建筑学中有益于所有人的参与性要素。当研究以前的大众化建筑时，促使其产生并发展的环境条件及其与土地和人的关系必须被明确，而且材料的使用方式和对特定的时间需要的满足方式也应被加

---

❶ http://www.cidadevirtual.pt/blau/tavora.html

以研究。对于大众化建筑恰当的研究将会提供我们大量有益的经验。现在为了参加国内和国外的展览，人们将我们的建筑风格化，这种态度将使我们一无所获，这将导向一条绝对错误的死胡同❶。

事实上，塔欧拉任教的波尔图美术学院是当时所谓"波尔图学派"的核心力量和主要阵地，毫不夸张地说，塔欧拉是"波尔图学派"的建筑师群体的集体觉悟的代表。他们关注"没有建筑师的建筑"，致力于葡萄牙民间大众化建筑的研究，找寻并整理在整个地域范围内沉积的符号和形式，其目的在于找到对现代主义的危机的回应。塔欧拉坚信，现代葡萄牙建筑的发展存在"第三条道路"的可能性，这一道路既不盲目排外也不绝对国际化，而是将现代性与地方性相结合。1955年，以塔欧拉为代表的许多建筑师从各个方面对当时葡萄牙本土性、民族性的建筑进行探讨，试图寻找随着时间流逝却仍具活力、由特定的地形、气候和建造程序所决定的"永恒的"建筑模式。塔欧拉和他的同事通过对米纽(Minho)地区的调查和研究深入了解了葡萄牙当地的乡土建筑，在葡萄牙现代建筑地方性的发展过程中起到了至关重要的作用。不论是在本国还是在国外，这段时期是塔欧拉活动的高峰期。

此外，塔欧拉还坚持认为："建筑是人类为自身建造的。"("Architecture is made by man for man.")❷，建筑并非"不同的事物"，更不是特殊、高不可攀和不可谈论的，而仅仅是人类为自身建造的工程。在1961年《建筑学》杂志发表的文章中，他详细描述了自己对建筑的重新思考："多年以来，我把建筑看作某些特殊的事物，某些崇高的和专注于精神世界的事物，某些未经触动的纯净和纯洁的事物。多年过去了，我开始将普通的房屋看作为建筑。我认识到，一座房屋并不是简单的开始于一个优美的平面(设计)而终止于一张美丽的照片。我开始把建筑看作为一个经历，就像其他所有充实着人们生活的事物一样，而且它还受到生活本身的偶然性的影响"❸。

尽管卡洛斯·拉莫斯(在塔欧拉之前的波尔图美术学院建筑系主任)和塔欧拉是不同的两代人，但他们都试图在当时相当暧昧、无法预计及文化上相当压抑的环境中培育更富于活力的当代葡萄牙的建筑文化。同时，塔欧拉在自己的早期作品中，就已经开始反抗学院派折衷主义和激进的现代主义表现形式。在一篇题为"一座俯瞰大海的建筑"的论文发表之后，塔欧拉开始致力于新乡土主义及粗野主义的表现途径，于1956～1960年期间完成了康西卡奥公园的网球馆。这一时期与西扎在塔欧拉事务所工作的时间部分吻合❹(从1955年到1958年，西扎已经进入了塔欧拉事务所工作)。

当西扎真正开始建筑学专业学习时(1952年)，塔欧拉恰好是西扎的老师，正是通过以非正式的讨论为基础的学习，西扎对于建筑产生了初步的认识，也逐渐了解并接受了塔欧拉的地方性传统与现代主义相结合的建筑道路和"建筑为人服务"的人本主义思想，从而奠定了自己一生建筑设计实践的基点。因此，可以说，塔欧拉是西扎建筑设计及建筑观念的启蒙老师，对西扎具有直接而带有根本性的影响。"西扎从塔欧拉那里学到的最重要的东西是一种工

❶ Kenneth Frampton. Architecture as Critical Transformation: The Work of Alvaro Siza. Phaidon Press Limited, 2000.11～12

❷ http://www.cidadevirtual.pt/blau/tavora.html

❸ Nuno Teotónio Pereira. ARCHITETTURA POPOLARE, DALL' INCHIESTA AL PROGETTO. domus:(655), november, 1984:28～31

❹ Kenneth Frampton. alvaro siza Complete Works. Phaidon Press Limited, 2000. 11～12

作方法。他欣赏塔欧拉的专业态度和对本土文化的提炼"❶。1955～1958年西扎在塔欧拉事务所工作。在塔欧拉的指导和引领下，他深入研究了葡萄牙当地的乡土建筑，系统了解了传统建筑的建筑形式、建构方式、材料运用及环境处理方式。通过与塔欧拉的共同学习和交流，西扎更新了其在设计层面的理念。事实上，正是从这里，西扎开始了自己的建筑实践活动。而在事业的初期，他与塔欧拉一样，也一直致力于以新粗野主义美学对马托西纽什地区地方性的重新诠释。

1.3　建筑大师对西扎建筑观念的影响

对建筑师而言，旅行是最好的课堂，这是西扎从其主持的海外设计实践经验和多次的建筑游历中总结的格言。西扎先后参观了阿尔瓦·阿尔托、勒·柯布西耶、阿道夫·卢斯的许多经典作品，并为其天才般的创造力所震撼。同时，西扎把建筑大师的作品和思想当作自己的营养源泉，选择性地从中吸取各种要素和特质，加以个性化的发挥，从而形成了自身独特的建筑风格。

1.3.1　阿尔瓦·阿尔托的有机性

芬兰建筑大师阿尔瓦·阿尔托(1898～1976)代表了与经典现代主义不同的方向，在强调功能、民主化的同时，他探索出一条更具人文色彩的设计道路，奠定了现代斯堪的纳维亚设计风格的理论基础。他强调有机形态与功能主义、现代材料与传统材料、经典现代主义建筑美学与地方特色相结合的原则，使他的现代建筑具有与众不同的亲和力和人情味，也使其成为举足轻重的现代建筑大师。

1968年，萨拉查的统治地位被卡埃塔诺替代。此时，葡萄牙及整个欧洲的政治气氛逐渐变得宽松，西扎这一代葡萄牙人终于被允许比较自由地出国旅行。西扎和他波尔图的同事首先去了"自由主义的"荷兰和瑞典。在芬兰，西扎度过了第一次学习旅行中最美好的时光。他参观了阿尔瓦·阿尔托的许多建筑作品，阿尔瓦·阿尔托作品合集的出版使西扎更为系统的了解了阿尔瓦·阿尔托的建筑思想。

西扎曾经多次表示他的建筑与阿尔瓦·阿尔托的建筑具有天然的联系，不论在建筑观念还是在具体的建筑处理手法上，阿尔瓦·阿尔托的建筑对西扎一生的建筑实践和建筑作品具有决定性和持续性的影响。他还曾亲笔撰文来论述阿尔瓦·阿尔托的建筑思想对于他及当时葡萄牙建筑实践发展的启示作用。

1.3.1.1　建筑思想的启示

阿尔瓦·阿尔托在1967年表示："我不认为我有民俗学的任何倾向，我自己对于传统的理解主要关联于气候、物质资料的情况和那些触动我们的悲剧和喜剧的本性。我不建造表面上的"芬兰建筑"，而且我也没有看见在芬兰本土的和国际的建筑元素之间的任何对立与矛盾。"

❶　Francesco Dal co, Alvaro Siza and the Art of Fusion. Kenneth Frampton. alvaro siza Complete Works. Phaidon Press Limited, 2000.7

西扎认为，阿尔瓦·阿尔托的作品并不背叛现代建筑的基本主张和他曾受过的训练中的构成主义因素。他的作品既不是新古典主义，也不是浪漫主义的。对阿尔瓦·阿尔托而言，这些分界并不存在。阿尔瓦·阿尔托认为，他的设计中包含一切的因素，将任何事物都看作刺激性的要素。而且在战后，阿尔瓦·阿尔托所做的工作受到材料、生产方式和运输方式的强烈制约，混凝土和钢铁的缺乏导致了地方材料的广泛运用(砖、木、铜)及手工技艺的继续延续。

战后的葡萄牙与芬兰存在着惊人的相似：建筑物质资源、现代生产运输方式严重匮乏，对于以前的建筑风格广泛质疑，本土的当代建筑的发展道路也存在着迷惘和困惑。阿尔瓦·阿尔托的建筑作品无疑为此时的西扎及其他葡萄牙建筑师提供了一个可资借鉴的范例，指出了一条实际可行的道路——地方性传统与现代主义相结合的道路。

正如西扎在其文中所述：阿尔瓦·阿尔托的建筑在1950年代后期才在葡萄牙具有影响力……这种影响并非偶然，它不仅仅是保留了形式，而是意义重大的……。他的影响力首先在我们建筑学院的改革中得到体现，促使他们对现今实际问题的思考采取开放的态度。学习阿尔瓦·阿尔托，使我们能够找到一条前进的道路，我们无需将自己的信念建立在战后的现代主义之上，而在葡萄牙，我们从未拥有过现代主义。❶

1.3.1.2 设计方法的启示

阿尔瓦·阿尔托在1947年写道："大量的要求和边缘问题阻碍了基本建筑思想的明确表达。""在这种情况下，我经常以一种完全本能的方式进行设计。在将作品特征和广泛的需求进行理解并吸收到我的潜意识中后，我会努力在一段时间内忘却所有的问题，并且开始以一种非常接近于抽象艺术的方式来绘制设计草图。这个过程仅仅为本能控制，我画出简略的建筑概况，有时以看上去像孩童的作品的草图作为结束。以这种方式，以高度的抽象为基础的主要构思逐渐成型，这是一种普遍性的主旨，它能使各种各样的问题和矛盾互相协调。"

西扎在文中曾这样描述这段文字对自己的启示意义："阅读并理解这些文字，如果听到有人说'阿尔瓦·阿尔托，建筑师，芬兰人，没有提出理论，没有谈到方法'，是令人无法接受的。他提出了理论和方法，而且是卓越的。而且我知道没有比这个片断中和阿尔瓦·阿尔托的其他著述中更为精确和敏锐的关于设计思想过程的分析，它是简短而富于启发性的。这篇论述所阐明的不是阿尔瓦·阿尔托的设计方法，而是在我们这个时代完成设计所应当采取的方法。"❷

在自己的创作过程中，西扎强调直觉的重要性。最初的构思往往源自于现场的特质所激发的直觉，而构思的逐渐明晰、发展、成熟则需要时间。对于西扎而言，并不存在通向成功的创作捷径，而是在形象、空间秩序的直觉和结构、功能及环境等更为具体的因素之间，存在着一个来回往复运动的过程。而在这一过程中，人的思维方式并不是线性的，而以曲线或"之"字形迂回的方式，这是一种更为综合的方式。这种非线性的思维对任何可能的情况都是

---

❶　Alvaro Siza. Alvar Aalto. Kenneth Frampton. alvaro siza Complete Works. Phaidon Press Limited, 2000.572

❷　Alvaro Siza. Alvar Aalto. Kenneth Frampton. alvaro siza Complete Works. Phaidon Press Limited, 2000.573

开放的。时间成为一项工程建造过程中的基本要素，建筑成为建造全过程的记录和结果，建筑师的任务就是在这一过程中调解各种矛盾，使设计达到最终的平衡。此外，除了强烈的自信和决断能力之外，建筑师应承认方案及其发展过程的自主性，与方案保持适当的距离感，"在一段时间内忘却所有的问题"，让方案自主地发展。

1.3.1.3 建筑表现手法的借鉴

在具体的建筑表现方式和手法上，西扎也从阿尔瓦·阿尔托的建筑作品中吸取了大量有益的要素，创造了极富个性的建筑形象。

地方化、人情化的表现

阿尔瓦·阿尔托在以现代的建造方式和建筑材料来塑造建筑形象的同时，也遵循地方性、民族性的观点，广泛采用传统自然材料及传统工艺，结合当地的政治、经济及气候环境，积极挖掘传统建筑形式的价值和意义，形成了地方化、人情化的独特风格。阿尔瓦·阿尔托的建筑为西扎一直所进行的建筑实践指明了方向、坚定了信念，在近50年的建筑生涯中，从最初的马托西纽什到波尔图，从葡萄牙到西班牙，甚至德国、荷兰，这种尊重当地的环境特征、文化传统的建筑观念一直为西扎所遵循。

图4　阿尔瓦·阿尔托设计的玛利亚别墅外观

部分的有机形态

阿尔瓦·阿尔托的建筑设计语汇并非拘泥于简单而刻板的几何形式，往往呈现出部分的有机形态的特征。同样，在西扎的作品中，在基本几何体基础上加以部分的有机形态是非常普遍的处理手法，直线、折线、曲线的精心组织丰富了建筑的表情。在贝莱斯住宅，平面入口处连续折线型的大面积木框玻璃窗打破了单一的矩形空间，带有明显的阿尔瓦·阿尔托式的建筑特征。而在平托·索托银行，尽管采用扭转变形的几何形的根本原因在于使阳光能够进入银行与相邻的一座18世纪的保留建筑之间的内院，但西扎坦言，这的确是受益于阿尔瓦·

图5 阿尔瓦·阿尔托设计的伏克塞涅斯卡教堂室内

图6 博格斯·伊尔玛奥银行外景

阿尔托的有机几何形的处理方式。

外部形象与内部空间的感知差异

由于斯堪的纳维亚的环境特点,阿尔瓦·阿尔托的建筑设计是内外有别的。其外部形象常常朴实无华,甚至有单调之感,但是内部却异常明亮、开阔,在冰天雪地之中创造出舒适的人工环境。在西扎的建筑中也具有这一特征,在简单的外表之下往往包含着极其丰富的室内空间,而以白墙、天窗和由顶部倾斜而下的阳光所形成的明亮的空间气氛,是对葡萄牙南部特有的地中海气候的回应。不仅如此,与阿尔瓦·阿尔托类似,对于室内空间所运用的各种材料,不仅局限于视觉方面的关注,而是注重包括触觉、听觉,甚至味觉在内的全部感受。

外部空间的组织方式

阿尔瓦·阿尔托对于如何处理建筑与环境、建筑外部空间与内部空间的关系具有独到的理解,而西扎也从中获益匪浅。他曾经这样说道:他对阿尔瓦·阿尔托的某些建筑中的内院组织方式极感兴趣。这些内院在一端使视线收缩,以此方式捕捉到湖面及周围环境的景观。❶西扎将这种斯堪的纳维亚的成功类型加以转换,对地中海建筑风格进行了重新思考并赋予其新的活力,使地中海建筑风格能够为该地区的建筑师重新加以利用。在西扎的众多作品中,这种"U"平面的内院反复出现,而且随着环境及功能的变化采取了灵活的变形,成为了西扎建筑作品的一大特色。

1.3.2　勒·柯布西耶的形式语言和空间要素

尽管西扎承认自己受阿尔瓦·阿尔托的建筑的影响最深,但实际上勒·柯布西耶关于现代建筑的革命性理论和空间形式的表达也是西扎一贯研究和追随的重要对象。

1.3.2.1　粗野主义美学

勒·柯布西耶所创造的以拉毛素混凝土为代表的粗野主义的廉价性与审美性的双重特征,使其在二次大战前后的葡萄牙具有特殊的意义。实际上,西扎在建筑事业的初期,也曾尝试过粗野主义美学与马托西纽什地区地方性的结合。像在西扎设计的莱萨·达·帕尔梅拉海洋游泳池,不加修整的粗糙混凝土墙面被侵蚀而呈沙子般的灰色,它与当地传统材料黑色的木材、铁件的组合营造了一种特殊感觉——建筑就像是被临时遮蔽的遗迹,准确地表现了场所的特殊氛围。

1.3.2.2　萨伏伊住宅的形式语言

勒·柯布西耶 1929～1930 年间在巴黎郊外设计的萨伏伊住宅(the Savoye House)是现代主义建筑的一座里程碑式的建筑。西扎在文章中这样表述他看到萨伏伊住宅的欣喜之情:

"它可能是从另外一个世界来的物体——这就是第一眼看到它所留下的印象。强有力的形式蕴藏于柱子之上的平行六面体的体量之中,通过一个连续的水平开启在楼板或露台等各处

❶　EL GROQUIS 68/69+95. ALVARO SIZA 1958-2000.EL GROQUIS, S.L. 2000.247

显现。它可能是用铁和铝建造的，石膏赋予了分段的形式以连续性。

这一简洁的秩序被连续而频繁地拆解：一座雕塑性的楼梯，在内院上方的三角形的开启，暗示不稳定性的动态的坡道，在墙体之间盘旋的光线。建筑二层环绕内院布置，并通过内院提供照明。另一方面，轴向的坡道抑制了不稳定的空间感，这些坡道在外部再次出现且通向露台；墙体华丽的弧线保持了流线的顺畅，并暗示着围合感。

不可思议的是，那里存在着一种宁静，这源自于空间张力的关系。客厅的长向伸展主导了多重的斜线，并在入口门厅的镶嵌图案得到了反映；通过主卧室的道路——另一个U形，提供了空间的深度感；并且再一次展示了内院和开敞空间的景致。……建筑的每一个元素都有自己的生命力，它使焦点不再汇聚，漫步于建筑空间中的感受就像你每天在一个城镇中行走时所发生的一切。"❶

萨伏伊住宅不仅标志着现代建筑的发展方向，而且正像西扎所说的那样"暗藏着不知疲倦和永无止境的追求"，为以后的建筑设计提供了大量的形式要素，其中水平窗和坡道就被西扎反复运用，并被赋予更新的意义。在西扎的建筑中，对连续水平窗的尺寸及位置都加以精心控制，使室内外空间得到视觉上的联系；而坡道不仅是联系不同水平面的媒介，而且成为西扎处理地形、组织流线的重要元素。

图7　萨伏伊住宅外景

❶　Alvaro Siza. Villa Savoye.Kenneth Frampton. alvaro siza Complete Works. Phaidon Press Limited, 2000.527

1.3.2.3　"多米诺"骨架与"自由平面"的意义

"多米诺"结构体系与"自由平面"的形式及空间的表达也引起了西扎的关注。作为最重要的现代主义建筑大师之一，勒·柯布西耶提出的"多米诺"混凝土板柱体系使承重与分割相互分离，因此平面布局完全自由，现代建筑的空间表达方式也得到了极大解放，对西扎具有本质的持续影响。这在1986～1993年间西扎在波尔图完成的塞图巴尔教师培训学校(Setubal Teachers' Training College)得到了最为直观的体现——这座建筑就是"多米诺"骨架与平台、走廊及其之间的中介空间的混合。

更为重要的是，"多米诺"骨架与"自由平面"的平面体系对于空间创造可能性的突破及与之相关的运动和感知也一直是西扎潜心研究的重要课题。勒·柯布西耶曾表示他对建筑中漫游的人很感兴趣，其实他感兴趣的是漫游过程中所发生的主体(人)与客体(建筑空间)、运动与感知的关系及变化。"多米诺"骨架形成的自由平面的观念恰恰使建筑中的漫游成为了可能。自由平面的构成要素使漫游具有了有形的物质形象，而结构(柱和板)所建立的理想化秩序又与之存在明显区别，在这种对比中勒·柯布西耶建立起一种建筑的隐喻，它暗指在建筑的理想化秩序和感觉的漫游秩序之间的分离。在这种分离状态下的运动在连续变化空间与人的关系的同时，也不断变换着人的主观感觉。因此，在勒·柯布西耶的建筑中，流线的组成部分都遵循"自由平面"的逻辑，往往与建筑的结构区别开来。楼梯和坡道不仅仅是为了给人的通过提供便利，楼梯扭曲的面板及坡道的来回穿行还表明正在漫步的人的运动方向及方式。因此"自由平面"不仅区别了结构所包含的永恒秩序和非结构性的填充，而且放大了理想化的空间秩序与人们通过时偶然发生的景象之间的差异。在"多米诺"骨架的一般性空间所蕴含的稳定与持久中，每一次体验建筑的历程都将是横穿于网格之间的"自由"漫步。于是"多米诺"骨架与"自由平面"相结合的体系形成的空间"既是可以居住的现代的外壳，也是一座我们漫步于其中的遗迹。"[1]作为勒·柯布西耶的追随者，在"多米诺"骨架与"自由平面"中的建筑式的漫步是西扎建筑作品的一个中心主题，正是在这种运动中，西扎所追求的对于建筑整体性的体验才得以实现。

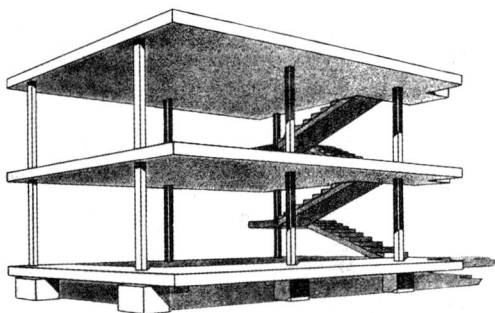

图8　多米诺骨架示意图

而且，"自由平面"使空间结构构件与分割构件彻底分离，也就逐步混淆了建筑构件的永久性与家具的暂时性之间的区别。于是，在空间的进一步细化过程中，空间分割构件变成了固定的家具，而家具则成为了可移动的空间分割构件。可以说，在勒·柯布西耶的绝大多数作品中，"自

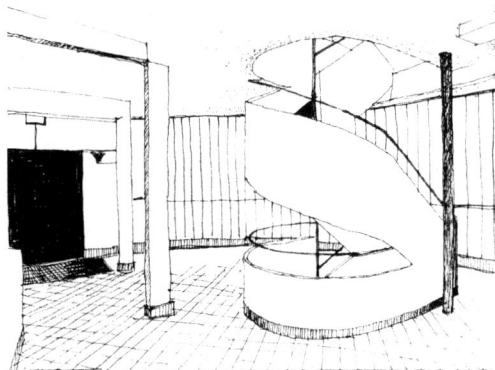

图9　萨伏伊住宅室内

❶　Robert Levit. Alvaro Siza, http://www.appendx.org/issue3/levitt/index1-7.htm

由平面"形成了一种暗示：那些游离的要素都是一种明显区别于建筑的主要秩序的特殊家具。这种空间构件与家具近似性的观念为西扎所接受，在其作品中，家具从来都不是孤立的元素，而是与空间一体化设计，成为创造空间的重要元素。

1.3.3 阿道夫·卢斯的纯粹性与经济性

1.3.3.1 形式表达的纯粹性

阿道夫·卢斯是现代建筑运动的先驱者。美国建筑家赖特认为：卢斯对于欧洲建筑的贡献具有决定性的影响。卢斯在其最重要的著作《装饰或罪恶》(Decoration or Crime)中，坦诚地提出了自己反装饰的原则立场，认为简单几何形式的、功能主义的、造价低廉的建筑符合20世纪广大群众的需求，而不应该主张繁琐的装饰，建筑的精神应该是民主的，为普通大众的，而不再是为少数权贵的。他于1910年完成的维也纳的斯坦纳住宅，简单朴素，被不少建筑评论家认为是世界上第一座真正的、完全的现代建筑。[❶]

卢斯认为建筑"不是依靠装饰，而是以形体自身之美为美"，这种对于建筑的几何纯粹性的强调深深影响了西扎的建筑(显见于从1970年代后期开始到1980年代中期的作品中)。与卢斯一样，西扎的建筑没有任何装饰性的要素，却总是以简洁、明确的基本几何形体作为其形式表现的根本，并获得了同样丰富的多样性。卢斯的纯粹性在西扎于1980~1984年完成的杜阿尔特住宅的外观上表现得尤为显著：这座住宅的主体平面运用了与斯坦纳住宅类似的A-B-A开间形式，主体体量呈现为一个简洁的立方体，由于在中间的开间向内形成了通高的凹进，二、三层的房间就可以通过这个槽缝从侧面采光，这样就避免了在沿街正面开窗而破坏立面的完整性与纯粹性，于是与斯坦纳住宅朝向花园的立面相比，杜阿尔特住宅的沿街正立面更为"沉静"，其纯净的立方体体量、矩形开窗、白色外墙所表现的纯粹性，甚至有过之而无不及。而从背面看去，可以发现类似于斯坦纳住宅楼梯厅上方的拱顶的再次运用。不仅在外观上，内部空间设计的某些做法也明显具有卢斯的影响。除了A-B-A(-B)的空间韵律之外，卢斯式的特征似乎充满了整个住宅。在通高的入口大厅，一个以大理石覆面的楼梯向二层上升，一个独立的大理石柱子及在起居室火炉周围结束的大理石墙裙，令人想起了卢斯在其一系列住宅中以大理石营造的高雅纯净的氛围。

此外，在马拉古埃拉居住区住宅设计及1980年代在德国柏林的克罗伊策堡公寓等住宅设计项目中，西扎还经常参照卢斯在1920年代所运用的开窗方式，创造了富于韵律而又简洁明快的立面形式。在卢斯端正的纯粹性的影响之下，充满形体表现力的白色体量成为西扎最为人所熟知的建筑表现形式。

1.3.3.2 表现方式的经济性

卢斯以反装饰的立场提倡造价低廉而简洁朴素的建筑形式，这深深地影响了西扎运用材料的方式和态度。正像西扎所强调的那样："一件在建筑方面令我感到非常悲哀的事就是浪费，即使在光的运用中也是显而易见的"[❷]，在西扎的建筑中往往运用有限的混凝土、白色石

❶　王受之.世界现代建筑史.北京：中国建筑工业出版社，1999.133

❷　Francesco Dal co. Alvaro Siza and the Art of Fusion. Kenneth Frampton. alvaro siza Complete Works. Phaidon Press Limited，2000.7

图10 斯坦纳住宅

灰粉刷、玻璃、陶质面砖、木材、石材和金属板等一系列相对低廉的建筑材料，以谦虚而朴素的方式来营造特殊的建筑表达。这种表现方式的经济性也是西扎在其作品中所关注并不断探寻的中心问题之一。

1.4 海外的设计实践和旅行——建筑观念的扩展

从1960年代中期的葡萄牙至今，伴随着民主化改革的进程，西扎在运用新准则进行大众化住房建设的工作中做出了重要的贡献，这与SAAL计划所倡导的活动是密不可分的。在1970年代，西扎接受SAAL❶机构的委托，完成了一系列住宅及居住区的规划设计。他在1970年代初期设计的博萨(Bouça)和圣·维克多(São Victor)居住综合体为其1977年开始的埃武拉的马拉古埃拉居住区的工作奠定了基础。马拉古埃拉居住区规划设计成为西扎走向成熟的机遇。这一作品在使本土性的杰出传统得以重生的同时，还吸取了1920年代在德国、奥地利、瑞典和荷兰的实验性成果，并进行了富于创造力的变形。在贫困落后的不利条件下，西扎第一次表明其固有的建筑观念的重要性：真实、丰富、谦逊、中肯、节制、端庄、朴素。由于这一项目的成功，1982年西扎受到柏林国际住宅展的邀请，从此开始了本土以外的建筑实践，在柏林和海牙设计了居住区规划以及柏林克罗伊策堡的公寓和海牙的凡·德·温尼公园住宅等项目。这些在海外的设计经历，使西扎在建筑文化的表达和现代建筑技术、建造过程等方面，形成了更为多元而深刻的理解。海外的新的设计和施工模式引起了西扎的关注，并引发了他对建筑创作过程的更深层次的思考。而且，丰富的海外建筑游历，使西扎领悟到各种文化背景和历史时期的建筑精华。于是，从德国的柏林到荷兰的海牙，再从奥地利的萨尔茨堡到西班牙的圣地亚哥·德·孔波斯特拉，不同城市的工作经历，使西扎接触了各种异邦建筑文化和多元的城市片断记忆。在方案构思时，这些历史上各个时期的优秀建筑作品，尤其是现代建筑的经典作品，也被西扎有意识地加以学习和

---

❶　SAAL机构(Serviço Ambulatório de Apoio Local)，是由当时的革命住房部部长建立的一个机构，委托建筑师为经济困难的居民设计住宅。该机构推行的项目和计划被认为对当时的建筑师及技术人员的成长具有直接的影响。

借鉴。当提出新的构思时，他往往漫游于历史上的范例之中，并从中找寻可资借鉴的元素。由此，西扎萌发出更多的设计构思，发现了新的建筑可能性。因此，海外的建筑实践为西扎提供了大量新的信息和知识，促成了其建筑观念的进一步发展和形成，为其建筑艺术注入新的活力。

结语

西扎的建筑实践始于1954年马托西纽什地区4座住宅的设计。从1958年自己的事务所的开设，西扎开始了独立的建筑实践。从马托西纽什到波尔图，西扎的设计足迹从乡村步入了城市，而从葡萄牙到西班牙，甚至德国、荷兰，又使其从本土走向了海外，时至今日，在长达近50年的建筑实践中，西扎在欧洲、美洲和亚洲已经先后设计并完成了140余项建筑作品和设计任务。而随着建筑作品的不断积累，西扎的建筑观念和设计技巧亦随之不断发展和演进，大致可以从5个时期来进行考察：

（1）1954~1969年　西扎早期的业务大都集中于他的家乡马托西纽什地区，其后长期以波尔图为活动基地，将乡土的建筑传统与现代主义相结合，开发了抑扬有致的地区建筑的形态方言。

（2）1969~1982年　这一时期西扎将阿尔瓦·阿尔托的有机建筑的某些要素引入了自己的作品，其作品在简单基本几何性的基础上，往往呈现出部分的有机形态及与场所文脉的有机结合。

（3）在1970年代，西扎为SAAL完成了一系列住宅及居住区的规划设计。而1977年开始的马拉古埃拉居住区规划设计的成功，使西扎获得了在本土以外的实践机会。随后他在柏林和海牙设计了居住区规划以及柏林克罗伊策堡的公寓和海牙的凡·德·温尼公园住宅等项目。这些在海外的游历，使西扎在建筑对不同文化的表达和现代建筑技术、建造过程等方面，形成了更为深入的理解。显然，在海外城市的建筑设计，使西扎开阔了视野，有更多的机会接触不同的建筑文化及经典范例，促成了其建筑观念的进一步发展和成熟。

（4）1979~1985年　类似于卢斯的简洁、明确的基本几何形体的纯粹性和多样性成为主要的建筑语言和表现形式。

（5）1985年以后　西扎设计了以塞图巴尔教师培训学院、福尔诺斯教区中心、加利西亚现代艺术中心、世界博览会葡萄牙展览馆等为代表的一系列较大规模的建筑作品，这些作品以更为抽象的形式延续了场所、文脉的精神和历史内涵，标志着西扎建筑语言和建筑观念的成熟，而同时也具有一定的纪念性的意味。

实际上，从时间的角度看，这些发展阶段只是一个大概的划分，只是表明在那一阶段西扎建筑作品表现出的一定的相似与联系。不仅如此，各个阶段的建筑表现方式和建筑观念也并非孤立的、间断的，而是相互交融、相互联系的，随着西扎的建筑实践的发展，逐渐形成了其多元而又统一的建筑观念。

西扎的学习历程是耐人寻味的，是他自己的故事：幼年时成为雕塑家的心愿令他进入了波尔图美术学院，而系统的学习为其打下了深厚的建筑学专业基础。从进入塔欧拉事务所开始，西扎的建筑就深植于本土建筑的根源，致力于处理葡萄牙特定的景观、光线及文化；并且，他以开放的态度，从勒·柯布西耶、阿尔瓦·阿尔托、赖特、卢斯等建筑大师的现代建筑作品以及历史上的经典建筑中吸取无穷无尽的灵感，在持续的建筑实践和建筑游历中不断完善和丰富自己的建筑观念，以自己的方式创造出清新、真实的独特形象，面对正在经历的时代变革和各种挑战，做出自己的回应。

　　西扎的成长历程深深地打上了葡萄牙特定的社会历史、经济文化的烙印，他在建筑实践的同时滋生、发展并成熟的建筑观念和设计表达，表明了对于地域场所性的不懈探索可以成就一位建筑师并使其特色独具，西扎及其他的前辈葡萄牙建筑师所走出的实验性的"第三条道路"，无疑对于正在致力于探寻中国建筑本土文化和世界建筑发展主流契合的我国建筑师具有重要启示。

二、地方性与现代建筑的结合
——建筑观的基点

在1950年代的后半期，为了葡萄牙现代建筑发展的出路，一些建筑师对乡村和城市住房的旧有形式进行了极富耐心而又充满激情的研究，同时还进行了对传统和变革的反思。这项研究为解决葡萄牙建筑发展的现实问题提供了答案。当时，在建筑师当中，特别是被称为"现代主义的"那些年轻建筑师当中，存在着对本土建筑真实本质的忽视。因此这项调查试图达到两个目的：一方面通过摆脱政权对建筑的强制性控制而重新获得建筑创作的自由；另一方面通过研究，对建筑的区域性表达形成一个客观而系统的认知。

在调查的过程中，形成了两股主要力量：一股力量关注北部地区的建筑，这主要由波尔图的建筑师进行，他们致力于总结乡村和城市中的居住区的结构形态及其在整个地域内的意义；另一些人则关注葡萄牙中部和南部地区，主要以里斯本为根据地，致力于乡村住房的类型学研究。由于人们普遍认为只有在封闭的社会环境中真正的建筑形态才会积淀和保留下来，因此在这项研究中，广大乡村和孤立的内陆地区的建筑与城市和开放的沿海地区相比，获得了更多的关注。而且，在这个关于葡萄牙本土环境的调研中，这些建筑师对某些特定的主题极感兴趣：由于城镇和建筑的形成过程中缺乏强加的几何性操作，以致偶然的因素（地形及某些预先存在的特定元素）可以赋予新的建筑以某种秩序；材料选择和技术方式的一致性；在那些建成环境中逐步积累下来的形式的作用及意义。❶

虽然这项调查的成果并未被直接运用，但却使一些传统的建筑表达和建造方式得以再生，例如在北部的建筑中大量运用花岗石和木材，而在南部的建筑中较厚的抹灰石墙得到了广泛应用。甚至一些与现代主义的习惯表达相比不太正统的解决方式也变得合法化了：像北方传统的瓦屋面就被引入到城市的建筑中。❷

而在研究本土建筑的同时，这些建筑师并未忘记现代主义的固有目标。在对本土建筑形式进行重新利用的同时也着眼于使建筑与当代的建造技术相结合，最终提供现代主义建筑的一个新的版本——一种和谐地根植于真实的现场和历史的复杂性之中的独具特色的葡萄牙现代建筑。

西扎的建筑实践始于1950年代，正是在当时这种建筑思潮的影响下，西扎的早期作品努力以现代的技术条件重铸葡萄牙的传统。从其最早完成的4座住宅开始，西扎的建筑就致力于处理葡萄牙本土特定的环境和文化内涵、景观及光线。西扎早期的业务大都集中于他的家乡马托西纽什（Matosinhos）地区，这使他对当地的乡土建筑及环境特征非常敏感。通过对马托西纽什本土建筑的外观视觉形态要素，如：颜色、材料、类型、尺寸和韵律等的深入探究，西扎从中提取了典型而有价值的形式要素并以现代建筑的理念加以运用；而马托西纽什

---

❶ Robert Levit. Modern Architecture Redux：Portugal. http://www.umich.edu/iinet/journal/vol4no3/levit.html

❷ Nuno Teotónio Pereira. ARCHITETTURA POPOLARE, DALL' INCHIESTA AL PROGETTO. domus (655)，november，1984：28~31

图 11　葡萄牙波尔图鸟瞰

图 12　葡萄牙孔迪镇鸟瞰

图 13　葡萄牙传统街道及建筑

图 14　葡萄牙埃武拉街景

图 15　西扎 1954 年设计的住宅外观之一

图 16　西扎 1954 年设计的住宅外观之二

图17　马托西纽什教区中心外观

图18　马托西纽什教区中心室内

位于大西洋沿岸，当地地形起伏、植被茂盛、阳光充足、温度适宜，居民多室外活动，这也成为西扎一直力图表现和与之相适应的环境气候特征。葡萄牙乡土建筑的固有传统中的实际经验——矮墙、伸展的平台、坡道对地形的广泛适应性对西扎对特定地形的巧妙处理具有决定性的影响。因此，西扎的建筑作品自然地洋溢着地方性建筑所特有的真实感及朴素感。而且，他还努力将现代建筑技术与传统手工艺相结合，注重于传统的建筑材料（白色石灰抹灰、木材、铁等）的价值的再利用，从而从建筑的形式语言、建筑与环境的关系、建造技术等各方面走出了一条地方主义与现代主义相结合的建筑设计道路，而这也正是西扎建筑生涯及建筑观念的基点。

2.1　实践的起点

在1958年的设计竞赛中赢得的博阿·诺瓦餐厅是西扎独立完成的第一个项目。从那压扁的白色石膏抹灰的烟囱、墙面和罗马瓦覆盖的单坡屋顶上不难发现明显的地中海建筑特征，经过阶梯状矮墙引导的室外步道则是以传统建筑的经验对特定地形的回应。而且，很明显，建筑外观和内部空间的表现形式都受到了阿尔瓦·阿尔托的巨大影响。建筑的主体是一个两层高的内部空间，这一空间向下为餐厅空间，向上在顶部是面向岩石景观的大观景窗，使出檐深远的屋顶和悬挂于末端的排水沟极富漂浮感，形成了类似于远航的船帆的奇特形象。值得注意的是，相似的形象还出现在西扎1956~1959年设计的马托西纽什教区中心大厅的斜屋顶，只不过在那里排水檐沟以更为厚重的水泥浇注，而斜屋面则角度更大且出檐较小。

受阿尔瓦·阿尔托的影响，木材在博阿·诺瓦餐厅成为了主要的材料，而且成为作品外观形式及室内空间的主要特征。餐厅的木质天花板尤为引人注目，它悬吊于倾斜的钢筋混凝土板之下，为空间注入了类似于手工艺的亲切感觉。这种气氛是由红色的桃花心木、富于装饰性的木材垛口和在斜屋顶相交处出现的天窗光线所共同营造的。正如保罗·马丁斯·巴拉塔（Paulo Martins Barata）所描述的：木材延伸到窗框和悬挂板的下面。一个长的木板拱腹被那些支撑木材饰带和排水檐槽的椽子所打断。这些椽子，不论其构造意义还是丰富的装饰性，像木工的其他要素一样，令人回想起一种植物的象征意义……在内部，木材并未被限制于顶棚，而是作为一种装饰材料被广泛使用，就像攀缘植物一样从地板蔓延到基座、门和窗框，坚硬的厚木板的开槽和锯齿口就如同一场精心制作的戏剧。❶

瓦屋面、木门窗及木屋檐结合承重花岗石和混凝土板材，在西扎从1954年到1970年最初16年的实践作品中扮演了极富表现力的角色。在他1950年代后半期在马托西纽什所建的独立住宅和1957~1959年间在波尔图的一系列私人住宅中，这些地方性材料和建造方式的运用是显而易见的。

1958~1965年，西扎在康西卡奥公园内设计并完成了康西卡奥（Conceicao）游泳池的项目。这个公园由塔欧拉设计，此时也刚刚建成。建筑基地位于公园内的一个平坦而树木葱郁的山顶上。该建筑的组织比博阿·诺瓦餐厅更为精巧，服务性的建筑空间被布置为"L"形，与整个围合北端的三角形界面毗连，白色粉刷墙面的界定结合服务性空间穿插于繁茂的柏树之间。和希腊宗教场所一样，人们通过台阶步道逐渐接近这座建筑，最终到达两座单层建筑、淋浴间、卫生间、衣帽间、一个售票处和一个自助餐厅。这些服务空间是进入泳池而必须经过的。这一建筑中，在坚固的混凝土板梁浇筑的顶部采用手工的花岗石的石作工艺。一方面整个建筑被混入粗糙的砂浆抹灰，并刷上了白石灰，而另一方面在混凝土板之上的覆盖物并未被粉刷，以暴露结构系统。暗示着地方性的单坡屋面再次出现，而花岗石承重墙用灰泥抹灰并以白色石灰粉刷，使其转变为轻质、抽象的平面化元素。出现在屋檐及门窗框的红色的桃花心木、白色涂料的墙壁和水泥地板共同形成了清雅洁净而又富有人情的形象。保罗·马

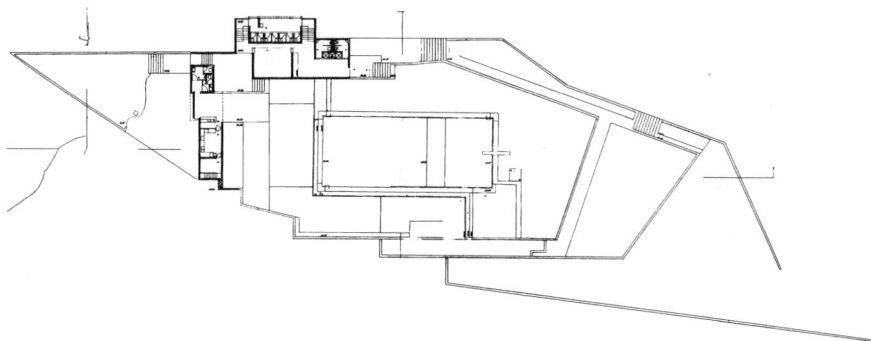

图19　康西卡奥游泳池平面

❶　Kenneth Frampton. alvaro siza Complete Works. Phaidon Press Limited. 2000.14

丁斯·巴拉塔将这一作品称为"传统手工艺与现代混凝土建造技术相结合、乡土的类型学与现代主义抽象化综合的产物"，并认为其具有多重文化意义。[1]

与康西卡奥游泳池类似的单坡屋面和白色石灰粉刷的花岗石承重墙及"L"形的平面组织方式在直角正交的阿尔维斯·桑托斯住宅中再次使用，但有二个重要的变化：首先，在混凝土屋面板上向外延伸的以橡子建造的屋檐的跨度是自由伸展的，形成了室内外之间的灰质空间；而另一方面，大面积木窗贯穿整个立面，覆盖了立面中二次划分的各个部分，强调了立面的连续性。在阿尔维斯·桑托斯住宅中，西扎对住宅中的房间处理不再是将他们分割为相邻的体量，而是以视线的连续造成空间的相互流通和渗透。而且，覆盖这些体量的单坡屋顶在这里是建构于木构架之上的。这些构架底部的桁材作为顶棚的支撑被部分暴露于室内，底部弦材的表面被木节点的相互交错的形式所打断。这些节点回应了平台周围的各个房间的立面构成。矩形的形式要素被反复强调，连续的木门窗与粉刷墙面所形成的白色的、独立的、光滑的背景表现了建筑的真实感和朴素感。

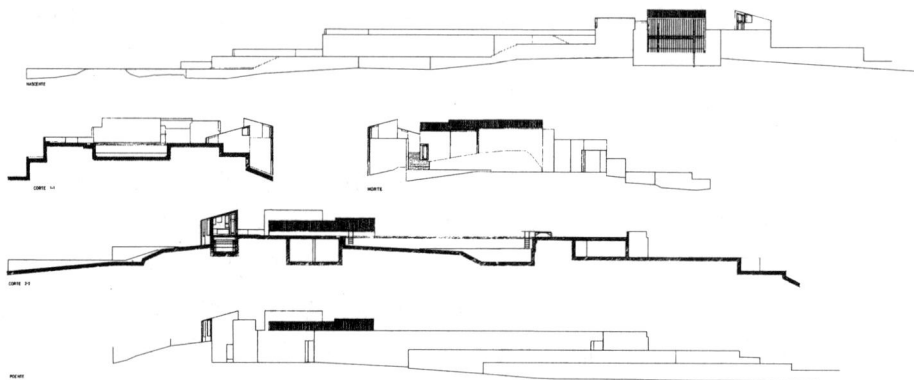

图 20　康西卡奥游泳池立面、剖面

图 21　康西卡奥游泳池外观之一

图 22　康西卡奥游泳池外观之二

❶　Kenneth Frampton. alvaro siza Complete Works. Phaidon Press Limited. 2000.16

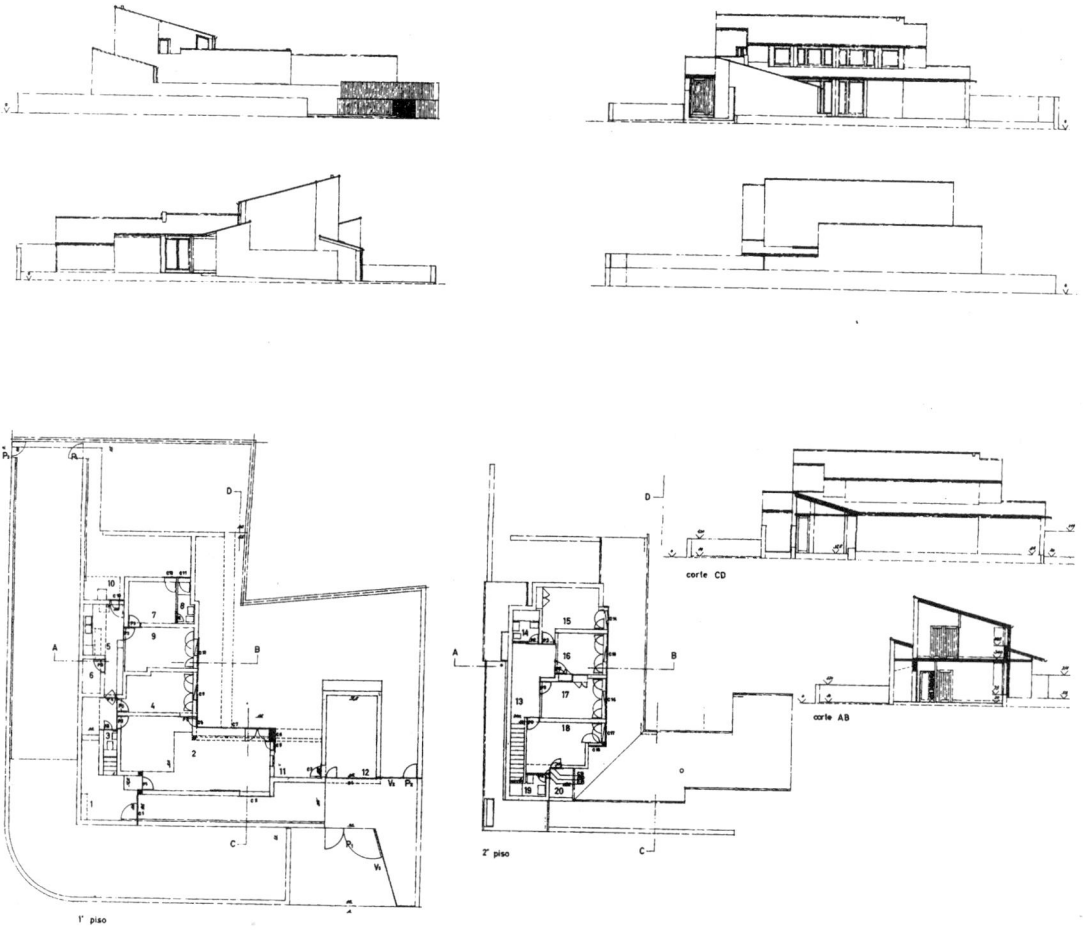

图23 阿尔维斯·桑托斯住宅平面、立面、剖面

图24 阿尔维斯·桑托斯住宅外观

2.2 在实践中发展

传统手工艺与现代混凝土建造技术相结合的建构方式在莱萨·达·帕尔梅拉海洋游泳池中被再次运用。西扎在紧邻博阿·诺瓦餐厅以南的布满岩石的海滩设计了这个作品。这一项目是为了在紧靠老港口的马托西纽什（Matosinhos）海滩增建游泳设施。与康西卡奥游泳池一样，建筑主要由墙体、坡道、踏步和平台组成，但所有一切都由粗糙混凝土构成，既回应了一个布满岩石的场地，又成为沿海公路和辽阔的大西洋海面之间的媒介，调和了全部的环境因素。

主体建筑的界面由一系列以类似于"风格派"绘画的样式布置的混凝土墙体构成，横向伸展的墙体相互平行、与垂直方向的墙体形成双向网络，而墙体的间断造成了彼此的相互错动。微斜的单坡黑色防腐木屋顶与墙体平行（有些有轻微的角度）布置，覆盖淋浴间、卫生间和更衣设施，将沿海公路机械的轨迹与面向大海的不规则的岩石相分离，屋面板的出挑延伸到墙体边界之外，或被深色的门窗分离，似乎并不依赖于下面的墙体支撑，这产生了一种飘浮的错觉。

除了伸展的建筑物之外，游泳设施本身包括在尺寸和形状上都不同的两个游泳池：其中较大的是矩形的成人泳池，较小的是曲线形态的儿童戏水池。这两个泳池是设计的主体部分，因为大量的时间都花费在将这两个泳池以最佳的方式插入到岩石的构成中去。这不仅是为了将爆破工作减到最少，而且也是为了使泳池看上去好像原本就一直存在于场地之中。事实上，海滩自身就充满了嶙峋岩石的形式构成，两种尺度的游泳池被混凝土矮墙的开放外形和岩石的构成所限定。而混凝土浇筑的楼梯、坡道和平台，以几何化的规则形式设置于岩石和沙子之间，自然地融入了海滩参差不齐的形式构成之中，这表现了西扎惯有的地形学的观念。

而且，西扎再次以娴熟的技巧对人工步道和建筑流线进行了精心组织："建筑物由一条向入口延伸的向下倾斜的斜坡进入……随着逐渐被厚重的墙体所环绕，人们逐渐下降并同时失去水平视线，就像沉入了一座地下的堑壕。沿着精巧的格栅分割所遮蔽的长走廊前进，参观者体验到一个瞬间的光的稀薄，微弱的光线仅仅渲染着平滑地面。走出这一迂回的迷宫，进入一个连接走廊，参观者将会回到大西洋的阳光中，但是仍不能看见水。沿着这墙壁界定的路径步行，封闭感最终被打破，参观者依次才能接近海洋和泳池。而在现代建筑中，如此戏剧性的建筑序列是很少见的。"[1]

在这一设计中，西扎还坦承赖特的作品对这个休闲综合体具有直接影响。这明显的显见于对混凝土墙体水平感的强调、较低出挑的、微斜的木屋面和半遮半掩的入口的相互结合。

和西扎的许多作品一样，作为空间界面的墙对莱萨游泳池而言是决定性的。事实上，墙体是西扎早期几乎全部作品的根本基础。墙体并非空间的结束，而是内外空间的共同的中介，对室内外的空间领域都同时具有张力，它们建立起建筑及其环境的边界，就像马丁·海德格尔（Martin Heidegger）[2]所描述的，"边界不是事物发展的终点，而是像希腊人的观

---

[1] Kenneth Frampton. alvaro siza Complete Works. Phaidon Press Limited, 2000.16

[2] 马丁·海德格尔（Martin Heidegger），1889~1976，德国哲学家，认为只有意识到人存在的暂时性才能领悟存在的真谛。主要著作有《存在与时间》（1927年），他对萨特及其他存在主义哲学家都有很大的影响。

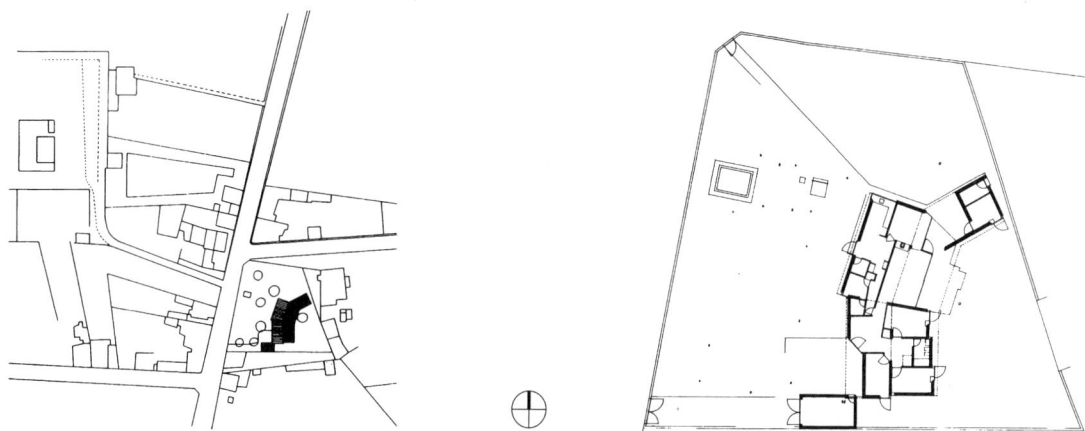

图25 罗查·里贝罗住宅平面

点那样，事物的存在从边界开始。"❶在1962～1969年的罗查·里贝罗住宅中集中体现了这种边界的原则，在那里，面向东南的房间在罗马屋面瓦覆盖的微倾屋面下松散地聚集于一棵大树周围，建立起一个用围墙包围的花园内的隐私性空间领域。

2.3 关于新与旧的思考

这一时期西扎的作品大都集中于马托西纽什地区，而且往往是在某些自然风景或乡村环境中插入新的建筑，因此，地形、地貌、场所的特质以及如何使新旧场所要素得以平衡，也成为西扎一直关注的焦点。在葡萄牙的乡村环境中，具有简明几何形式的建筑一般较少，更多的呈现为不规则的形态，建筑保持了原有的地域痕迹和可读性；而且新的建筑从不会将旧的建筑夷为平地，而是在原有基础上逐步加建，以渐进的模式增长，它不仅记录着自身建造的过程，也反映着自然及社会变迁的历史。

图26 罗查·里贝罗住宅外观

1970年代，西扎接受SAAL机构的委托，完成了一系列住宅及居住区的规划设计。SAAL为当时葡萄牙建筑师的成长提供了实践机会，并影响了他们对本土建筑文化的进一步利用。当时，SAAL的建筑师队伍努力调节自己，以寻求适应于现实问题的设计策略。对于现有材料的关注也成为关注的要点，为了能够在合适的条件下利用给定材料的特性，他们重新评价了贫乏而有限的材料及其可能的创造性；而对于现场的一种新的关注也随之产生，新建建筑的基础往往源自于处理小的、荒凉的空间、一片孤立的墙体、土地及把这些要素转变为实际建造的要素的能力。在这方面，逐渐表现出一种对于材料、对于时间和事件、对于现存平面、自然环境及历史的小插曲的敏感。这在西扎的作品中也得到了体现。

---

❶ Kenneth Frampton. alvaro siza Complete Works. Phaidon Press Limited, 2000.16

西扎经常根据场地特有的地形特征,变换那些限定内院或是联系两种秩序的墙体和体量的对位关系,在注入新的形态表现方式的同时,也记录了在其建造过程中新旧元素的融合与分离,表现出了历时性的观念。1971~1973年间,在马托西纽什地区一个老葡萄园中修建的阿尔西诺·卡多索住宅中,西扎就巧妙地运用了这一方法。在这里空间的层次呈现出一种时间上的先后次序,建筑物和围墙结合在一起来表现时间的经历。通过将新建的单层卧室嵌入原有建筑的内部,使新插入的体量低于原有建筑的屋面,避免了新旧建筑在屋面及墙体交接上的结构性矛盾,并使现存的粗石农舍的主导外形(两个被微斜的瓦屋面覆盖的棱柱体)得以延续。通过一片低矮石墙的联系,这一三角形平面形式的水平形象被两扇黑色窗框的相交所加强。这个连续体量被有接缝的金属平屋顶所覆盖。浅色的木家具及室内装修和葡萄园棚架的石制小品也得到了重新利用,在游泳池踏步之上形成了柱廊式的开敞空间。这种有点即兴色彩的创作方式在其他地方也依然可见,车道的富于韵律的铁门和向下引导至场地南面边界的楼梯,全部在葡萄园地平面以下的一层,与基地现有要素在空间和时间上一同营造了新与旧的相互交融。

在卡西纳斯住宅区(Housing in Caxinas)(1970~1972),西扎面临的是在更大环境中处理新旧关系的问题。卡西纳斯(Caxinas, Vila do Conda)的村庄在波尔图北方的30km处,住着数百个渔夫。在过去的几年中,在这里居住的渔夫们,在暑假时主要是靠着出租自己住家的房间给一些来自于欧洲大陆内陆来这里海岸游玩的旅客们居住,但这些人通常违法私自加盖房屋,所以城镇管理部门就要求西扎重新制订一些规则,来规划设计他们的城镇,让他们自己可以管理以后的发展。西扎的工作是以研究这个村庄现存的新旧事物开始的。主要是想重新利用建筑形式留下的少数符号所拥有的外观视觉形态,如:颜色、材料、类型、尺寸和韵律等。然后,在这些基础之上,西扎在一个线性发展计划上,建立了二个性质不同的建筑物:一个小的建筑物面对海洋,以连接海洋和内部的街道。而另一个是在原先的基地上现存的咖啡馆。其余的将其规划为一系列连续的建筑物。基本的姿态是:建造墙壁、放置窗户、在一个体量中创造一个空间、将门涂色。非常简单的灰泥表面在大西洋海岸边强烈光线下伸展,简单的体量以材料本质与颜色表现出其造型。在这个规划设计上,可以看出西扎对于基本体量、整体的线性安排与未来发展的可能性的悉心推敲,更为引人注目的是西扎对于基地环境的尊重和与当地文化的融入。❶

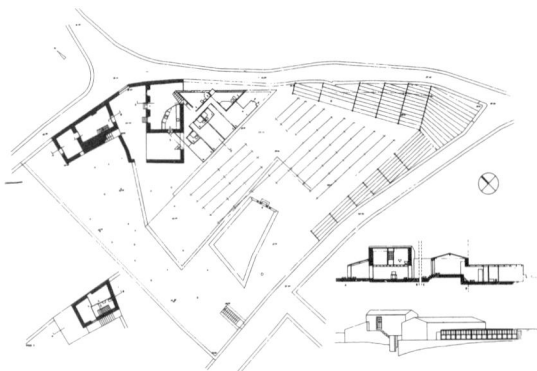

图27 阿尔西诺·卡多索住宅平面、立面、剖面

图28 阿尔西诺·卡多索住宅外观之一——从葡萄园看建筑

❶ http://www.pritzkerprize.com/siza.htm

图29　阿尔西诺·卡多索住宅外观之二——从入口看新落成的建筑

图30　阿尔西诺·卡多索住宅外观
之三——新旧建筑的交接

图31　阿尔西诺·卡多索住宅外观之四
——原有建筑外观

图32　卡西纳斯的住宅外观之一

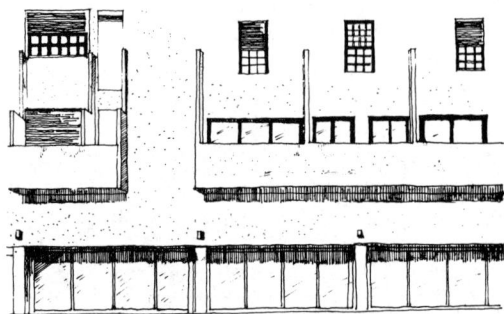

图33 卡西纳斯的住宅外观之二

2.4 实验与突破

在这些项目中,西扎注重传统手工艺与现代建筑技术条件的结合,并在现代建筑美学的前提下使乡土建筑语言得以重新运用:大量运用了瓦屋面、木门窗及木屋檐结合承重花岗石和混凝土板材的建造方式;在一系列的住宅中将"L"形平面结合内院的传统模式重新加以利用;以较为封闭的体量形象表现传统的空间观念;在规则的几何性平面基础上结合某些有机性的变形以适应崎岖的地形;并将某些原有的自然及历史要素广泛吸收到新的设计中。不仅如此,在1970年代,西扎接受SAAL机构的委托,完成了一系列住宅及居住区的规划设计。西扎还将他在SAAL时期逐步娴熟的设计技巧与从阿尔瓦·阿尔托、勒·柯布西耶、阿道夫·卢斯的经典作品中吸取的经验相结合,不断地进行着大胆的实验,在形式、空间及场所表达等方面寻求新的突破。

在1973～1976年的贝莱斯住宅中,在阿尔西诺·卡多索住宅提出的关于遗迹的主题再次出现。这座建筑就像一座已被炸毁的立体主义的现代建筑废墟,其形式特征、空间组织和材料运用的方式具有明显的现代建筑的趣味。为了满足业主将住房聚集于一棵大树周围的要求,在有限的场地内,不规则的房间组合围合于封闭院落周围。在朝向内院的曲折表皮,精心设计了推拉窗、平开窗及固定窗相结合的复杂幕墙。黑色的罩面漆包裹着的木窗框建立了本土性的表达,而在建筑北面的半圆形凸窗则运用了现代主义的钢骨架的玻璃窗。这种对立还存在于建筑的承重花岗石墙体,这些墙体在冲刷中抹灰和粉刷,旧的建造方式与新的抹灰涂层和色彩呈现对比。内部空间被再次划分为数个房间,而通过选择性将幕墙打开,促成了连续的空间运动。可以说,这一作品代表着西扎的建筑中越来越多的具有现代建筑的审美情趣。

西扎为其兄弟安东尼奥·卡洛斯·西扎在1976～1978年间建造的住宅可以说是西扎这一时期所设计的一系列独立住宅的巅峰。尽管这一作品仍然具有乡土建筑的烙印,但西扎对于传统住宅内院式的组织方式进行了大胆的变形,并在形式与空间的复杂性及视线、运动与感知的关系等方面进行了初步的探索。在这里,西扎惯用的"L"形紧密布置房间的典型平面被拆解,并在一个极度狭窄和扭曲的现场范围内以不和谐的墙体之间的联系来重新组合。整个建筑表现为一个相互分离的内院式住宅,平面呈一个收缩的"U"形。两个凸窗保持了正常情况下内部的轴线秩序,而客厅的凸窗表现了"U"形的中心轴线;垂直的、水平的和斜向的轴线穿过平面,以确定再次划分的墙面的交叉点,同时建立了一种暗示性的内部空间透视景观。在沿着现场边界的某一点,平面上凸起的围墙突然急剧折叠,再次闯入房子,穿过了U形的一翼,而且在概念上将三间卧室与其余的房间隔离。通过这种几何学的变形,与现场联系的元素以一种

图 34　博萨社会住宅外观

图 35　圣·维克多居住区住宅外观

形式的断裂方式穿过其内部。于是三间卧室就具有了一种微妙的双重角色——它们在房子的外面和花园的范围之内的同时也成为了"U"形形式构成的端头部分。

这一住宅的入口被有意地设计为从拐角偶然性地进入。尽管进入之后仍是环绕住宅内院的回廊运动，但几何学的独特组合却将不同秩序所造成的各种景象及现场的印象同时性地展现在人的眼前：视觉上人眼的视线圆锥体从餐厅窗户的中心被切削，两个柱子的几何形随之发生扭曲；视线决定了内院两个相对的窗户的尺度，住宅较远的一面上则突出了一个小的凸窗。视觉上对建筑的形式及空间构成的感知在运动中被记录于脑海中。在这座住宅中，西扎尝试在不同几何秩序之间建立了偶然性的连接与穿插，并对以此方式获得了形式与空间的复杂性。皮特·泰斯塔（Peter Testa）深刻揭示了这种转换所取得的形式上的结果：

"西扎并不依赖于某种固定的类型及某些有限的、优先选择的形式。事实上，从此时西扎已经开始了对于以基本的形式和片断来表现空间的复杂性的初步探索，而其重点在于形式之间的关系，而非形式本身。这也许从对餐厅中的一对柱子的阐明中得到最佳的体现。仅仅从结构的观点来看，这两个柱子是无法解释的，这两个柱子矗立于结合内院周围流通空间的两个体量的区域之间。简单的方柱导向不同的轴线，人们可以同时感觉到同一元素的斜面及正面的两个方向的景象。

这一同时性的概念事实上是通过双向视角的重叠与透明而发生的，这一双向视角横向贯切于整个建筑范围。这种双向视角以不同寻常的方式将各个房间联系起来，并使参观者在保持围合感的同时还可以直接观察到一些内部和外部的空间。在这里，控制线的运用有助于定义视觉轴线，而透视使视线路径上的每个物体得以扭曲，并以变形的方式建立起相关要素的联系，这些视线发散或汇聚于某个聚焦于餐厅窗户的透视灭点。"[1]

不仅如此，在这一住宅的交通空间和内院之中，类似于葡萄牙乡村街道的尺度和不规则的

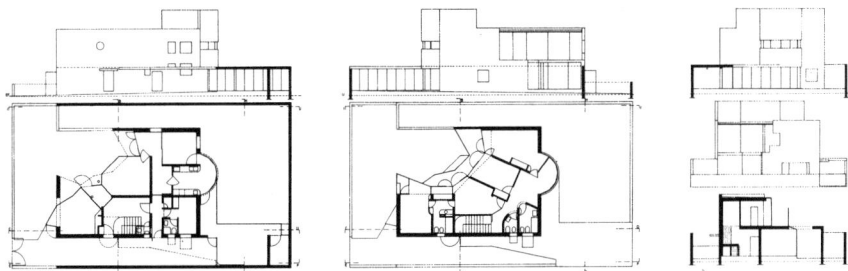

图 36　贝莱斯住宅平面、立面、剖面

---

[1]　Kenneth Frampton. alvaro siza Complete Works. Phaidon Press Limited, 2000.19

图 38　贝莱斯住宅外观

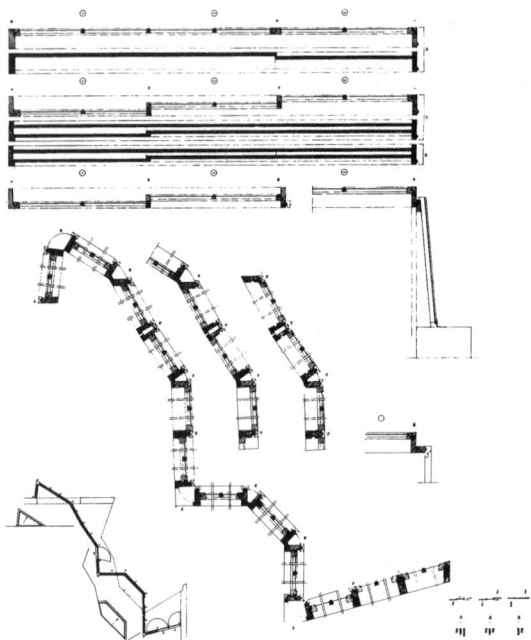
图 37　贝莱斯住宅玻璃大样

图 39　贝莱斯住宅室内

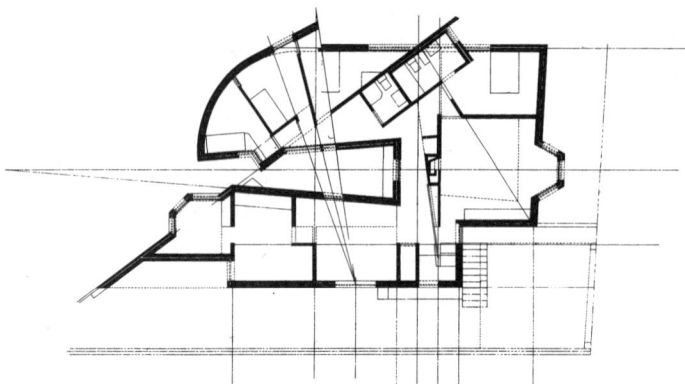
图 40　安东尼奥·卡洛斯·西扎住宅平面

图41 安东尼奥·卡洛斯·西扎
住宅室内之一

图42 安东尼奥·卡洛斯·西扎
住宅室内之二

形态得以再现，界面的不确定性和连续性使人们仿佛置身于一座葡萄牙乡村的微观模型之中。

值得注意的是，西扎在此不仅摒弃了先前惯用的来自于乡土建筑的瓦屋面、木门窗及坡屋面结合承重花岗石和混凝土板材的建造方式，而运用了平屋顶、灰泥抹灰、钢门窗的更为富于现代意味的简洁的形式语言，还在几何学的组合与拆解、形式的片断与整体及空间的运动和感知等方面进行了积极的探索和试验。

正如西扎所写道："在地方性与国际化之间的紧张状态引发了由连续和对比构成的一种新的特性。"[1]对于一位来自葡萄牙北方的建筑师，建筑对于自然物质世界及本土文化传统的关系是建筑的一个基本方面。而西扎建造起第一个独立完成的作品的1950年代，正是人们对葡萄牙本土现代建筑的发展状况及前景进行探索的重要时期，对社会、自然、空间和建筑之间关系的探究是当时普遍关注的问题。当西扎开始其最初的设计实践时，这些广泛存在的建筑观念对其所采用的设计策略不可避免地产生了深刻影响：一方面西扎最早期的作品与新地方主义的定位密切相关，在传统与现实，手工工艺和工业发展进程之间的相互影响一直是其建筑研究持续关注的问题；而另一方面西扎又极力寻求与现代科学技术的一致。在这一时期，西扎以一系列的作品表明了其建筑观念的基点——地方性与现代建筑的结合。

而且，随着实践活动的深入和展开，西扎面临的环境和要求不断变化，也引发了关于形式、空间、场所关系等多方面的思考及实验，为其建筑观念的演进奠定了深厚的基础，提供了现实的经验：来自于建筑传统中不规则的具有偶然性的几何学处理方式逐渐演变为其习见的基本几何性与有机形式的结合；这种原始地形所驱使的几何性与矮墙、伸展的平台、坡道的结合对复杂地形表现出广泛的适应性，这些对地形特有的敏感和经验逐步形成了西扎特有的地形学观念；对于新旧要素之间关系的思考成为对于场所的考古学态度的萌芽；而对有限的材料所进行的选择与组合为其朴素、现实的材料运用方式提供了初步的经验。从西扎早期的建筑实践不难发现，西扎是一位严谨朴素、勇于创新的现实主义的建筑师，而正是在其不断的实践与创新中，西扎逐渐拓展了其建筑语言的范围，发现属于自身的建筑语言和观念，创造了独具特色的建筑表达，从而走上了一条属于自己的发展道路。

---

[1]　Robert Levit. ModernArchitecture Redux ;Portugal. http://www.umich.edu/iinet/ journal/vol4no3/ levit.html

三、几何性与建筑的雕塑感和静谧感

　　西扎的作品散发着一种令人无法抗拒的吸引力，曾有评论家表示从照片即能感受到西扎建筑物的立体感，西扎的建筑随着地形的起伏似乎亦能和具有地方色彩的基地或自然融为一体，流露出其特有的静谧感和雕塑感。

　　事实上，西扎的建筑，从某种意义上来看，具有"可以居住的雕塑"的意味。像1984～1994年间完成的卡斯特罗住宅、1987～1994年间完成的波尔图建筑学院和1991～1999年间完成的波尔图当代艺术馆（塞拉维斯基金会），从远处眺望，白色几何体的组合完全像是一座绿树蓝天辉映下的现代雕塑，而窗户、门廊就像是这个雕塑的虚体。

　　曾经有评论家将西扎的建筑与门德尔松及汉斯·夏隆（Hans Scharoun）的作品进行比较，认为西扎的建筑所洋溢的雕塑感与塑形建筑存在某些相似之处，具有一定的表现主义色彩。以高迪为始祖的塑形建筑往往大量运用曲线和曲面，使得建筑具有更多的雕塑意味，表现出其独有的设计美学，从直观上使人觉得建筑似乎不是被"建造"的，而是被"塑造"出来的。作为表现主义建筑的一个重要特征，塑形实际上是对现代主义建筑直角正交的简单三维形体的平面化形象的突破以及一种异形形态的建立。西扎的建筑也具有类似的特征，曲线和曲面的运用也从体量上使得形态更易于突破理性的逻辑，增强了建筑的情感化和表现力。同时西扎还通过雕塑般的手段来强化建筑的室内、室外的表现性，从而塑造了一种反常规的形态表达、空间气氛和心理感受，因此在一定程度上具有了诸如非稳定性、不确定性、动态性、流线型乃至怪异性的一些形体特征。[1]这就要求建筑师具有更高的艺术修养，同时也需要对建造的过程具有清晰的控制能力。它是对于建筑表现性的探索，也是人类创造天性的使然和对自我想像力的一种挑战，代表着另一个极端的艺术美学，是艺术人格得以显露的某种方式，可以更为自由地表达和抒发个人的兴趣和情感。

　　西扎曾经这样描述他最初的学习之路：我原来想做一个雕塑家，而不是建筑师，那是小时候就有的梦想。可是当时在葡萄牙，雕塑家和艺术家是收入较少的职业，因为家里的生活没有保障，父亲不让我当雕塑家。我早就向往的波尔图美术学院（现为波尔图大学建筑系）是巴黎美术学院系统的学校，有雕塑、绘画、建筑三个系，一年级三个系合班上课。我是考入雕塑专业的，为了避免和父亲发生争吵，升入二年级时，我便打算转入建筑专业。实际上通过三年的学习，我已经非常喜欢建筑了，因此，西扎的建筑具有某种雕塑感决非偶然。也许正如俗话所言：秉性难移。西扎幼年时候的心愿，在后来的建筑中得以实现。而且直到今天，西扎仍然保持着对雕塑的偏爱和眷恋，并深受布朗库西[2]的影响。[3]

---

❶　杨志疆 著.当代艺术视野中的建筑.南京：东南大学出版社，2003

❷　康斯坦丁·布朗库西 Constantin Burancusi（1876～1957），罗马尼亚雕塑家，毕业于布加勒斯特美术学校，他的作品以动物和物质生命产生共鸣的单纯抽象形态赋予现代雕塑以极大意义。

❸　[日]渊上正幸 编著．覃力，黄衍顺，徐慧，吴再兴 译.现代建筑的交叉流——世界建筑师的思想和作品．北京：中国建筑工业出版社，2000.126～127

图43　门德尔松设计的爱因斯坦天文塔

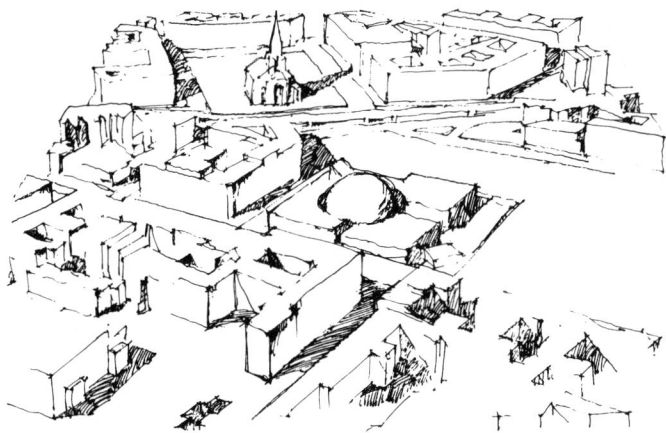

图44　高利特泽游泳综合体模型

　　西扎最初对于雕塑的痴迷及学习，使他与一般的建筑师相比，能够以更为自由的方式进行建筑的造型活动，这种更为自由化的建筑表达尤其需要设计者对几何学具有深厚的造诣和高超的技巧。建筑学是一门工程科学与文化艺术兼备的学科。对于建筑师来讲，几何学的运用应该是最基本的技能和手段。建筑设计所创造的空间和形体必然表现为不同的几何形体，无论是平面，还是立面的划分控制，借助一定的方法和技术，都能解析出长方体、正方体、柱体、球体或是锥体等几何形体及依据某种数理和功能关系构成的组合，甚至可以最终还原成柏拉图三个最基本的多面体。因此，几何性是建筑必须具备的基本属性。

古往今来的建筑演进过程中，探索和开拓几何形体及其空间的运作是历代建筑师矢志追求的目标。随着时代的进步，人类根据社会发展和新的使用要求，逐渐扩大和丰富了建筑几何形体使用的范围和组合方式，反映的意义和内涵也更为广泛，由此形成各个时代的建筑艺术特征。现代建筑运动在以几何学基准来进行建筑设计和建立建筑的几何学审美观方面起了决定性的作用。勒·柯布西耶在《走向新建筑》一书中指出，"体量总是包含在它的外观之中，这个外观又是按照形成体量的准线和母线而划分的，这就赋予了体量一定的个性。如果建筑的主要意图是球体、锥体、柱体的话，产生这些形体的母线就必须具有几何性质"。他进而又充满激情地指出："现代建筑的重大问题必将在几何学的基础上加以解决"。勒·柯布西耶、赖特、密斯等前辈大师确实用理论和实践为现代建筑的发展注入了全新的思想和价值观念体系，并对本世纪建筑实践产生深刻而持久的影响。❶

"建筑是关于构造几何学的。"❷而"几何是空间中关于线面和三维体块的法则，它帮助我们懂得如何在建筑中处理空间。"❸大面积虚实的对比，建筑的比例和尺度的变化以及光线对体量的渲染，使西扎的建筑作品极具雕塑感和静谧感，但究其本质，其关键还是在于西扎建筑的独特的几何学操作。

3.1 基本几何形体的操作

事实上，在不同程度上，西扎的某些作品均能被还原为简明的几何形体。如西扎在1979年柏林的高利特泽游泳综合体（Gorlitzer Bad swimming complex）的竞赛中提交的方案就是4个80m×80m的方形体量与一个直径40m的半球体的组合；而路易斯·费古埃拉多住宅（Luis Figueiredo House）的六面体和梭形的组合也同样给人以深刻印象。

在高利特泽游泳综合体竞赛接下来的10年中，西扎的设计中反复出现一些圆形平面和圆柱体的形式要素。而这一系列以圆形为主题的设计在1990～1992年的巴塞罗那奥运村的气象中心中终于得以实现。这座建筑共有6层楼高，一个直径33m的圆柱体体量在其下部的三层被切去了一部分。在中心的走廊周围沿圆柱体的外沿挖出了8个透光槽，不仅打破了圆柱体的过度的封闭感，还为室内提供了间接的室外照明。窗户的位置在透光槽的侧面，通过窗户渗入室内的阳光可以使人感知到太阳在一天中的运动。内部直径9m的圆柱体中庭成为建筑的核心，通过天空开敞，不仅为对外开窗很少的房间提供了间接的自然光，也成为建筑与外界自然交流的又一媒介。透过8个透光槽，在内部环廊可以景框方式感知外部环境中的大海和陆地的自然风景。而坐落在沙子中的粗糙混凝土基座和上部的做工精巧的圆形隔筛的白色云石贴面，使整个建筑就像一个被部分挖掘的遗迹———一座圆形的古堡。而从周围的道路和海洋方向看去，基本的几何形体的加减组合使建筑在厚重中蕴含着轻巧，就像是海边的一座

---

❶ 王建国，张彤 编著.安藤忠雄.中国建筑工业出版社，1999.34

❷ Alvaro Siza, Leça da Palmeira. Kenneth Frampton. alvaro siza Complete Works. Phaidon Press Limited，2000.82

❸ 张彤 译.彼特·卒姆托 著.一种观察事物的方法.建筑师（99）：111

图 45 路易斯·费古埃拉多住宅

朴实、宁静的雕塑——建筑因此而成为该场所中的一个令人印象深刻的景观。

3.2 基本几何性的组合与变形

阿威罗大学的水塔是西扎对于简单几何形体加以组合，再现其建筑一贯所具有的雕塑感的又一精品。这个水塔是西扎与一位结构工程师合作设计的项目。这个刚性混凝土构筑物从一个浅的水池中升起，塔高25.8m。平面中的点、线、面的组合在三度空间创造了精巧的外观形象。垂直的15cm厚的薄薄的墙体和穿过储水箱的圆柱体这两个元素共同支撑着一个8.5m×3.5m×3.5m的方形混凝土水箱，薄墙和圆柱由两根不锈钢片连接。不同的几何元素（面、圆柱体、长方体）以高超技巧加以组合，以简洁的形体求得巧妙的平衡感，以粗糙的混凝土材料创造性地表达了现代建筑的"轻、光、挺、薄"，再现了西扎建筑的独特形式特征：朴实、沉稳而又轻巧。

对某些基本几何形的组合方式，西扎在其建筑中加以反复运用并根据场所的变化加以变形。西扎的某些变形表达了一种方式，以此方式使几何形与建筑具有深层次的共鸣主题，根据其重新利用的方式使其可以承担多重的意义。由于受到了路斯的影响，西扎在其1970年代后期以后的作品中，呈现出追求几何形体的纯粹性的倾向。这种影响集中体现于1980～1984年完成的杜阿尔特住宅（Avelino Duarte House）。整个建筑的外观毫无装饰性的元素，而只是表现为各种比例的白色长方体体量的精心组合。值得一提的是，西扎对这一建筑外形的处理方式经过深入的剖析，透彻理解了路斯在外形处理上所运用的A-B-A模式，并在以后的建筑设计中加以反复的运用和变形。例如在福尔诺斯教区中心的圣堂入口的立面，就是典型的A-B-A模式加上在比例上的重新思考所形成的结果，两侧凸出的是高大挺拔的白色长方体，而中间的凹进部分则以一扇匠心独运的高达10m的矩形大门暗示着建筑的入口；而在建筑朝向街道的立面中，A-B-A的模式被反转了，中间的凸出部分被其顶部的矩形开启所强调，暗示着建筑的横向轴线，而两侧的凹进部分却被加以变形，呈现为微妙的曲线形态，白色的体量在阳光照耀下呈现出高度的几何纯粹性和雕塑形态，营造了精致而宁静的具有宗教属性的建筑形象。

西扎经常回归到一个水平面放置于两个竖直面上的桌子或椅子的简单形象。在西扎那里，这一简单的形象可以成为一个家具，或者有时将其尺度放大以成为一个构架、大门或者一系列的内部的开启，甚至于成为一座纪念性建筑的门廊。这种变形在1998的里斯本世界博览会葡萄牙展览馆得到了集中的体现。在这里，一个水平面放置于两个竖直面上的原型被西扎加以重新利用，并且具有明显的象征意义。两个竖直面在这里转化为两个长方形体量，而水平面是一个尺度超人的跨度巨大的反弧形顶棚。这一极富张力的顶棚，其构成是一个20cm厚的加强水泥薄板，以悬索的结构方式用粗钢缆固定于两侧的长方形体量，覆盖着 65m × 58m、最小高度约10m的巨大空间。而两侧的长方形体量只是在毗邻这一主体空间的一侧用约1.2m厚的板柱分割为一系列半室外的柱廊空间。中间的顶棚白色饰面，两侧柱廊则用了素色花岗石。实际上，这是西扎建筑中罕见的具有大跨结构形式的实例。显而易见的，尺度和比例对赋予简单几何形象以新的意义起到了至关重要的作用。正如"一种神圣的建筑是因其形式的质量而被认为神圣的"，基本长方形体量的厚重和结实与反弧顶棚的流畅和轻盈形成了鲜明的对比，纯粹而简明的几何形体在强烈的阳光的渲染下将其特有的形式的表现力发挥到了极致。而巨大的尺度和比例使建筑所应有的形式要求得以实现，既象征着现代欧洲的一个属于葡萄牙的特定场所，也同时具有某些礼仪上的纪念性；而柱廊和连续的悬浮的顶棚为葡萄牙展馆提供了一个有遮盖的大量人群集会的场所，满足了该建筑应有的功能需求。

3.3 基本几何性与有机形态的结合

基本的几何形体和基本的形式组合方式的再利用是西扎建筑的基础，但对于西扎的大多数建筑，往往呈现出更为复杂的有机形态。由于复杂的地形环境和城市肌理的影响，在平面上往往不是矩形、圆形、三角形等简单的几何形，而是这些简单的几何形和连续的折线、有机曲线的综合，这与阿尔瓦·阿尔托的建筑密切相关。而在三维尺度上，通过在简单的基本几何性基础上加以某些有机形态的变形，其变化就更为丰富：基本几何体量的切削和增减、白色几何体面的相互连续和嵌套，可塑性不规则的大体积、大块体的结构组合方式……都使西扎的建筑在纯粹中蕴含着变化，在静谧中彰显着动感，呈现出拓扑的后立体主义几何学和含蓄的表现主义特征。事实上，西扎是将其有限的建筑语汇的调色板，在许多作品中反复加以运用，从而使其形式语言具有独特性和可识别性。

西扎在1971～1974年间设计完成的平托·索托银行就是这种拓扑几何学的集中体现。这个银行地处奥利维拉的主大街的转角处，建筑面对连接城里两个水平面标高的一个公共广场。在城镇中的一个主要的十字路口建成，敏锐地反映了周围文脉的特定形式，同时还发展了整体的崭新的建筑语言，建立在对承袭于现代主义运动特定形式的重新诠释的基础之上。在平面上，与周边建筑的界面平行的几根规则的直线向东延伸，相交于底层平面外的一个顶点。由于建筑坐落在城市街角上，西扎把银行底层作了相应的圆形处理，呼应基地对面一个圆形转角的老建筑，二三层退台轮廓线用类似同心圆的两个半径形成，指向圆心——街道另一侧的一幢老房子的一个凸角顶点。建筑形式与周围一座17世纪的住宅、法院以及东南角的房子相协调，以一种新的建筑语言在形态上创造了富有动感的形式。就建筑的外观形态而言，层层退进的弧形墙面形成了复杂的透视效果，而水平和竖直两个方向上连续的白色面板建立了弧形墙面之间的紧密联系，形成了多维度的丰富的整体形象。

博格斯·伊尔玛奥银行是西扎的又一代表作，它更是因其对于经典现代建筑的几何学和有机形态的独创性运用得到了广泛的赞誉。这一建筑的平面设计是将平行四边形的两个短边设计成曲面墙壁。其中建筑背面采用弧线的几何形的根本原因在于使阳光能够进入银行与相邻的一座18世纪的保留建筑之间的内院，而在沿街的转角处，弧形墙面使建筑与街道之间建立起足够的过渡空间，也成为一层营业厅的入口小广场。除了一层的营业厅以大面积的玻璃暗示了建筑的公共性，在二三层的办公空间的沿街面均未开窗，通过玻璃和大面积的实墙之间的虚实对比，使简洁的几何体量在光的照耀下呈现出微妙的变化，其内部的银行的阳台、柜台和楼梯底部等也呈圆弧状，被称为"门德尔松线"；天井地面的高差和照明给人以流动感，呼应室内空间。这座建筑被认为同时具有勒·柯布西耶和密斯的风格，同时体现了经典现代主义的简洁性以及曲面墙壁所营造的流动的几何学氛围，而这正是西扎的独到之处。这个项目赢得了广泛的关注，被誉为"西扎的立体主义"的经典作品，并于1988年获得了密斯·凡德罗基金欧洲经济社会奖（European Economic Community Prize）。

此外，在一系列的作品中，西扎还沿用了这种基本几何性基础上加以有机变形的几何操作方式，创造了丰富多彩的建筑形象。1982～1990年间在德国柏林完成的住宅的内外表皮均呈现出曲线形态，而卢斯式的富余韵律的开窗方式与高低起伏的曲面转角在街角处创造了标志性的建筑形象，获得了广泛认可和好评；1988～1994年间完成的葡萄牙阿威罗大学图书馆主体平面为矩形，而在西南面的连续墙体呈现波浪状的起伏，这片红砖覆面的动感墙面，与白色石灰粉刷的凹墙和神秘地盘旋于入口之上的折叠的巨大混凝土挡板一起，给人留下了深刻的印象；而1991～1998年间在葡萄牙波尔图的博阿维斯塔居住综合体则在棱柱体体量上侵削出连续的反转弧面，结合凹阳台的体块切割及微妙的光影变化，进一步凸现了几何形式的感染力……

而且，在西扎的许多作品中，屋顶有时为弧面，有时为倾斜的棱柱体，有时为翘起的壳体，屋顶的拉伸和扭转导致了复杂的形体；连续曲折、高低起伏的屋面板则特别引人注目。在塞图巴尔教师培训学校，西扎通过对几何体的切削与叠加、拉伸与扭转，创造了极富雕塑意味的形体组合：两个相似的立方体覆盖了自助餐厅，加上切掉棱角的倾斜棱柱体和曲折的出檐板，使建筑呈现丰富的可塑性；而在高度随屋面板起伏的柱廊框架中，一座棱形的楼梯和连续上翘的入口门廊宁静地伫立着，这种有机形式的效果极为特别：与粉刷的纯白形成鲜明对比的是现实存在的形式——在凸出的楼梯正面上被拟人化的忧郁面孔；而另一个就像一只慢慢展开并伸直的海洋生物，它在任何时刻都可能缩回壳中，同时封闭进入内部的入口。[1]

3.4 "控制线"的运用——对几何学操作的控制

建筑几何形体大致有三种构成关系：一是相互间的距离关系；二是有关比例、尺度的数学关系；三是它们之间的组合关系。法国著名艺术史家丹纳也曾指出："建筑便建立在这种由互相联合的部分所构成的总体之上"。[2]实际上，对于基本几何形与有机形态的结合，在

❶ Kenneth Frampton. alvaro siza Complete Works. Phaidon Press Limited, 2000.35

❷ [法] 丹纳 著.傅雷 译. 艺术哲学. 天津：天津社会科学院出版社，2004.59

几何学操作上并非易事,这需要设计者对几何形及其变形与组合具有丰富的想象力和高超的控制能力。对此,西扎具有一套行之有效的方法——控制线的运用。正是通过这种方式,有机变形的难以捉摸的形态通过对位、切分等关系得到某些暗示与隐喻。在安东尼奥·卡洛斯·西扎住宅,两个方向的几何构成通过控制线的组织而相互交错。通过客厅的凸窗垂直并通过中点的轴线控制着主体的"U"形平面,"U"形的两翼对称的分布于这条轴线两侧,其靠近内院的墙体于中心轴线相交于平面外的一点;与另一个凸窗平行的斜向墙体穿过"U"形平面的一端,将某些空间加以扭转,而从客厅一角和餐厅南面窗户的中点引出的直线控制着墙体和门窗洞口的对位关系,既保持了两种几何秩序的可识性,又获得了形式与空间的复杂性。而在后来的平托·索托银行,作为处理几何形态的方法,安东尼奥·卡洛斯·西扎住宅中所运用的"控制线"得到了进一步的发展。在这里,西扎面对的是更为复杂的直线与圆弧在多个方向上的穿插于交错。从其平面可以发现其复杂的控制线网络:以毗邻建筑的转角 B 为起点作出垂直于街道的竖直线,继而从这一垂直线上的一点 A,作出与毗邻建筑的界面平行的另一条直线,这两条呈锐角状发散的直线确定了体量两个方向的边界,加上与街道平行的直线及其与之相切的弧线,限定了主体体量的几何形态;而从同一点发散出的另外三条直线和从毗邻建筑转角处发散的另一条直线从体量内穿过,加上从内到外依次为以 A、B 为圆心、不同半径的两段圆弧,确定了首层内部空间的划分方式,而顶层体量的几何构成则包括以发散于 A 点的一条直线上的一点为圆心的弧线、与之相切的一段直线和几条直角坐标系中直线,结合次一级的各种直线、斜线、弧线及其切线及法线的交织,形成了极为复杂的几何形态。·

在某些设计中,几何学操作的控制线及其相互关系经常由场所中的地形构成、景观及视线、空间与运动等要素来确定,还往往要通过对原有的形式原型进行几何性的改造,以适应于场所环境,这种具有场所意味的几何学操作也是西扎建筑的重要特征之一。在西扎于 1985~1986 年间完成的卡洛斯·拉莫斯展馆就是他运用这种方法的产物,在这一作品中,不难分辨出先前经常利用的原型——一个三面封闭、一端开敞的"U"形内院。西扎以一种富于创造力的变形的方法,对"U"形平面和建筑形式进行了一系列的几何性调整,从而使建筑与场所的几何构成建立了联系:西扎首先将"U"形平面的西北一翼向别墅倾斜,同时将其南翼以相同角度折起,对称分布于中心轴线两侧,在两翼之间形成对称的凹角,于是最初的原型被扭曲变形,南翼与通向花圃侧面的主要东西向道路平行排列; 在西北翼和结合翼相交的转角以加法原则组装了一个面向北方的立方体体块,作为一个入口楼梯厅,其中心轴线等分两翼的夹角;而与之对称分布于主轴线另一侧的转角则沿着南翼和结合翼夹角平分线的切线方向以减法原则进行了切削;接着在结合翼的中点,正对天井的中心主轴线,叠加了一个正面与现有道路平行的梯形凸窗;在每一个两翼的拐角部分,引入了具有两个方向的几何秩序的大厅,为围合天井的侧翼提供门廊和公共服务设施的空间;在向外延伸的两翼顶端,西扎对立面进行了对称的处理,门窗的开启分别指向远处现有建筑和基地内的绿树,而两翼不对称的出檐则在强调内院中心地位的同时,也使形象具有偶然的几何性;对于朝向内院的首层和二层的大面积的玻璃窗,西扎再次运用了 A-B-A 切分模式的开窗系统;在北面的入口楼梯厅立方体体量内,设置了一个"巴洛克"式的楼梯,这个楼梯从中心插入一个弧形楼梯平台,其曲线形式在上层将研究室与楼梯厅相互隔离的墙体中得到了重复,在等分夹角的轴线上设立了独立的椭圆形柱子(在主轴线的另一侧也对称分布一个同样的柱子),最后在朝向中心轴线的一侧,在楼梯平台上,卡洛斯·拉莫斯的一

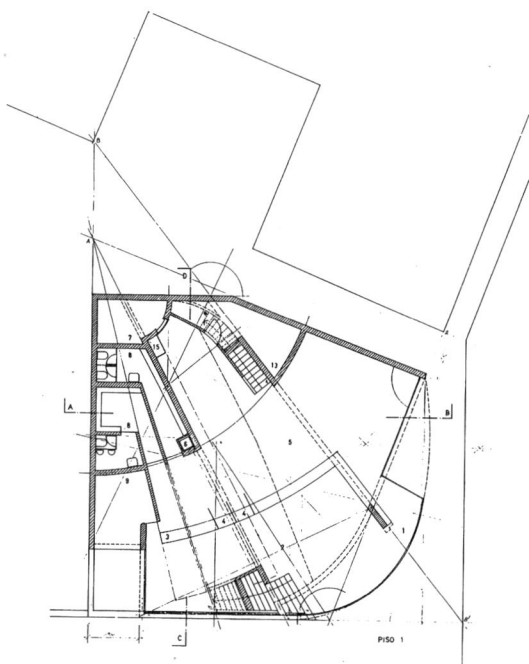

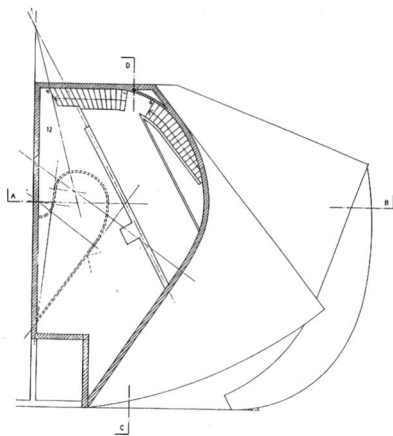

三层平面

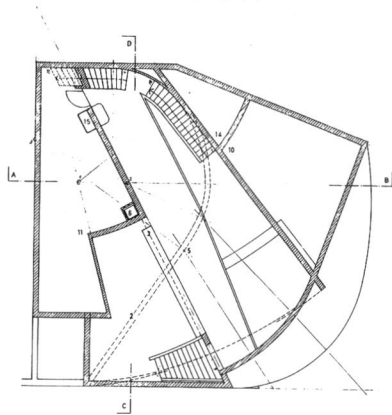

二层平面

一层平面

图46 平托·索托银行平面图

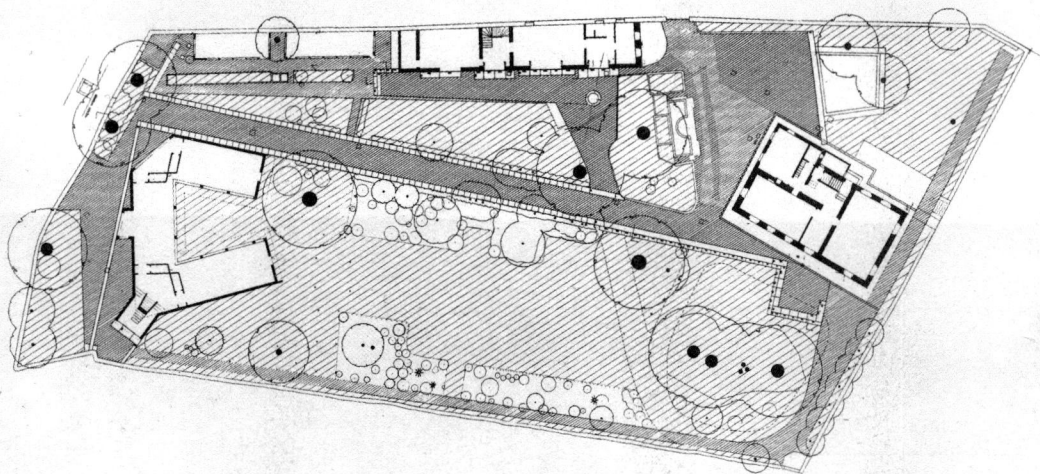

图47 卡洛斯·拉莫斯展馆平面

个镀银半身雕像坐落于一个基座上❶。

"建筑是关于构造几何学的。"❷几何形式是建筑的基本属性,对于一位以乡土建筑的传统作为基点的建筑师,由于乡土环境中多变的地形和城市空间的复杂肌理,加之乡土建筑建造的偶然性的影响,几何形态完全规则的建筑是极为少见的,因此西扎很自然地表现出对强制性的几何形式的排斥,而倾心于基本的几何性与部分有机形态的结合。而同样源自于地方性建筑传统的阿尔瓦·阿尔托的有机建筑表达,为西扎提供了充分的理论依据和实践经验,由此,西扎在实践中不断尝试、发掘几何形式的创造力,逐渐摸索出自己独有的几何学处理方式,从而使建筑作品浸透着雕塑感,而其几何形式的抽象、洗练及其对场所氛围的融入则使其作品天然地具有某种静谧感。而且,西扎特有的几何学操作方式也成为他探索空间的复杂性与整体性的重要工具。

❶　Kenneth Frampton. alvaro siza Complete Works. Phaidon Press Limited, 2000.34
❷　Alvaro Siza. LeÇa da Palmeira. Kenneth Frampton. alvaro siza Complete Works. Phaidon Press Limited, 2000.82

四、空间的复杂性和整体性

　　建筑与空间有着内在的本质联系。西扎认为，建筑是互相连锁的空间的领域，而在这一领域中，各种人类活动得以发生，环境（不论是乡村、城市还是自然环境）也得以强化。[1]因此，空间是西扎建筑的主题。

　　对于空间的感受和认知，西扎坦言，他受到了赖特、勒·柯布西耶、特别是阿尔瓦·阿尔托等大师的现代主义建筑作品的影响，而对其影响更深的是立体派绘画及雕塑观察及表现形式与空间的方式。事实上，立体主义深植于西扎的内心之中，并且影响着他认识和构思建筑及其空间的方式。

　　立体主义（Cubism）是 20 世纪最重要的前卫艺术运动，也是现代绘画和雕塑发展过程中的关键一环，它对后来各种现代派艺术都产生过不同的影响，其创始人是巴勃罗·毕加索（Pablo Picasso，1881~1973）和乔治·勃拉克（Georges Braque，1882~1962）。从 1907年毕加索创作的《亚威侬少女》开始，立体主义绘画大致经历了三个阶段：分析立体主义（1907~1912）；综合立体主义（1912~1916）；立体主义泛化（1916 年以后）。它的创立和发展造就了阿尔伯特·格莱兹（Albert Gleizes，1881~1953）、费尔南德·莱热（Femand Leger，1881~1955）[2]、马赛尔·杜尚（Marsel Duchamp，1887~1968）等一批杰出的艺术家。

　　立体主义者继承了塞尚[3]多视点观察对象和将不同的视面进行整合的方法，着重研究对于形体的处理。他们所关心的核心问题是怎样在平面的画面上画出具有三度乃至四度空间的立体形态，继而"表现绘画空间与三维空间的区别"。[4]因此，立体主义者往往将完整的形态加以肢解和几何式简化，分解成许多小块面后再进行重新组合，从而获得一种整体的、多视维的综合印象。而且，立体主义的实践否定了传统的透视法，将西方三度空间的画面归结成平面的、两度空间的画面。明暗、光线、空气及氛围的表现让位于直线、曲线所构成的轮廓与块面堆积和交错的趣味。视点的分解对空间进行多重的探索，在将从不同的视点观察和理解的形象付诸于画面的同时，也将时间的持续性因素表现于画面。[5]同时，立体主义在探索绘画空间与实际空间的关系所取得的成就对空间的观察和认知产生了重要的影响。立体主义者认为，人对于物体和空间的观察是连续的、动态的和多方位、多视点的，人通过观察应得到全面而整体的印象，因此绘画必须能表达这种时间量度下的空间感。而对于建筑，则意味着一种全新的观察和表现方式——动态的连续空间的创造。通过这种方式，将第四维度——时间引入三维空间，空间与时间并存的建筑成为许多现代主义建筑大师试图表达的立体主义原则之

---

[1] El GROQUIS 68/69+95. ALVARO SIZA 1958~2000. El GROQUIS, S.L. 2000.33

[2] 费尔南德·莱热（Femand Leger，1881~1955），法国画家，立体主义代表人物。

[3] 塞尚（Cezanne，1839~1906），19 世纪后半期法国著名印象派画家。

[4] 克莱门特·格林伯格（Clement Greenberg）著.大师莱热.弗兰西斯·弗兰契娜，查尔斯·哈里森 编.张坚，王晓文 译.20 世纪西方美术理论译丛：现代艺术和现代主义.上海：上海人民美术出版社，1988.177

[5] 杨志疆 著.当代艺术视野中的建筑.南京：东南大学出版社，2003.22~23

图 48　毕加索的作品——卡恩维勒像

图 49　勃拉克的作品——小提琴与水罐

图 50　勒·柯布西耶设计的埃罗歇住宅室内

一。❶立体主义对绘画空间概念的诠释深深地影响着西扎。在西扎的众多作品中，空间的渗透和交错使人能够从多个不同角度、方位和不同高度观察和感知对象，并在建筑式的漫步中获取一个连续的、综合的整体空间认知。

---

❶　杨志疆　著.当代艺术视野中的建筑.南京：东南大学出版社，2003.27~28

4.1 空间的复杂性和丰富性

4.1.1 空间的动态感

　　西扎的建筑一般都具有简洁、朴素的外表，但却往往包裹着相当复杂而丰富的空间。与经典现代主义建筑的纯粹性空间相比，其空间形态往往呈现出动态的、多灭点、多视点透视的特征。事实上，西扎本人观察空间、表现空间的方法正是带有动态的特征，这可以从他的速写中得到证实。在西扎的速写中，无论是建筑、城市，还是自然风景，总是从视觉主体在某一特定时刻的视点来表现。画面并不遵从对于空间的固有认知方式，也看不到从一个按透视法则构思的透视焦点所能看到的空间画面。在 1988 年出版的旅行速写画册中，不论是古典建筑的静态空间、按照连续轴向景观的并列原则而设置的巴洛克式空间，还是普通的街道景象，都以具有偶然性的角度在不经意间进行了裁剪。这些图画展现了当一个人沿着小路漫步，坐在房间或咖啡馆中偶然注意到的景象。就像斜眼的一瞥，物体看起来歪斜扭曲，而视点则忽高忽低。而且，西扎的速写往往把自己正在画画的手、速写本，甚至自己的脚等通常眼睛余光所及之物一起画到画面中，在图面上往往还有飞奔或雀跃的人体形象，以极具动感的方式投入到建筑空间之中。显然在作画时，西扎的头部在不停地转动，其观察的视角也是动态的、广角的。事实上，这种空间的动态感来自于对传统的箱形空间的几何学拆解、空间构件的片断性拼接及视线与感知的连续性组合。在西扎的建筑中，通过独特的几何学操作使重量的感觉及无重量的感觉共同作用于建筑空间的动态感。倾斜的平面和成角的边界（有时仅仅由阴影或一个细槽所造成）可以将参观者过滤到一个小的开口处，而后者产生具有陡峭而强烈的透视特征的错觉。从相反的方向看去，同样的建筑元素往往具有相反的效果，在将个体的形象解放出来的同时，也将视线延展到外部的世界。

图51　草图

图 52　塞拉维斯基金会主入口

4.1.2　空间的模糊性

空间要素之间关系的模糊

西扎建筑空间的复杂性还表现于各种空间要素之间关系的模糊性。葡萄牙乡村固有传统（拥有矮墙、伸展的平台和坡道的村庄）对空间的独特理解和处理方式为西扎提供了经验，而立体主义的绘画风格所表现出的空间的模糊性和其感知张力又为西扎拓宽了思路，激发了他对于空间中的形象和背景的综合以及个体与整体复合关系的特殊敏感。事实上，西扎的许多关于空间的观念恰恰建立在这种形象与背景之间的模糊性之上的。空间中各种要素的连续与间断、穿插与渗透，造就了在多视点下的空间的多重属性。当视点及参照点发生变换时，正面的明确的元素由于相互的交叠而变得模糊。这种由于复合而产生的模糊性在西扎作品平面中的线的复合网络中得以体现，而通过墙体、窗、楼板和顶棚的相互穿插，这种复合性也同样体现于三维尺度的形态。因而，作为某些元素的"前面"而开始的墙面和楼板可能会贯穿于作品之中，并且具有双重的意味，随着参照系的变化，它也可能表现为另一些元素的"后面"。于是，在西扎的建筑中，各种空间构成元素的关系反转以及背景和前景的更替是经常出现的。在这种连续的变换中，开与合、大与小、多与少、轻与重等相对的因素同时展现，每个要素在获得自主的同时也不失为整体的一部分。也就是说，每一个空间要素都具有双重甚至多重的意义，这些意义可以在同一时间被领悟和认知。

空间从属关系的模糊

空间中各种要素的相互交错、穿插与渗透造成了空间构成元素之间关系的反转，也使空间流来流去。于是，不同空间秩序相互叠合，产生了共有空间，这些共有空间的双重身份既使不同的空间秩序发生关系，也同时造成了空间从属关系的模糊。这种空间从属关系的模糊性事实上与空间的"透明性"存在本质联系。"透明性"是符合于现代建筑原则的空间认知工具，也是一种空间组织的设计方法。当代著名学者柯林·罗（Colin Rowe）和罗伯特·斯拉特斯基（Robert Slutzky）于 1955 年前后通过比较与分析毕加索、勃拉克和莱热等人的立体主义绘画和勒·柯布西耶的建筑作品，对"透明性"的观念作出了细致的阐述。他们援引科普斯（Gyorgy Kepes）在其《视觉语言》一书中的论述，对透明性进行了解释："如果看到两个或更多的形式相互交叠，并且每一个形式都要求拥有自己对重叠部分的所有权时，就遭遇一种空间维度的矛盾。为了解决这一矛盾，必须设想存在一种新的视觉特性，必须将透明性赋予这些形式：也就是说它们在避免视觉上相互破坏的同时，又能够相互渗透。而且，透明性所暗示的不仅仅是一种视觉上的特征，它更暗示一种更广泛的空间秩序。透明性意味着同时感知不同的空间位置。在连续的行为中，空间不仅模糊，而且变化不定。透明形式的位置具有模棱两可的意义，因为每一个形式既可被看作为较近的，也可被看作为较远的。"❶简而言之，透明性就是指同一空间可以被纳入两种或更多的秩序系统，同时具有两种或两种以上的空间从属关系。透明性滋生于在空间中的某些特定位置，这些位置可以被同时分配给两个或更多的参照系统，其分类是不确定的，并且在各种分类之间的选择是自由而开放的。

西扎在实践中逐步从勒·柯布西耶那里吸取了在水平平面上设置连续竖直方向的贯通空间的空间操作方式。而且，他还经常在平面及空间中引入某些斜向的要素，这就形成了多个方向的多重空间秩序，其建筑中充满了所谓的"透明性"所指示的特征——空间维度的矛盾。在空间中的人也不断地遭遇实际与暗示之间的对立与变换，深度空间的实际与浅层空间的推断之间的疑问形成一种张力，迫使人反复阅读空间的复杂关系，在扩大空间视觉感受的同时，也创造了具有"透明性"的多重身份的空间，导致了对空间的持续变幻的解释和认知。曾经有评论家认为西扎建筑空间是对与"透明性"有关的现代空间观念的延续与发展。确实，不论是在莱萨·达·帕尔梅拉海洋游泳池的直角正交的错动墙体中，在安东尼奥·卡洛斯·西扎住宅的两种空间秩序的交叠中，还是在加利西亚现代艺术中心的环绕三角形中庭的通道中，空间构成要素的相互叠加、相交与渗透产生了形式与空间的透明性组织，不仅暗示空间的转换，还表明在空间中可能的运动方向，参观者可以清楚地感受到自身处在两种秩序系统中，空间体验的同时性得以实现，空间的从属关系变得模糊而不确定。

室内外空间关系的模糊

按照布鲁诺·赛维（Bruno Zevi）的观点，现代建筑以开放平面为基础，先进的钢铁和混凝土的新结构技术为保证，通过运用大面积甚至是整片的玻璃来逐步消解墙面的实体性，从而使室内室外空间达成完全连续的效果。在西扎的建筑中，建筑室内、外的关系往往是含糊不清的，图底关系也经常是反转的。在西扎的作品中，空间的范围和边界经常是不确定的，内部与外部空间的边界处于永久的争执状态。安东尼奥·卡洛斯·西扎住宅中，单层的建筑体量围绕着一个不规则的内院布置，这个庭院的大小尺度与室内的房间极为接近。就像一个没有屋顶的"客厅"。一道长长的墙体斜向贯穿整个建筑，然后钻进室内，跨过庭院，最终又钻出室外成为院墙。这使得该建筑的室内外空间的界线模糊不定，内部空间和外部空间的影响力也相互交叠，其各自的身份也就不再明确了。❷

内外空间的视线交流也成为这种内外关系的模糊性（甚至反转）的关键原因。上文已经指出：在西扎的许多作品中，内院一直是建筑整体空间的核心，也正是通过内院，室内空间与外部的自然和城市环境在视觉和感觉上得到联系，而视线使几乎所有的外部空间的构成要

❶ 柯林·罗（Colin Rowe）和罗伯特·斯拉特斯基（Robert Slutzky），Transparency, Birkhäuser, 1997. 22~23

❷ 张路峰 著.阅读西扎.建筑师（10）. 1998:54

图 53　博格斯·伊尔玛奥银行室内

图 54　平托·索托银行大厅室内

素，如围墙、立面、街道、有花架的露台、岸线、岩石、地平线、山脉（或任何要素）都可以像内部的经历一样来感知。在西扎建筑中，这种通过视线上的"借景"将建筑内外空间结合为整体的例子比比皆是。卡洛斯·拉莫斯展馆的不规则内庭院就是其中的典型代表。这一内院的平面近似于一个不规则的梯形，在较窄的一边对外开敞，室外环境中的草地深入整个院落。围合内院的三个体量的界面均运用大面积的落地玻璃，在视线上完全通透，而两翼的界面在较窄的开敞端将视线加以收束，外部环境中的广阔的绿草和繁茂的大树也由此引入内院，视线将远景、中景和近景以及室内空间紧密的连为一体。于是，在这里，空间界面更加不确定，而作为外部的庭院事实上充当着真正的内部。类似的例子还有波尔图建筑学院，在那里西扎利用连廊和坡道将各个体量加以联系。而一年级的建筑单体因其倾斜的侧翼而赢得了内部花园的一段景色，同时也促成了分布于各个单体之中的研究室空间的视觉联系。

4.1.3　空间的感知力线网络

从视觉和感知的角度来看，空间的复杂性是与空间构件所暗示的方向性和人所感知到的力线是有关系的。如果人们将一个西扎的建筑空间的所有物质性的要素加以剥离，将其剖析至其本质的形象，人们可能会发现在空间中提取的各种向量的网络，这些向量的网络描述着与特定的地形的节奏相协调的光影变化的表面，也描述着空间构件的几何形式、材料质感所表现的视知觉上的空间力线。这些元素通过透明性和不透明性的不同层面来探测运动的历程。视线和内部的装饰配合起来引导参观者通过。光线强度和对环境的感知则通过窗户和天窗的位置的精心组织来加以控制。在其共同作用下，西扎的建筑在各种各样的建筑的漫游中和由集中和发散的力线所造成的不确定的感知中，给人带来一种欣喜。西扎的平托·索托银行就突出的体现了这一特征。从建筑边界之外的一点发散的放射状的直线和三个同一圆心而不同半径的曲线限定了不同层次的平面，而且在三维尺度上，决定了大厅的空间形式。建筑内部向上和向内开敞，于是在室内空间中，戏剧性的阶梯状上升的曲面天花、空间界面的不规则的交角、结合于平面中的直线和曲线一致的有机形态的柜台和灯光照明，使空间在压缩和扩张中形成不确定的平衡。由于点、线（直线和曲线）、面（直面和曲面）各种形式元素因其比例和尺度的差异具有各自的表情和视知觉的影响力线，所以，在这一空间中我们不难发现，直线型的天光和灯光照明在其伸展方向上暗示着汇聚与发散、曲面的顶棚和柜台隐喻了切线方向的延续和法线方向的收缩与扩张、楼梯和墙体则表现了在竖直方向上的上升与下沉，各个不同方向的力线在不同的高度上相互交织而形成了立体的网络，赋予了空间动感的活力。事实上，这个银行在 1974 年完成之际就因其形式和空间的独特表现获得了维特瑞欧·格里高蒂（Vittorio Gregotti）[1]等众多的评论家的好评和广泛的承认，奠定了西扎在国际上的地位。而与这种空间感受上的心理学的细微差别相关的空间感知力线网络成为西扎建筑空间的一大特色。

4.1.4 "建筑式的漫步"与空间的运动及体验

立体主义绘画和雕塑的探索将时间因素引入了建筑空间，而现代主义建筑大师勒·柯布西耶的"多米诺"骨架与"自由平面"相结合的体系为空间历时性的实现提供了物质基础。从此，空间认知逐步摆脱了静态的观照，而转变为运动过程中形成的连续而整体的空间体验。而由此发展而来的"建筑式的漫步"观念最先在景观建筑的研究中出现。1970 年代的造园家提出："对于一处风景的基本享受来自于当你在风景中运动时所感受到的持续变化的体验。"[2]这也就意味着参观主体注意的焦点不再是完美的几何学或是概念中的形式关系，而是转向了一个连续变化的感觉历程。漫步的焦点集中于感觉上的秩序，而非概念化的理性秩序，这意味着对待主体和客体关系的看法发生了转变，一个运动的主体的观念反映了主体不断发生变化的感知和他与建筑客体之间的关系。事实上，对建筑漫步过程中所发生的主体（人）与客体（建筑空间）、运动与感知的关系及变化，勒·柯布西耶进行了不懈地探讨。作为勒·柯布西耶的研究者和追随者，西扎更是将"建筑看作依据感觉和漫步观念对主体的重新表现"[3]，在建筑式的漫步中，人在空间中的运动和体验是西扎建筑作品的一个中心主题。

在西扎的建筑中，作为主体的人不再从某一点的景致来预期下一个静态的和固定的秩序，而是在一系列的景观环境中运动，这持续刺激着感觉的变化。随着主体的运动，各个形象先后出现，空间构件之间的图底及前后关系更为暧昧，不同秩序的空间则表现出多重的身份，复杂的空间感知力线不断变换着方向，张力的网络连续重组和交织，形成了完整的空间体验。在波尔图建筑学院，与西扎的众多作品一样，入口的位置偏在一角，位于南北两翼的汇聚处，以西侧的一个小房子作为标志。走过小房子，就踏上了一个坡道，该坡道斜向穿过建筑学院的主体建筑。在左侧，经过行政管理办公室的戏剧性体量，进入类似于倾斜管道的有顶的坡

❶ 维特瑞欧·格里高蒂（Vittorio Gregotti）建筑师，意大利威尼斯大学建筑学教授。

❷ Robert Levit. ModernArchitecture Redux：Portugal. http://www.umich.edu/iinet/ journal/vo l4no3/levit.html

❸ Francesco Dal co. Alvaro Siza and the Art of Fusion. Kenneth Frampton. alvaro siza Complete Works. Phaidon Press Limited，2000.7~8

道空间，向前则分化为两条坡道，一条环绕弧墙逐渐上升，进入展廊，另一条则环绕半圆形展廊，到达空间极具特色的图书室的入口门厅。而在右侧则基本是在室外行进，随着人的向前运动，间隔布置的四个研究室的立方体体量依次涌现，那些尺寸各异的缝隙、片段的开启及悬挑的雨篷不断进入视线，每一个研究室体量在其端头的立面上呈现出不同的面孔，就像具有扭曲面部的拉长的盒子，而窗户等开启就像对路的人眨眼的方形眼睛，到处都是斜向的切口和水平的切片，它们由于透视角度的变换而被视线加以变形和扭曲、拉进与推远。从体量之间的间隔，可以感受到南面的杜罗河及周围的景观。正是在这种室内与室外空间的不断转换、主体位置及视线的高低起伏、行进路线的曲折迂回中，可以获得"运动时所感受到的持续变化的体验"，而西扎的这一作品也被誉为一座"漫步式的建筑"。

4.2 空间的复杂性和丰富性的成因

空间形成的过程实际上是将物质性的要素以某种方式加以组织，形成空间界面与围合的过程。因此，探究西扎建筑中空间复杂性的根本原因，也必须从空间的组织方式、空间基本围合构件的特征和相互关系、空间界面的材料运用等几方面加以考察。

4.2.1 简单几何形与有机形式的综合运用

空间的复杂性是由于空间界面的不确定性造成的。西扎的建筑中，基本几何形体的变形与有机形态的组合运用不仅使其外观形式充满了动态的雕塑感，也使西扎建筑空间的界面往往由于扭曲和变形的特征而具有不确定性，于是空间的界面就不仅仅是简单的三维围合，还意味着对于"平面化空间"的突破，在形成其空间复杂性的同时建立起一种异形空间。这种几何学的操作方式及其形成的空间形态在前面提到的许多项目中均有体现，例如安东尼奥·卡洛斯·西扎住宅、平托·索托银行、福尔诺斯教区中心的圣堂等。同样，博格斯·伊尔玛奥银行也突出体现了西扎建筑空间的这一特征。由于平面采用了将基本的平行四边形的两个短边处理为弧形的方式，所以这一银行主体空间所呈现的形态是：在南端和北端以同样的弧形结束的平行六面体的变形的三维空间。而且，大理石饰面的弧形柜台和一层顶棚的连续弧形的光带也使这一直线与曲线共同构成的有机形态得到了进一步的呼应和加强，整个空间呈现出连续、动感的特征。事实上，这种部分的有机形态不仅表现于平面中，在建筑剖面中的变化更是其关键所在。西扎特有的以直线的曲折和交错、曲线的连接和交织而造成的空间界面的不确定，以及斜向要素的引入而造成的对现代建筑所遵循的笛卡尔坐标体系的突破，在很大程度上暗含着对于现代建筑所建构的那种明确、静态的箱型空间的质疑和分解。

4.2.2 基本空间构件的组织和手法

皮特·泰斯塔（Peter Testa）将西扎的建筑空间称为"拓扑空间的后立体主义模型"[1]，

---

[1] Peter Testa. Cosa Mentale: The Architecture of Álvaro Siza. Alvaro Siza. Bacel: Birkhauser Verlag, 1996.9

他认为在西扎的建筑中表皮和空间同时以各自自由却相互依赖的方式来进行处理。对于西扎的建筑，人们即使在仔细研读平、立、剖面的图纸之后，也很难想象出实际的空间效果。这种空间的复杂性不仅与空间的几何形态有关，而且与对于墙体、柱子、地面和天花、坡道等基本的空间围合构件的组织和手法也是密不可分的。事实上，西扎在继承阿尔瓦·阿尔托及勒·柯布西耶等人的丰富遗产的同时，也从形态学的角度进行了某些深入的探究，表明了西扎对建筑构件及其关系的独特理解。

墙

墙体在西扎的建筑空间中往往扮演着非常重要的角色。在其早期作品中，墙体限定了建筑的体量，封闭了建筑空间，这是乡土建筑的直接影响。随着实践机会的增多和设计手法的丰富，在其建筑中，西扎也在不断变革着对于墙体的运用方式。在平面中，直线的墙体出现了相互交织，成为复杂的网络，而曲线或斜线的墙体时常以貌似偶然、随意的曲率和角度出现；对于墙体形式的有机性几何处理则打破了墙体的确定形式，而呈现出复杂的几何形态；在三维尺度中，倾斜、扭曲的不规则的或曲面的墙体又造成了空间的不稳定和动感；而不同墙体之间的相互穿插形成了空间的流动与渗透。莱萨游泳池就集中体现了这种墙体处理方式与空间表达的关系。与蒙得里安的风格派油画或密斯的农村砖房相似，墙体的错动排列方式造成了各个方向的空间渗透，墙面上的窗户和洞口往往是根据视线决定的，外部的景观和光线等自然要素也正是通过这些开启而为内部所共享。墙体上的开启不仅作用于流线的组织，还是内部的空间与外部交流的出入口，由于墙体在某些地方没有封闭的外轮廓，空间秩序得以延续，室内外空间相互交融，人们不难设想在错动的墙体之间所发生的一系列追踪行进、曲折冲撞。

而阿尔维斯·科斯塔住宅中限定前门和车库的墙体之间的穿插同样令人印象深刻。在那里，片断的形象与泥浆抹面的拉伸墙体相互交迭，互相进入另一形象的影响范围。那些延伸墙体之间的片段性形象和开敞的空间构成消解了封闭的感觉，特别是在车库，住宅东面墙体的延伸在建筑悬挑的转角下滑动，而同时墙体延伸到住宅形式上的范围之内。两个墙体，每一个都是片断形象的一部分，渗入其他片断所形成的空间，打破了其完整性。于是在某一瞬间，这些墙体被理解为空间的边界，而在下一个瞬间，也可被理解为相互交叠的空间分割，其身份发生着不断的变更。

而且，西扎经常以一种独特方式来对墙体进行开启——撕开墙体，这在平面及三维尺度中均有体现。尽管这会使每个墙体的形象更为错综复杂，但通过围合与开启的相互交错，空间在墙体之间流通、穿行，而流线得以迂回穿越于建筑之中，在其行进过程中，逐渐感知各种隐含的空间层次；同时也形成斜向的凸窗，成为将光线从侧向引入并同时隐匿光源的形态要素。而在波尔图当代艺术馆（塞拉维斯基金会），两个不同空间和墙体的穿插形成了一种更值得玩味的形态。从一侧的室内看去，可以看到一个特殊的门，从其形态大致可以推断出这个门的形成过程：首先在墙体上开启一个门洞，接着将门洞一侧的墙体在门洞高度撕开，其端部在平面上向一个空间内偏移，最后在撕开处加上水平面板，最终形成了这个具有空间深的门。它似乎暗示着对于这个空间，西扎设置了两种同等地位的进入方式，一种是按照常规从门洞直接进入，另一种则沿着撕开的墙体从侧面进入。而从另一侧的室内看去，才会发现这个复杂的门的真实构成。在两片墙体上撕开的开启形成的两个门按照几乎锐角关系相互搭接，同时暗示了四个方向上的进入的可能，行进路线的选择更为扑朔迷离。于是，普通意义上的暗示着一种运动方向的镶嵌于墙体开洞内的平面化的门不见了，取而代之的是一个多向性的原生于墙体开洞的富有深度的立体的门。在垂直方向上，这种"撕开墙体"的方式也得到了广泛的运用。像在加利西亚现代艺术中心的楼梯空间中，西扎将上部的墙体撕开而使光线从顶部泻入。可以说，在西扎的建筑中，墙体具有特殊的形态特征，表现了西扎对空间形态塑造的可能性的发掘和思考。

柱

对于西扎而言，柱子是限定和表现空间的又一重要元素。西扎的许多作品，尤其是20世

图55　阿尔维斯·科斯塔住宅外观

图56　塞拉维斯基金会室内特殊的门之一

图57　塞拉维斯基金会室内特殊的门之二

纪90年代完成的世界博览会葡萄牙展览馆、阿利卡特大学等项目中，柱廊与内院相结合是其共同的空间构成。值得注意的是，对于柱子在空间中的表现力，西扎具有独特的理解和运用。在其作品中，柱子往往被设置于不同体量的高度发生变化的交点，将柱与梁及楼板等的构件之间的关系明确表现，强调柱子的受力状态，并以此来加强空间的重量感，增强空间的表现张力。在莱维格里斯大厦的内部中庭，可以发现，一个正方形的体量支撑着被斜向切削的巨大的圆锥体体量，而这一正方形体量仅由位于四个顶点的圆柱支撑。柱子与顶棚和墙体的交接是暴露而直接的，由于横向和纵向的墙体和顶棚仅仅相交于柱子上的一个顶点，使人明显的感觉到"千斤重担集于一点"——柱子的承载力是不可缺少的。同时，体量的压缩和扩张使柱子的高度随着顶棚的高度而变化，更加强调了柱子的受力状态，也使空间呈现着不稳定的平衡。在加利西亚现代艺术中心的展厅空间，西扎对于孤悬在外的独立的柱子也有类似的处理。

顶棚和地板

顶棚和地板是围合空间的两个重要界面。在西扎的建筑中，勒·柯布西耶在楼板和顶棚等水平构件上以重叠或交错的开启来营造垂直方向上的空间流通的方式得到了延续。而且，西扎根据空间尺度和用途的差异来调节顶棚和地板的高度，往往形成多层次的形态特征。不同高度的顶棚和地板，暗示着空间在水平和竖直方向上的再次划分，形成了双层空间的特征。加利西亚现代艺术中心的接待厅和咖啡吧就是这种双层空间的处理手法的精品。在那里，相互嵌套的不同高度的数层顶棚结合起伏的地面和顶部反射的光线变化着空间的尺度，也使空间的界面更加模糊不清。而在画廊，顶棚被构思为在半空中的一个倒置的桌子，而包括空调、水电及照明等设施则以精心组织的方式加以隐匿，使空间的形态更为纯净，光线的分配更为均匀。

事实上，不同高度的顶棚和地板与不同高度的墙体相结合，就造成了空间界面的多层次性，使空间体量得以压缩和扩张，而各个水平面上的空间在竖直方向上得以流通和联系。在

图58　莱维格里斯大厦室内

57

图 59　加利西亚现代艺术中心咖啡吧室内

平托·索托银行的剖面中不难发现，通过这种在高度上的精心组织，各种高度的体量和空间相互错动，形成了由底层大厅向三层开敞空间的阶梯状连续上升，从而极大地丰富了空间的深度。

对于西扎而言，多层次的顶棚还具有特定的功能——隐匿灯具及电气和通风系统等设备。在建筑中，灯具的设置方式是十分重要的。灯具的作用不仅仅在于满足照度要求，其实就空间构件的形式及空间表达而言，灯具的设置方式是设计者关注的焦点之一，因为不适当的灯具位置和形式会破坏设计者空间表达的意图。西扎的建筑中，灯具从来都是空间的毫不起眼却不可或缺的构成要素，而在大多数情况中，几乎是不可见的。也就是说，西扎对其空间中的灯具往往采取一种极端的方式：隐匿。而隐匿的地点则大多在多层次的顶棚与楼板之间的缝隙中。楼板下经常悬吊着平整的顶棚，有时可以看到固定的杆件，就像倒置的方桌（不禁使人混淆顶棚与地板的差异，产生自己是否处于倒悬于空间的怀疑），有时顶棚是飘浮于空中的，仿佛与室内的任何构件都没有直接相连，只是一片轻巧的漂浮物。于是，在顶棚的平整形象之后，灯具被隐匿，电气和通风系统等设备也被隐匿，顶棚、地板及墙体的平面被凸现，而凸现出来的则是其形式的完整、纯净与明确。

楼梯

作为将水平空间在竖直方向上加以联系的空间构件，楼梯在西扎的建筑空间中不仅是关于空间中运动及流线的暗示，也体现了西扎对于建筑构件的形态及其关系的独特理解。一个连续的楼梯是不断变化的，而其特征取决于各种元素的相互作用。

首先，西扎十分关注楼梯梯段对于楼梯起步和楼梯平台的关系。楼梯是人在空间中竖直运动的媒介。对于上下两层空间而言，楼梯暗示着一个连续的过程：离开下一层，到达上一层；或反之。而西扎对楼梯与上下层空间的关系及楼梯与运动方式的关系也具有独特的理解。在西扎的设计中，单跑楼梯的运用是十分普遍的，它在离开下层空间的同时也完成了到达上层空间的过程；而对典型的两跑楼梯，西扎则似乎将整个过程的两个步骤分别赋予了两个梯段。第一个梯段的任务只是迅速地离开本层，因而往往向上升起，接近顶棚的高度，尽可能地远离本层空间，也使第二梯段相对隐秘；而由于第二梯段起步于较高的标高，往往比第一梯段短，它只关注于到达上一层空间的运动，因此其形式及构造也就与需与第一梯段一致，而与之对应的楼板上的开洞也可以不与第一梯段发生任何关系，于是在休息平台与楼板洞口之间会出现相当低矮的空间，而冲入上层空间的第二梯段往往由具有一般尺度的门洞开启的箱体体量所容纳，于是就产生了关于楼梯与上层空间的关系是直接还是间接的耐人寻味的双重意味。对于各个梯段之间的联系，西扎往往继续其拆解的方式，分为各个梯段，在平面上有意拉开距离，造成连续运动的曲折迂回。❶

其次，西扎还将楼梯踏步的石材覆面依据情况而上升到不同的高度，以暗示楼梯起步和梯段的关系。在杜阿尔特住宅的楼梯，大理石饰面包裹着最初的三个踏步，再向上就是一个崭新的木材覆面的梯段，这种二次划分的方式使楼梯厅的一层地面周围的断面轮廓产生了断裂的感觉，而导向卧室的开敞走道的楼梯下腹面回应结束于第二个梯段的起始处的大理石饰面的形式，暗示了通向木质的踏步和大门的通道。

而且，在西扎的建筑中，木材、石材覆面的栏板和金属扶手因楼梯梯段的情况而随时变化着形象。可以说，楼梯梯段与平台的关系、踏步的覆面与梯段和起步的关联、不同材料构成的不同形式的栏板与扶手构成了西扎对楼梯的全部思考。在波尔图建筑学院，西扎对于楼梯的表达达到了极致。在这里，在变化着长度和路径的坡道戏剧性地强调建筑式的漫步的同时，众多形态各异的楼梯也参与到不同标高的各个空间的连续与置换之中。在自助餐厅及入口的体量中，开敞的大理石覆面的楼梯下斜入一个纪念性的大理石覆面的箱形体量中；接着，一个弧形的楼梯掠过弧墙进入到圆形露天剧场的大门；导向二层行政管理部门的楼梯同样以大理石覆面，但却没有扶手，因为它穿行于两片墙体之间；然后我们来到了展廊的半圆形墙壁的外圈，它具有周边式的扶手；在空间序列的末端，这种关于大理石覆面与粉刷高度的相互影响及扶手是否设置于墙体之间的相互依存的探讨仍在继续，在图书馆的入口，大理石覆面的楼梯是由两个短的梯段背对背地对称放置而形成的，它被设置于贯通整个空间高度的一片大理石墙前，而且没有扶手。

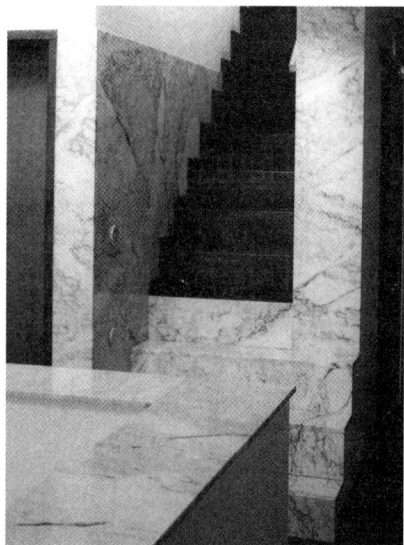

图60　杜阿尔特住宅的楼梯细部

坡道

坡道的精心组织和大量运用是西扎建筑空间的又一显著特征。无论在室内还是室外，坡道的运用使运动的人与所在的空间产生动态的关系，视线的转折和遮挡常带给参观者以心理上的惊喜和期待。事实上，波尔图建筑学院的内外空间就是以坡道的行进而逐步展开的。对于这一坐落于绿树环抱的高地之上的综合体，西扎依据功能性质的不同将建筑分散为数个较小的体量并以坡道和连廊加以联系。沿着坡道和连廊这一整体的脊干运动，分散的建筑体量依次以不同的形象和尺度从背景中涌现，从建筑之间的内院可以感受到外部辽阔的自然和城市景观，形成了步移景异的空间序列。而在建筑内部，

---

❶　张永和　著.平常建筑.建筑师.1998（10）：31～32

穿梭于墙体和柱子之间的坡道暗示着空间的流动和流线的方向，不仅使空间增强了多维度的动感，而且使各个空间在坡道的运动中成为连续统一的整体。

家具与建筑一体化设计

家具是使用者引入建筑的，它并不反映建筑预先确定的秩序，而更多的反映使用者生活和居住的个人行为。家具往往具有"暂时性"。勒·柯布西耶的"自由平面"表明了那些处于自由的游离状态的空间分割构件都是明显区别于建筑主要秩序的一种家具，而家具也成为了一种特殊的空间构件，家具的"暂时性"被消解，西扎建筑中的家具恰恰具有这种"永久性"的特征，非常强烈的表现出家具与建筑一体化设计的概念。而且家具的范围十分广泛，实际上长度、宽度、高度的尺寸能够满足使用者的人体尺度要求的构件均可当作家具使用。家具固有的概念已经模糊，事实上已经成为了建筑空间二次划分的重要元素。室内的家具总是作为空间要素来进行整体设计，有时固定在地板上，其材料往往与地面保持一致，有时与墙面、窗台、栏杆等其他建筑构件结合为一体，有时独立于空间之中，在形式上与建筑和空间保持高度一致，不仅加强了空间的形态表达和不同层次的多重尺度，还因其强烈的雕塑感成为空间中引人注目的观赏性的要素，加强了空间在场所氛围和文化意义的表达。

4.2.3 材料对空间表达的作用

西扎还非常注重装饰性材料对空间表达的作用。白色粉刷墙面、大理石饰面、光洁的玻璃和暖色调的木材因其形式、透明性、质感、色彩、对光线的反射、折射性质的差异而对空间的表现产生不同的作用，各种材料的综合运用营造了各种不同的空间心理感觉。特别的是，西扎对于装饰材料的组织和使用，往往以不同材料的二次划分，来打破空间构件的形象的完整性，从而暗示着空间维度的复杂化。而且，对于各种材料的交接和组合，西扎往往强调不同材质的"面"对于空间塑造的表现力。无论是大理石的墙裙与墙体上部的粉刷还是大理石地面与木质地板的交接，都几乎没有任何的平面上的起伏，不同材质的面的交接是明确而干净的。在加利

图 61 加利西亚现代艺术中心从门厅通向书店和咖啡吧的走道

西亚现代艺术中心的入口门厅的内外两侧,西扎就戏剧性地在室外的大尺寸方砖铺地和室内的大理石铺地之间嵌入了一段深色的木地板,而且面与面的交接十分平整,这段贯穿大门两侧的木地板既提示着入口空间的仪式性,又暗示了空间中运动的可能方向。而且,这种对材料构成的"面"的强调与空间围合界面的"面"还经常性地发生错位。在这里,大理石覆面从地面逐步蔓延到墙面或家具,一直上升到墙裙高度或包裹整个家具,而从墙裙高度开始的白色粉刷则通过顶棚延续到各个墙面,从而隐藏了地面、墙体、顶棚及家具在空间维度上的差异,突出了大理石、白色粉刷及深色木材的材料差异,从而在光的渲染下形成了整体性的空间表达。

图62 加利西亚现代艺术中心入口

图63 加利西亚现代艺术中心入口门厅

4.3 空间的整体性

　　西扎的建筑空间具有相当的丰富性,但同时也具有明显的整体性,虽然各个空间都极具特色,但其空间构件的基本组织方式和材料的运用手法都保持着明显的连贯性,而且空间的界面、比例、尺度、光线等要素的共同作用,创造了具有场所精神的空间氛围,也实现了西扎的追求目标——创造空间,支持生活。与功能主义的现代建筑截然不同,在西扎的建筑中,空间的形式与功能之间存在着一种复杂的、非线性的关系。西扎认为,新房子的感觉总是不如旧房子的好。其原因除了可用空间的大小外,最主要的是,新房子中形式、空间和功能之间的显而易见的、线性的关系总使人感到不舒服。"当你进入一所老房子时,你会感受到一种强烈的整体性,这种感受是你即使看过上千张照片后也是无法想象的。"❶西扎的建筑中就存在着这种难以用语言表达的空间的整体性。

　　从西扎的速写中还可以发现,西扎对于空间的认知从来都是与时间要素紧密相连的。类似于卷轴画的画面是西扎对空间整体印象的观照,存储着西扎对空间的连续认知的过程。西扎的速写,使我们想起在一次漫步中所看到的不断变换的景象,每一幅速写都记录着一系列连续景象中的某一个位置,暗示着视觉主体在穿行于城市和乡村空间之中的空间感知的连续流淌,这集中体现了立体主义对西扎对于空间整体性认知和把握的影响。

　　如果说建筑是互相连锁的空间的领域,那么对于一座建筑,流线就是将各个空间加以串

---

❶　El GROQUIS 68/69+95. ALVARO SIZA 1958~2000. El GROQUIS, S.L. 2000.14

联、紧密结合，形成整体的空间序列和空间感受的线索。在西扎的建筑中。人的行进路线的组织对空间的复杂性和整体性的表现具有重要的作用。西扎曾经承认阿尔罕布拉宫的"深层空间"对于他的强烈影响：在那里，参观者被引导沿着一条具有不同心理影响力的蜿蜒的道路行进，空间依次加以展开。在西扎的建筑中，建筑内部及建筑之间的空间被处理为正面的、积极的、活跃的空间。而在其兄弟卡洛斯·西扎的住宅、加利西亚现代艺术中心、波尔图美术馆建筑等许多项目中，参观者经常以一种偶然性的方式进入，入口经常是迂回的，偏于一角的。而流线往往是曲折迂回的。加利西亚现代艺术中心的流线设计就极富特色。从建筑正对的主要街道开始，沿着与街道平行的"之"字形坡道或与街道垂直的踏步上升，就到达整座建筑的入口平台。与众多作品类似，入口仍然设置于建筑的一个角落。从平台进入门厅，流线在循环的中枢性通道的周围分开，形成两条行进路线。第一条路线从门厅开始，直接引导人们走向中庭。在那里，人们会立刻遇到一个柜台，它与地板以同样的大理石覆面，与地板连接为一体。在这个地方，流线进行了分流，提供了两条可供选择的道路。人们可以继续向前，进入直接导向礼堂的下一个门厅，然后进入行政管理用房和上层的图书馆；或者，也可以向右转，进入交通循环中枢性通道。进入通道，参观者仍面临着两种选择。一是沿楼梯向上攀登，到达上面的永久性收藏室。另一个选择是，直接穿过中枢性通道，进入沿着建筑东边侧翼延伸的临时展廊。第二条路线则是离开门厅，从中枢性通道的后面经过，然后进入书店、咖啡厅和咖啡平台，在这个平台上，可以越过修道院、斜向看到花园，而且继续向上则可远眺远处的小山丘。在这些空间下面，是毗邻于底层展廊的公共服务空间，而同时基座的空间分别赋予各种各样的贮藏和保存功能。在此，西扎似乎同时运用了两种相互矛盾的流线组织方式。表面上，这一建筑是花园地形的延续曲折迂回的流线使建筑中空间的运动捉摸不定，具有多重运动可能的丰富性；而同时设置于中心的中枢性通道又以捷径穿过，打断了空间的迷宫式运动。

当人们进入一座西扎的建筑时，就会理解内部流线的组织结构。人们是以压缩与扩展、控制之下的透视感的退后及光线的不同强度的组合被加以引导的。在精心调整的天花和墙体的协作下，剖面及各个部件被用于表现空间的层次，楼梯、楼梯平台或光与影的变奏，体量的压缩和扩展，增强了这种内外空间的动态的感觉。诸如矮墙、弧形柜台、纤细的扶手或成角的架子等家具建立起在飘浮的墙体、顶棚和楼板之间的以日常用途为尺度的另一种韵律。白色粉刷墙面、大理石饰面、光洁的玻璃和暖色调的木材的形象赋予了材料上的表现。因此，在西扎的建筑中，人们以一种"建筑式的漫步"的方式来体验时间，在依次游历各具特色的空间时，也将它们不断整合及联系，从而获得对于空间整体性的明确认知。

整体性和复杂性并存的空间，是西扎建筑的主要特征。这种复杂性与整体性蕴含着内外空间的交流与联系、空间要素之间关系的模糊和不确定、视知觉的张力和不稳定、功能关系的灵活和非线性、空间整体感知的经历和期待……也正是复杂性与整体性的共存，才使西扎的建筑及其空间在不同的场所环境中达到精神上的共鸣，在特殊事件（读书、颁奖、发现城市景观）可能发生的地点能够塑造个人化的事件关联，使他的建筑承担社会舞台的角色——在那里，人们来来往往、走走停停、自在地生活着……

五、材料·细部·建造

建筑作为工程技术与艺术的统一，具有物质性的本质属性。归根结底，建筑是由各种建筑材料所构成的。从密斯、勒·柯布西耶等现代主义建筑大师，到安藤忠雄、博塔、赫尔佐格等当代的明星建筑师，通过各种材料的适当运用，表现建筑的形式和空间、场所的特质，乃至历史文脉的延续和发展，一直是建筑实践活动中不变的主题之一。而且，这些建筑大师以其独特的建筑作品和理论对这一问题做出了各自不同的解答。而赖特更是以散文诗般的语言赋予了材料新的生命，他指出："每一种材料有自己的语言……每一种材料有自己的故事"，"对于创造性的艺术家来说，每一种材料有他自己的信息，有他自己的歌"。[1]充分表现材料的内在潜力和外部形态，注重在建筑设计中恰如其分地运用材料，并根据现代技术进一步挖掘和发挥材料的特性，是每一位建筑师努力的目标。

5.1 材料

5.1.1 材料的有限性

客观的讲，西扎的全部建筑作品中所使用材料的种类是非常有限的，这不仅与西扎本人的偏好有关，而且确实受到了葡萄牙的社会经济状况和建筑历史传统的影响。在葡萄牙的建筑文化中，技术上的表演与纪念性的修辞学一样，从来都是不受欢迎的。而近百年来，葡萄牙的社会经济一直处于衰退之中，虽然随着20世纪60年代政治上的开放使经济状况有所好转，但总体而言，葡萄牙还处于发展之中，并未达到高度工业化的程度，建筑业也是如此。西扎承认，对于建筑中所运用的材料，葡萄牙的建筑实践为他提供了一个谦虚而朴素的方式。特别是自从整个一代手工艺者移民之后，他的建筑不得不运用有限的混凝土、白色石灰粉刷、玻璃、陶质面砖、木材、石材等一系列相对低廉的建筑材料。

5.1.2 材料的表现力

然而，一位善于思考的建筑师是不会因材料的限制而无所作为的。虽然材料的有限意味着可选择对象的匮乏，但并不意味着建筑形式的单调和平淡。事实上，许多建筑大师往往是以几种材料的精心组合、甚至单一材料的独特表现而创造了不胜枚举的感人的建筑形象。以标签式的素混凝土而闻名于世的安藤忠雄就是其中的典型代表之一。而且，材料的有限也具有有利的一面。赖特就曾经指出："人们可以用单一材料独唱，也可以用两种材料重唱甚至三

---

[1] 项秉仁 著.赖特.北京：中国建筑工业出版社，1992.45

重唱。但明显的是独唱、二重唱比多重唱容易得多，也容易掌握。""用有限的调色板和较充分的想象力去进行创作要胜于用较多色彩的调色板和不充分的想像力所进行的创作。"❶

材料的选择和组织对建筑的形式表达具有至关重要的影响。对于西扎而言，并不拥有广泛的材料选择的自由度，但他通过对材料的细致观察和深入研究，具备了对材质和其内在品性的敏感，力求真实体现材料的本来面目。在他的建筑中，各种材质的感觉和观感都得到了充分表现——材料的硬度和弹性，材料是亚光、微光还是光亮的，触觉的光滑和粗糙，色调的冷暖，色彩和肌理等。而且，有限的材料客观上也利于建造过程的稳定性和直接性，也就从一个方面促成了其建筑语汇的连贯性和一致性。因此，尽管选用的建筑材料都是比较廉价的，但西扎往往能够将材料的表现力尽情发挥，从而创造出令人神迷的建筑形象。

白色石灰粉刷——建筑的重要母题

白色的石灰粉刷具有相当悠久的历史，在建造和美学上都具有重要的意义。粉刷是建筑外墙构造的一种重要类型。它的主要功能在于提供防止水分渗透的保护层，同时增强建筑的外观视觉效果。用泥土、黏土、泥灰土、砂土和泥浆粉刷是人们所熟知的最古老的建造方式和立面形式之一。由于其材料易于获取和操作，它们从很早就被广泛应用，不仅用来填充和平整墙体表面，并且提供建筑保护性的外层。对于灰泥和石膏混合比例及施工技术的记录在维特鲁威的书中就能够找到。后来，更为精细的建造需求导致了熟石灰和石膏等更为有效的粘合剂的发展，这种技术在庞培古城的壁画和其他遗存中得以保留。在罗马风和哥特时期，重要建筑的墙体和拱顶通常都要用石灰粉刷作为覆面。在文艺复兴时期，粉刷逐渐发展成为重要的设计要素。巴洛克时期的立面以大胆活泼和弧面形式为特征，而砖砌墙体则隐藏于精心制作的粉刷和灰泥抹灰之后。到19世纪末，模具铸造技术使几乎完全自由的形式创造成为了可能，伴随着20世纪建筑发展对装饰的放弃和坚固墙体区域的消解，粉刷的用途获得了一种新的意义。功能主义和新的形式观念导致了简洁、光滑、单色（往往为白色）的粉刷立面的大量运用。门德尔松在波茨坦设计的爱因斯坦天文台等作品就表现了白色粉刷建筑的雕塑性特性，传达着一种整料雕塑的建筑审美情趣。由此，现代主义运动滋长了一种白色的审美情趣。在勒·柯布西耶的萨伏伊别墅等作品中，白色的石灰粉刷最大可能的摒除了装饰性要素造成的间断性，赋予了建筑形式表达的连续性，而且在最大限度的清除色彩等多余元素的影响的同时，赋予空间构件形态的完整性和几何纯粹性，使人的注意力转向了空间。

由于战后工业化建造技术和预制构件的广泛运用，在1960年代，人们普遍认为建筑的石灰粉刷将迅速成为过时之物。而由于1970年代经济危机的影响，为了改善外墙的绝热特性，白色的石膏抹灰在那一时期再次获得大力发展。但就像所有的外部要素一样，石膏抹灰的表皮必须面临巨大的温度变化，这容易造成抹灰的变形以及开裂，因此在施工过程中必须额外地关注。现今，尽管钢材、玻璃和混凝土的建造方式占有统治地位，但仍有一些杰出的建筑师是以白色石灰粉刷的立面作为主要的形式表达，西扎就是其中的代表人物。❷

事实上，西扎选择白色石灰粉刷的表达作为建筑主要表现形式，是不无理由的。一方面，葡萄牙地理位置特殊，阳光充足，气候温和，深受地中海建筑的影响，在大部分地区，石灰粉刷的白色既利于反射光线、抵抗热量，又可防止水分渗入。加之石灰粉刷经济易得，便于

---

❶ 项秉仁 著.赖特.北京：中国建筑工业出版社，1992.48

❷ DETAIL，2002（1-2）：104～106

施工，自然成为葡萄牙乡土建筑的主要形式，作为一位以乡土建筑的建筑传统为基点、追求材料及技术运用的经济性的建筑师，西扎自然而然的倾向于这种大众化的构造与技术方式；另一方面则与承袭于现代建筑的白色石灰粉刷的审美趣味密切相关。这种白色石灰粉刷的美学意义在于强调纯净的平面和表皮。同时，白色本身没有任何色彩倾向，是最洁净的色彩。于是，除了光洁，别无其他质感；除了纯白，别无其他颜色；除了弥散，别无其他纹理；然后，白色勾勒出部分有机形态的几何轮廓，表现出光线的全部变化，形体与空间立时凸现而出，形象得以净化、构件得以完整、光线得以渲染……

在平托·索托银行、杜阿尔特住宅、福尔诺斯教区中心、波尔图建筑学院、塞图巴尔教师培训学校等一系列作品中，西扎将建筑以白色石灰粉刷包裹起来。白色的石灰粉刷，赋予西扎建筑平整、洁净而又最富变化的表皮，不仅凸显了塑性的几何形态，还将光与影的丰富表情忠实再现，在绿树、蓝天和阳光的辉映下达成与场所的微妙的共鸣，创造了宁静、精致的整体形象，在阳光下营造一幅幅建筑与环境的抒情诗般的动人画卷，这很大程度上依赖于无所不在的白色。因此可以说，石灰粉刷的白色是西扎建筑诗意表达的重要因素，是西扎建筑的一个重要母题。

混凝土——主要的建造材料

白色的石灰粉刷包裹着混凝土。作为西扎建筑主要的建造材料——混凝土，具有可塑性、体积感和连续性，同时也具有类似于石材的坚硬和重量感的特性。在西扎的建筑中，作为主要的建造材料，混凝土的意义在于自身的可塑性与西扎基本几何性基础上的有机形态的几何学相互契合，因而，纯粹而明确的体量，白色几何体面的相互连续和嵌套，可塑性不规则的大体积、大块体的结构组合，以及凸出墙体的斜向凸窗，随空间的压缩和扩张而上升或降低的连续混凝土板，嵌套于几何体量之上的极具表现张力的延伸屋面板，都将混凝土的特性和形式表现力发挥到了极致。除了个别作品以不加修饰的粗糙混凝土的粗犷和沉重回应场所的特定氛围，在大多数情况下，西扎的建筑都以白色的石灰粉刷包裹起来，这不仅在外观上，而且在建筑的内部空间也是如此。于是，西扎特有的简洁的建筑形象和极具动感的内部空间自然呈现在我们眼前。因此，混凝土特性的充分利用，是西扎建筑形式表达的基础。

而对于其他的材料，西扎往往是根据其感觉和观感的差异运用于建筑中的不同部分，各种材料都扮演着不同的角色，对建筑形式和空间的塑造也发挥了重要作用。

玻璃因其独有的光学特性成为建筑不可或缺的重要材料。不同的玻璃由于对光的漫射、折射、反射性质的不同而具有透明性和半透明性，西扎的建筑往往根据视线和光线的要求对建筑中的窗的位置和玻璃种类的选择加以严格控制，比如，普通的透明玻璃用于水平的长窗和大面积的玻璃窗，既是内部空间的自然光源，又使内外空间获得最大程度的相互交流；半透明的玻璃天窗将光线过滤，以满足室内特殊的照度要求，并形成独特的室内光环境。像波尔图建筑学院的图书阅览室的天窗和福尔诺斯教区中心圣堂的讲台后面的磨砂玻璃就以匀质的光线营造了特定的空间氛围。

至于石材，西扎往往将其作为建筑的外部饰面材料加以运用，并以其坚硬、沉重的感官效果来回应特定的氛围和意义。像加利西亚现代艺术中心的灰色花岗石覆面坚硬、封闭的建筑体量就再现了孔波斯特拉的历史凝重感。而世界博览会葡萄牙展览馆的素色花岗岩饰面则加强了建筑庄重、肃穆的纪念意义。而且，西扎还经常运用花岗岩覆面来形成建筑的基座，石材特有的深沉色彩和粗糙纹理与上部体量轻盈的白色和光洁的质感在相互对比中展现了其建

图64 博格斯·伊尔玛奥银行大理石覆面的楼梯和柜台

筑中特有的对于不同重量感的同时性表达。

　　木材被誉为"最具有人情味的材料"，是人们愿意也能够亲近、触摸、欣赏的材料。在西扎的早期作品中，不论是博阿·诺瓦餐厅红色桃木戏剧性的锯痕和榫卯节点、莱萨游泳池未上漆的黑色木料，还是卡多索住宅充满野趣的木门窗，木材都是作为传统的自然材料以类似于阿尔瓦·阿尔托的方式作用于地方化和人情化的建筑表达。而在以后的作品中，木材一般被固定于建筑的室内。具有温暖的浅色调和自然纹理的木材经过刨光，用于家具，既成为空间及其构件的二次划分，也成为室内明亮光线的有机补充，营造了舒适宜人的室内环境。

　　受卢斯的影响，浅色的大理石饰面在西扎的建筑室内空间中也得到了广泛地运用。卢斯曾经讲道：薄薄的大理石覆面板是世界上最便宜的墙纸，因为它永远不会耗损完。与木材的使用方式类似，大理石也主要铺设在地板、墙裙和楼梯的踏步或护板，就像杜阿尔特住宅的主楼梯，踏步的薄薄的大理石覆面一直延伸到梯段起始处的一个坚固的石制台阶。与密斯在巴塞罗那德国馆中对那块著名的玛瑙石的处理方式类似，西扎对大理石板的纹理极为关注。从最后的外观形态不难推断，与密斯类似，西扎似乎也是将一块厚的大理石板一剖为二，有时甚至将所得的两块石板再次一剖为二，然后对称翻起，形成一块纹理和图案完全对称的由数块石板构成的大的薄板，铺装在地板、墙面及楼梯的栏板或踏步上，表现出匹配黑白两色的大理石纹理的纯熟技巧。而且，西扎还将大理石板加以弯曲，将有机几何形态的家具包裹起来，以材质的对比暗示空间的划分和尺度。而具有天然花纹的大理石以其冷色的光亮表面使内部空间更显明亮和洁净。

　　各种材料具有各自不同的形式表现力，西扎在其有限的调色板中抽取所需的材料，以塑造丰富而多样的建筑形式。可以说，西扎建筑独特的形式魅力和空间感染力正是在于他将这些普通的材料加以组合运用的精湛技艺和深厚功底。除了空间的特殊几何性质以外，西扎的建筑空间广泛的依赖于材料和环境光的共同影响。在其众多的作品中，浅色的木地板、白色的大理石饰面的家具，加上结束于墙裙高度之上的白色抹灰墙壁和天花板，共同确保了整个空间为光线所充实、萦绕，形成了西扎所独有的明亮、纯净的泛光的内部空间。

5.1.3 以材料表达场所及文脉

　　地方化、人情化的建筑语言一直是西扎建筑的基点。材料不仅是建筑形式表达的重要元素，对于西扎，材料还是场所、文脉，甚至不同文化的表达媒介。面对不同的环境，西扎往往根据当地的历史文脉和建筑传统的差异而选用不同的材料。西扎曾经这样描述加利西亚现代艺术中心的设计中对于材料的选择过程。"我记得当我开始博物馆设计的时候，我出于许多理由产生了一个想法：将博物馆用白色的大理石做成。其中一个理由就是在圣地亚哥·德·孔波斯特拉，包括加利西亚，像所有葡萄牙北部和西班牙属于那一地区的城市一样，以前是用花岗石修建每一座建筑，甚至本来由用灰泥建造的房子都用花岗石替换，这破坏了历史的传承。但在旧的相片中和圣地亚哥保留下的地区中，你可以看到每一座建筑过去都是白的。我也想到这是一个机会，可以将非地方性的材料引入城市的特殊地区中的一座特殊的建筑中。对此我们不应该害怕。当一座城市在发展，或想要更新它的习惯的时候，这将造成一座开放的城市。而且在一定程度上，使用非地方性的材料是对开放、交流、对与历史交融的文脉的反映。这就是我的想法。但是就如你所能想象的，这使每个人都感到震撼，甚至感到惊恐。事实是我最终——也许出于羞怯或某种责任感——放弃了我的想法。也许，将建筑建为白色的想法对于当地的文脉而言过分强大了，因此我选择了圣地亚哥当地的传统花岗石。"❶

出生于葡萄牙北部，并以其为主要建筑活动区域的西扎，对于当地的建筑材料和建筑语言具有极其深刻的理解，而在柏林、荷兰，对于材料的选择，西扎参照了当地建筑传统和现代建筑的经典范例，因而与他在本土的建筑作品有很大的不同。建筑的材料往往以当地随处可见的红色清水砖或陶制面砖为主，从而使材料成为场所、文脉，甚至不同文化的表达。

对于材料的运用，西扎还往往考虑到维护与清洗等实际使用要求，结合对光线的不同反射性质和表现力等因素进行通盘考虑，在各种矛盾中逐渐取得平衡，以决定最终的材料选择。在福尔诺斯教区中心，西扎经历了这种在矛盾中使设计逐步明晰的过程：在那里，瓷砖被用在一些内部的墙面上。由于实际上采用一个利于清洗和维护的表面是必要的，西扎最初设想过用木材覆面，但是这将可能削弱墙体的垂直感和光线的反射。因此，他改为考虑运用具有轻微不规则表面的手工制造的瓷砖，这会发出特殊的反射光。最初，他考虑整个教堂都用面砖，但是由于包括弧形墙体和大门在内的一些问题，西扎限制了它们的运用范围，以确保细部不影响空间结构的表现。因此，他将大量注意力倾注于研究各种材料之间的关系上，❷这也就必然涉及到建筑的构造方式。

5.2 构造及细部

建筑是把各种材料和分散的部件组合为一个整体的过程，是构造的艺术。西扎在波尔图大学建筑系所教授的课程正是建筑构造和施工，因此西扎尤其关注构造及细部对于建筑形式表达及空间塑造的质量的关系："不论构造的细部是否被特别地强调，它们都是全部建筑观念的一个至关重要的组成部分。在一座建筑的设计中，我认为细部的设计具有巨大的重要性。……在我的经验中，最好的细部通常是不能被有意识地感知的细部。有时，对我而言，与设计一座每一个细部都存在差异且必须被仔细考虑的小房子相比，设计一座没有过多的关键性细部的大型建筑要更容易一些。"❸事实上，西扎建筑的某些特有的语汇，如各种飘出墙体的凸窗、遮阳板、屋面板和连续的混凝土板、各种角度、形式多样的天窗等，都建立在对于构造方式的深刻理解和娴熟运用的基础之上。由于葡萄牙本土建筑发展的特定形势促成了西扎

❶ Kenneth Frampton. alvaro siza Complete Works. Phaidon Press Limited, 2000.49
❷ Alvaro Siza. The Church at Marco de Canavezes. Kenneth Frampton. alvaro siza Complete Works. Phaidon Press Limited, 2000.378
❸ DETAIL, 2000 (8)：1438

朴素的建筑观念，因而，在设计中，西扎力求尽可能简单地使用各种材料，其构造方式也并无任何新奇和炫耀之意，而是简明而直接的。在西扎的建筑中，每个构件和线条都是与技术和现实放置在一起的，其构造和细部是诚实的。"像那些早期的现代主义者一样，它的形式，被光所形成，并直接地解决设计问题。如果阴影是需要的，就悬吊平面板来遮阳。如果需要景观，那里就会开窗。而楼梯，坡道和墙壁全都会显露在西扎的建筑中。"[1]墙体、屋面、柱子、门窗，甚至栏杆的相互交接从来都是明确而干净的，体现了各种建筑材料和构件的明晰性。同时，西扎还认为："那些被过分设计的细部——其自身负载了过多的强调——可能会削弱建筑的整体表现。这就是为什么会形成不能将细部过分地置于显著位置的观念的原因。"[2]因此，在西扎的建筑，其构造的节点和细部均与装饰无关，它们真实而有节制。

对于西扎而言，构造的细部设计意味着最大可能地关注不同的材料和不同的建筑构件之间的连接（例如楼板和墙体，墙体和屋面），并非为单纯的视觉愉悦而出现，而是全部指向整体，成为整体建筑形式和空间表现不可或缺的组成部分。前文提到的加利西亚现代艺术中心，在门廊的末端墙面和沿街立面中，西扎故意运用了50mm厚的L和U形的型钢过梁，以传达墙体是由坚固、厚重的石材所构成的感觉。同样，这种表现的意图在门廊则更为明显。在那里，悬浮的墙体通过一个较宽的、组合的钢梁将重量传递到地面，这条钢梁是由两条型钢背对背焊接成一个底座，由两个粗短的圆柱体钢柱所支撑的。而石头和钢表现了其材料的物质特性并且以手工艺的意义上进行处理。在此，花岗石饰面既将建筑伪装成一座承重的石制建筑，又同时对此进行了否认。也就是说，在掩饰支撑石材的钢骨架结构的同时也暗示其潜在的存在。弗兰姆普敦将这种表达方式称为"徘徊于建构和非建构之间的游戏"[3]，（因为该建筑并非是用钢骨架和石材建造的，而是石材饰面的混凝土建筑）但是值得注意的是，建筑中的任何构造和细部都共同作用于形式表达的意图。在这里，石材覆面的形式更为特殊。按照一般的做法，即使施工十分精密，在墙体的转角处两块相互垂直的花岗石交接必然留下一条缝隙，对于石制建筑的伪装便不攻自破，于是，西扎特意切割了截面为"U"和"L"形的花岗石面板，在将接缝隐匿的同时，也确立了西扎所需的形式表达——这是具有花岗石般重量的墙体。不难推测，西扎这样做是为了强调型钢与花岗石墙体的关系而有意掩藏了花岗石本身。当然，这也是由施工的需要造成的："在建筑转角的石材都被切割成一定的尺寸，这并不是为了模仿花岗石作为结构性材料的用法，而是出于实际操作的原因：你无法用一片两厘米厚的花岗岩薄片来结束一个转角的覆面。"[4]

对于不同材料的结合，西扎往往强调不同材料所构成的"平面"之间的交接。在许多建筑的内部，由大理石、木材及白色粉刷的平面化材料与顶棚、地板及墙面等平面性空间要素之间的错位形成了极富张力的空间。同样，这种对不同材料的"面"的交接对外部形式的表达也具有重要的意义。在阿威罗大学图书馆可以看到，在体量转折的两个面上，西扎分别运用了白色石灰粉刷和红色的方砖贴面，与加利西亚现代艺术中心一样，西扎同时进行着"隐藏"与"揭示"的矛盾表现。但是，就其材料的运用方式而言，这种表达是真实可信的——不论是白色石灰抹灰还是红色方砖贴面，都是一种覆面材料，它们对建筑的表皮以"面"的

---

❶　维特瑞欧·格里高蒂．对阿尔瓦罗·西扎建筑作品的思考.http://www.pritzkerprize.com/siza.htm
❷　DETAIL，2000（8）：1438
❸　Kenneth Frampton. alvaro siza Complete Works. Phaidon Press Limited，2000.46
❹　Antonio Angelillo. Santiago and Setfibal：conversation with Alvaro Siza. CASABELLA（612）：12

方式来发生作用。类似的处理在荷兰海牙的谢尔德斯维克（Schilderswijk）的沿街建筑中再次出现，而且更为直白与自由，为形式增添了几分诙谐的色彩。

事实上，结构及构造的方式是由西扎对于形式表达和空间质量的追求所决定的。西扎往往根据不同的情况来通过构造的设计强调构件及材料之间各种关系。这种对形态学的关注就是西扎对于建筑形态及构造的思考结果。尽管其建筑多数采用框架结构，但混凝土墙体的厚度与柱子的宽度往往一致，从而在隐匿柱与梁的同时也隐匿了它们所指示的结构特征，保证了墙面与楼板的连续性，强调了建筑构件的平面性。这种反常规的方式使西扎建筑的形式表达和空间塑造可以在相对抽象的点线面的层面上进行构想，成为其独特建筑形态的根本所在。

西扎的建筑并非没有精巧的细部。在室内，固定于地面的家具，往往与墙体、窗台融为一体，有时甚至难以察觉；照明装置则暗藏于天窗下部悬吊的遮光板和顶棚的缝隙中，使人工照明和自然光以同样的方式漫射出来；几乎没有接缝的磨光的白色大理石沿墙面上升，包裹起工作的台面和其他独立的家具或小品，有时甚至被切割和打磨为特定的弧面形式，提供了空间流动性的触觉感受，而板块之间细微的缝隙和结合点几乎是不可见的，强调了自身连续的平面性，体现了光线及其强度的变化；金属的栏杆随着楼梯的运动而上升和弯曲，焊接接缝几乎不可察觉，有时甚至是一根通长的金属构件加工而成，加强了空间的动态感；而给

图65　加利西亚现代艺术中的沿街入口门廊

图66　楼梯及扶手细部

图 67　博格斯·伊尔玛奥银行大理石覆面的柜台细部

排水、电气和通风系统等设备装置则以精心组织的方式加以隐匿，使空间的形态更为纯净，光线的分配更为均匀。

对于西扎建筑中的细部和构造，维特瑞欧·格里高蒂（Vittorio Gregotti）曾经做出了相当准确的描述："对于西扎，任何细部都不是一个事件或者一个技术上的展示，而是意味着建筑的可接近性的尺度、一个可以以触觉和感觉加以证实的方式、一个以当代技术为某个特定场所制造的惟一性，通过触摸可以与日常生活中的事物建立联系。他的细部创造于各个部分之间无法预测的距离，在最微小和最平凡的元素之间引入空间张力，根据其相互的设置叠加和联系。"[1]确实，西扎从不将细部用作多余的装饰或技术的卖弄，而是作为使其建筑易于理解的一个本质维度；一种在确定时间、确定地点被创造的事物的连贯性和独特性的表达；一种在其周围运动的人与构造相互联系的方式。

5.3　建造

而对于建造，历经近50年的建筑实践，拥有140多项建筑项目的西扎，更是具有极其深刻的认识。他坚信建筑的施工工艺及整个建造过程对建筑品质具有决定性的影响。

对西扎而言，建造是理解建筑的社会文化意义的一个本质因素。[2]在葡萄牙，经济的发展对建设部门产生了一定影响，而建筑师的社会地位也有所调整，整个建筑学学科在国家变革中的文化价值获得了更为广泛的认可，这些变化导致了工作环境的重大变化。建筑研究室的作品和雇用员工的数量大量增加。设计的发展和控制的方式已经改变，不同专业的分工越来越精细，不同专业人士的贡献迅速增长。现今，新材料、新技术、新的半成品部件和预制构件的运用越来越广泛。但是，设计及施工中的手工艺特征和对于客户意愿的细致入微的关注，

---

[1]　维特瑞欧·格里高蒂.对阿尔瓦罗·西扎建筑作品的思考.http://www.pritzkerprize.com/siza.htm

[2]　Kenneth Frampton. alvaro siza Complete Works. Phaidon Press Limited, 2000.35

一直是波尔图建筑师的主要特征之一。在实践中逐渐积累的经验和日益丰富的技术知识通过口头传授的传统方式，在不同的几代建筑师之间的传承中，通过长期的吸收和转让缓慢而系统的流传下来。因此，在葡萄牙，西扎基本上还是以传统的方式进行工作，设计活动延伸到整个的建造过程之中。对于西扎这样一位从本土成长而走向世界的建筑师，建造过程的亲历亲为是至关重要，也是理所当然的。而在海外（荷兰和德国）则不同，建筑师在交出图纸之后，建造的过程完全由施工单位控制，西扎对此颇有微词。西扎的这种现代的工业化与传统的手工相结合的生产方式的形成也有其历史必然。西扎自己就曾经讲过：在某些国家，具有可应用的系统化的预制构件；而在另一些国家，这种可能是毫无用处的。广泛存在着一个中间的状态，在那里某些新的生产系统产生而另一些则消亡。例如葡萄牙就是这样，优秀的手工艺品已经稀少而昂贵，没有合格的工匠，并且也没有其他国家所出现的高度工业化系统的应用。我们正在经历一个过渡时期，这要求我们在坚持自身生产方式的同时借鉴其他系统中有价值的经验，我们必须，也只能采取一种中间的策略。❶

对于建造，西扎的态度是现实主义的，他往往根据当地的建造条件和生产方式，进行设计的构思和施工的调整。在进行埃武拉的马拉古埃拉居住区的项目时，当地的建造条件就是一个决定性因素。这一地区地广人稀。当地生产的发展速度非常缓慢，主要依赖于手工技术和原料，住宅用烧制的砖来建造。但是，为了建造最初的100座住宅，埃武拉的城市委员会不得不与别人合办一座原有的生产水泥砌块的小工厂，因此采用传统的建造方式是不可能的。由于缺乏熟练技术工人和实际技术知识，建筑往往存在明显的缺陷。而屋面瓦的缺乏也促成了建筑采取的平屋顶的形式。由于所使用的材料不能为房间提供足够的维护，因此西扎就设置了天井，以调节外部气候条件和内部空间之间的微观的小气候。

西扎曾经讲述过自己的一段经历：我曾经和一位工人讨论如何将30mm×30mm的马赛克放置于一块不规则形状的楼板上：有两种选择，以对角线的方式（就像我所建议的）或以平行于一面墙体的方式。他告诉我："在柏林，我们不按你说的方式干。"第二天我回到现场。这位工人告诉我，"您是对的。按这种方式来干更为简便。"我们达成了共识：要以最实用和最合理的方式来建造，就像发生在帕提农神庙……而在今天，我们必须要重新发掘那些显而易见的事物的不可思议的奇妙之处和独特性。❷确实，西扎的建筑所运用的材料是有限而廉价的，构造是直接而简明的，建造方式是使用而合理的，西扎通过自己的建筑，向世人证明，朴素的材料本身并无诗意，只有当建筑材料通过适当的构造和建造过程加以连接和组合，契合于特定的建筑内涵，与场地、功能、生活方式等要素紧密结合，发挥出其平凡之中蕴含的不可思议的奇妙和独特的时候，材料、构造和建造的诗意才能得以体现。

❶ El GROQUIS 68/69+95. ALVARO SIZA 1958~2000. El GROQUIS, S.L. 2000.8~9

❷ Alvaro Siza. On My Work. Kenneth Frampton. alvaro siza Complete Works. Phaidon Press Limited, 2000.71

六、光——特殊的虚质材料

建筑与光历来都具有不可分割的关联。纵观古今中外建筑发展的历史，虽然因其地域、文化、意识形态的差异而形成了不同的建筑形态，但对光的精心运用一直是建筑人矢志不渝的追求。早在60多年前，现代建筑大师勒·柯布西耶就这样赞叹过光对建筑设计和造型的重要作用："建筑是对阳光下的各种体量的精确的、正确的和卓越的处理。"勒·柯布西耶的朗香教堂、路易斯·康的金贝尔美术馆、埃罗·沙里宁的美国麻省理工学院的克瑞斯基小教堂，塑造了一种神圣、脱俗的空间氛围，同时也因其在建筑用光方面所取得的卓越成就而闻名于世。当代公认的建筑用光的大师安藤忠雄更是通过住吉长屋、石原邸、光的教堂和真言宗水御堂等一系列的建筑作品，表现了他对建筑中光的设计的独特理念和手法。[1]

图68 勒·柯布西耶设计的朗香教堂室内

事实上，对光的极具匠心的运用也是西扎建筑的显著特色。葡萄牙地处欧洲大陆的西南部，当地独特的气候和地理条件使西扎对运用自然光来加强建筑形式及其空间的表现力具有深刻的理解：白色的塑性体量在强烈的日光下形成明确的光影对比；窗户与遮阳板的组合与强烈的阳光投下的阴影成为西扎建筑外部造型的独特语汇；窗的位置、形状和大小是由室内外视觉沟通的需要以及光线的调节、控制所决定的。在西扎的建筑中，外部和内部空间无时无刻不被各种精心组织的光所渲染。不论是亲身的体验，还是图片的阅读，西扎的建筑所上

---

[1] 王建国，张彤 编著.安藤忠雄.北京：中国建筑工业出版社，1999.42

演的一幕幕光与空间的戏剧都令人为之倾倒、唏嘘不已，观者的心灵亦随着空间中光的飘动、飞舞而震颤和共鸣。毫不夸张的说，光是西扎建筑空间的又一主题。

对于建筑中的光，西扎没有发表玄妙深奥的理论式的宣言，然而他曾经公开表示："我不能将光从其他建筑材料中分割出来。"❶作为一位卓有成就的、以作品说话的建筑师，西扎的言谈是朴实无华的，但却以其众多真实的建筑作品对这一问题做出了多角度、全方位的解答——光是构成建筑的一种材料，一种特殊的虚质材料。实际上，在建筑设计中，光从来都是作为一种建筑材料被西扎加以运用的，这不仅在于光对建筑形式的表达、光对空间的塑造、光对流线的引导，还包括光与建筑、自然之间的对话。而且，西扎在建筑用光方面有着自己独特的追求，其建筑作品亦因此具有鲜明的艺术特色，在建筑的光的设计方面，显示了极高的造诣。

6.1 光表现形式

对于光对建筑形式的表达和建筑造型的重要作用，安藤忠雄曾经做出极其详尽的描述："光照到物体表面，勾勒出它们的轮廓；在物体的背后聚集阴影，给予它们以深度。沿着光明与黑暗的界线，物体被清晰地表现出来，获得自身的形式，显现相互之间的关系，处于无限的联系之中。"而且，对于建筑的整体而言："光给予物体以自主，同时描述它们之间的关联。我们甚至可以说，光在万物的联系之中表现了独特的个体。作为构成世界的各种关系的创造者，作为万物之源，光绝对是一种无可置疑的源泉。光更是一种颤动，在不断地变幻之中，光重新塑造着世界。"❷

对于西扎，葡萄牙当地强烈的阳光绝对是其建筑形式表达的不可或缺的要素。回顾西扎所有的建筑作品，在阳光下熠熠生辉的极具雕塑感的白色几何形体是最为典型的建筑形象：白色粉刷墙面的基本的立方体在阳光照射下形成强烈的明暗对比，肯定的体面交界赋予建筑纯粹而明确的几何形态；流动而有机的曲面形式因其对阳光的反射角度的变化而呈现渐变、含蓄的光与影的交织；相互穿插和嵌套的不规则大体积、大块体的结构组合方式由于光的强与弱、阻挡与穿透而更具雕塑性。不仅如此，白色的墙面因阳光的变化而呈现丰富的色彩、纯净的白色墙面上摇曳着婆娑的树影和形体的凹凸形成的不同角度和深度的阴影，随着季节的调度而不断变换着效果，创造了一部光与建筑的永不完结的连续剧。阳光、绿树、白色的建筑，在气候的调度下，为特定的场所变换着一件件的新装，在不同的地点、不同的季节甚至一天中的不同时段，使场所呈现出丰富多彩的风貌。

1977年开始的马拉古埃拉居住区的规划设计，正是因为这种光与纯粹的白色体量的完美结合而创造了令人难忘的艺术效果。在27hm²的占地范围内，平面呈"L"形的白色建筑体量错落有致，随着地形的起伏而绵延伸展。从其中的街道望去，层层叠叠的白墙在阳光下呈现不同的色彩的明度和纯度，增添了街景的透视深度，而光线在其中回旋往复，形成了异常丰富的光影变化，为整个居住区营造了朴素而诗意的、西扎心目中理想的生活环境，从而创造了葡萄牙典型乡村的微观模型，在这里，没有都市的喧嚣和不安，而充满着宁静与安详的感人的场所氛围。

事实上，在1998年里斯本世界博览会葡萄牙展览馆，西扎对光的运用再次成为形式及其象征意义表达的不可分割的重要因素。主体建筑的两侧是由厚重的板柱支撑和划分的纯

---

❶　El GROQUIS 68/69+95. ALVARO SIZA 1958～2000. El GROQUIS, S.L. 2000.17

❷　王建国，张彤 编著.安藤忠雄.北京：中国建筑工业出版社，1999.315

粹长方体体量，强烈的光影使其更具历史的凝重；巨大的20cm厚的反弧形悬浮顶棚在光线的反射下，呈现微妙的明暗变化，更显轻巧与飘逸，对抗着海洋巨大而雄浑的水平面；水平面所反射的光线在顶棚下表面形成闪烁不定、波光粼粼的奇妙效果，更增几分神秘；人性尺度的长长的柱廊在光与影、封闭与通透的对比中形成了明确的韵律与变化。建筑与光的交织，轻巧与沉重的共存，在人们的面前呈现了庄严、肃穆的形象。而时间的流逝，季节的变换，在光线的反射与折射中留下了记录，反映着现场的环境。可以说，在这里，西扎正是将物质性材料与光线这种特殊的虚质材料相互调和，从而赋予了建筑形式所蕴含的纪念性。

在西扎的建筑中，光赋予了白色几何体以明确的形式和丰富的变化，那么，对于西扎建筑中的又一形式表达的重要材料——粗糙的混凝土，则更集中于材料质感的表现，这要归因于表面上的光线入射角度。在其莱萨·达·帕尔梅拉海洋游泳池，不加修整的粗糙混凝土墙体提供了明确界定的有限边界，进行着捕捉与隔断光线的游戏，在阳光下呈灰色，与现场棱角分明的岩石和远处伸展的堤岸在色彩、质感和材料的力度上达成了共鸣，准确表现了场所的特殊氛围。而在曼努埃尔·马加哈依斯（Manuel Magalhaes）住宅和卡西纳司住宅，则表现了当地的朴实无华的建筑特色。

6.2 光塑造空间

西扎在建筑中用光来塑造空间、创造氛围的娴熟技艺同样令人叹为观止。确实，在一系列的作品中，西扎通过光的巧妙组织，使空间与光紧密的结合为整体，达到了很高的境界。

总体而言，西扎建筑作品的内部空间是一个泛光的世界。由各种形式的窗所引入的光线在内部白色墙体和顶棚之间向不同的角度反射和漫射，在空间之中相互碰撞、交织，形成了异常明亮的内部空间。而在整体的明亮之中，泛光使各个界面在微弱的明暗变化中加以区分，含蓄的将空间构件的形式和质感加以表达，创造了宁静而明快的室内光环境。

西扎的建筑中，精心选择的窗的位置调节着光线的角度和亮度，使内部空间的整体的动态感得以加强。成角度的、斜向的凸窗嵌入似乎是拒绝外部世界的封闭墙体，集中了外部的光线，像光源一样照亮了内部；通长的水平侧窗将顶棚和墙体相互分离，使其飘浮于空间之中。对于顶光的运用则更为独到，天窗总是出现在每一个需要的位置上，经过漫反射，使进入室内的光线强度适中、分布均匀。不仅如此，各种形式的光在内部形成了各种形式的"光面"、"光体"，这种新的"有形的光"成为空间围合构件的新的形式和类型。

阿威罗大学图书馆的中央大厅的顶棚上分布了27个圆锥形天窗，光线通过天窗的集中而引入室内，在照亮了每层阅览室的同时，使底层空间变得更为开敞，大厅的光线柔和而丰富，同时四季的变化也在室内反映出来，光线的反射在弧形顶棚上形成了众多模糊而柔和的光晕，随着时间的更替而变换着表情，成为阅览者休憩时抬眼可见的室内一景，创造了宁静而明亮的阅览空间。

而波尔图当代艺术馆的展示空间的天窗则不仅为室内的展览提供了强度适中的照明，还成为了一个大顶棚中的光面，暗示着空间的再次划分，在这里，空间的界面也更为模糊，空间也得以流通。波尔图建筑学院的图书阅览室的天窗以光体的形式出现，最为令人难忘。在这里。光被作为一种空间构件组合进空间中。它犹如一根巨大的通体发光的棱柱从天而降，

图 69 波尔图大学建筑学院图书
室天窗之一

图 70 波尔图大学建筑学院图书室天窗之二

砸破了屋顶，跌进了室内，同时穿入相邻的空间，以光的一致性建立起两个空间的联系，而且其特有的倒锥形式和明亮的轻质感，形成了视觉上的强烈对比，为空间注入了新的要素，使空间的表现张力得到了进一步加强，给人留下了不可磨灭的印象。

"建筑必须创造这样一种场所，其精神的活力，可以将人们从日常生活中解放出来。光就是把建筑唤入生活，赋予其力量的物质。"❶光是西扎建筑的虚质材料，西扎将光作为空间的又一构件，来塑造多变的空间形态和表现力。不仅如此，西扎还将光以一种独特的方式导入室内，以表现空间的深度，营造特殊的空间氛围，进而创造丰富而激动人心的场所特性。在阿利坎特神学院，西扎将光引入了这一蕴含宗教性质的空间。在以柱廊围合的内院，光与影的对比再次于空间的韵律和变化中凸显了场所的静谧和纯净，而在内部共享的休憩空间，设置了一个平面为半圆形的中庭，这一中庭之内，明亮的光线经过天窗的过滤倾泻而下，在贯穿全高的墙面上投下柔和的阴影，不加修饰的弧形白色墙面呈现微妙的明暗变化，但却在竖直方向上形成明与暗的韵律和对比，成为空间中的光的外衣，明与暗、光与影、曲与直各种对立的要素统一于空间的整体之中，共同创造了明亮而寂静的、朴实而生动的空间气氛，也为神学院的学生创造了一个课余休憩之时求得内心的平复和舒缓的冥想空间。

不难发现，对于光线的运用，西扎具有独特的一面——在明亮中求得光的变化，在柔和中求得宁静与纯粹。这与同样在建筑用光方面表现卓越的一些大师迥然不同。例如，安藤忠雄往往是在大面积的明暗对比和富于动感的光影变化之中以黑暗来反衬光的魅力和场所意义；而约翰逊的水晶教堂虽然整体异常明亮，但却是以繁复的光影变化来回应场所所需的神圣。然而，在到处布满着均质光线的西扎的空间，光与影、明与暗也同样上演了一幕幕感人的戏剧。在加利西亚现代艺术中心的展厅。我们可以看到，光线从厚重墙体的底部通长的水平窗袭入室内，使空间的下部异常明亮，而上部巨大的高侧窗引入的光线侵削了上部空间的一部分黑暗，整个空间自上至下的明暗变化极其微妙，营造了戏剧性的光效果。

❶ 王建国，张彤 编著.安藤忠雄.北京：中国建筑工业出版社，1999.316

6.3 光引导流线

在西扎的建筑中，光不仅是塑造空间的材料，而且还扮演了另一重要的角色——引导流线，成为人们在建筑空间中漫游的向导。光的这一作用在许多作品中均有体现。莱萨·达·帕尔梅拉海洋游泳池正是通过墙体的交错和穿插，在封闭与开启、明与暗的对比中，在由明到暗，又由暗到明的光的序列中完成了由外部到内部，由自然到建筑，再由建筑到自然的整体空间体验。而在波尔图建筑学院的室内，沿着坡道而设置的斜向连续长窗暗示了流线，引领着人们在空间中运动。在众多的作品中，通过窗的特定位置的设计、空间界面的围合与开启、空间体量的压缩和扩张，西扎使人们在光的变化中自觉的延续空间的漫游，在不经意间游历和体验着建筑的空间。

6.4 光引入自然

光是自然的重要元素。光的变化是一种时间的量度。光的方向、角度和强度随着场地、季节和一天中时辰的不同而发生着变化。光线照射角度和强度的每一次变化，都重新塑造着物体相互之间的关系，使空间不断地更新。光从洞口射入室内，使居于其中的人理解自身相对于环境的存在、自然的变化以及时间的流逝。在巴塞罗那奥运村的气象中心，西扎正是将光的变化纳入建筑，实现建筑与自然的对话。这一建筑的外观呈圆柱体体量，在中心的走廊周围沿圆柱体的外沿挖出了8个透光槽，光线从槽缝投入室内，窗户的位置在透光槽的侧面，通过窗户渗入室内的阳光不断变换着阴影的角度和方向，使人在内部感知太阳在一天中的运动。向天空开敞的圆柱体中庭将光引入建筑的内部，成为建筑的发光的核心，也成为建筑与外界自然交流的媒介。

而在贝莱斯住宅中，院墙与折线形态的大面积连续玻璃窗围合了一个内院，白天，阳光通过透明的玻璃进入，照亮室内，使对自然的感知遍布每一个角落；而在夜晚，内部明亮的光线却将外部的院落照亮，不同性质的光的反转促成了内外空间的反转，也将时间和自然的变化引入了建筑内部。

事实上，对于建筑中光线的分配方式，西扎从勒·柯布西耶、赖特、阿尔瓦·阿尔托等建筑大师的作品中吸收了大量的要素，并进行了某些独创性的演化。在博阿·诺瓦餐厅悬挑的屋檐下，宽阔的玻璃窗照亮了富有层次的内部空间，也捕捉来自于海面和岩石的反射光线，这种方式明显地来自于赖特；而室内的木材覆面与光的戏剧性

图71 贝莱斯住宅夜景

图72 拉土雷特修道院礼拜堂室内

图73 阿威罗大学图书馆底层阅览室室内

效果又对应于阿尔瓦·阿尔托的处理方式;同样,在后来的阿尔维斯·桑托斯住宅和贝莱斯住宅等一系列作品中,相对较小的窗框排列而成的窗户格栅也带有赖特和阿尔瓦·阿尔托的烙印。而且,阿尔瓦·阿尔托所营造的白墙、天窗和由顶部倾斜而下的阳光所形成的明亮的空间气氛逐渐成为西扎室内光环境的主体,西扎的建筑空间越来越多地表现为一个泛光的世界。而勒·柯布西耶作品中多种形式的水平窗及天窗也被广泛借鉴,用来引入光线,并调节其方向与强度。像阿威罗大学图书馆的中央大厅屋顶分布的天窗就是对勒·柯布西耶在拉土雷特修道院的圆锥体天窗的直接参照。

而且,历史传统中的某些处理方式也直接影响着西扎对光的运用。在葡萄牙南部的建筑中,可以看见许多过渡性空间,这来自于阿拉伯的建筑传统。这些空间中的光线往往通过一系列诸如屏风、门帘和其他装置来进行过滤,甚至发生转向。于是,西扎总是将光线在内部和外部之间进行调解和过渡。具有空间深度的凸窗和天窗,在将光线引入的同时,对光线的路径和强度进行了校准和调整,而光线经过这些"管道"的过滤,往往呈现为柔和的弥散状态。

西扎还经常以现代建筑技术条件下的精妙的构造方式使传统的用光方式得以再生和更新。在福尔诺斯教区中心的圣堂,就是通过对早期基督教建筑通过厚厚的墙体将光线引入的方式的更新,创造出这一用光效果精彩绝伦的空间。这种更新集中体现于东北向的倾斜墙体的构造方式。为了赋予窗户的深度,西扎采用了双层墙体的特殊构造:先在外部设置一片垂直的墙体,而在内部设置的是在水平和竖直两个方向上都具有轻微弧度的墙体,然后在两片墙体的顶部开启三个洞口,在靠近外部的地方安装玻璃,于是形成了三个被切削的棱柱体窗体。通过这种方式,这种在过去的教堂中由于建筑结构的深度而自然而然地获得的墙体与光的关系得以再现:人们可以看到光线的射入,但在透视视野中,无法看到实实在在的窗户,光源的隐匿使空间具有某种神秘感。❶在其对面，一个狭窄的带形窗在较低的位置引入光线，作为高处光线的对应与平衡。在讲台左面的凹入部分之下具有微妙的阴影，在神龛后面的间接光线呈现为一个竖向的光井。可以说，在这里，西扎"将光线看作建筑舞台上的沉默的演员，以其不可思议的韵律创造了一个持久的明与暗的变化和搭配。"❷

　　建筑因光的存在而存在，又因光的变化而变化。英国著名建筑师罗杰斯在一次"光与建筑"的展览会上说，"建筑是捕捉光的容器，就如同乐器如何捕捉音乐一样，光需要可使其展示的建筑。"西扎在一系列的作品中，将光作为建筑及其空间的构成和表现材料，以其炉火纯青的精湛技艺，使光成为建筑的又一主角，以无所不在、无时不变的光来表现一个个固定的场所，演出了光与建筑、自然的令人叹为观止的戏剧。著名的建筑评论家威廉·柯梯斯（William Curtis）对此曾作出了恰如其分的评价——"西扎最好的建筑其实不是真正的建筑，它们是嵌入当地文脉中的光与空间的容器。"❸确实，作为一种特殊的虚质材料，光以自身的无形赋予了西扎建筑有形的、可以感知的艺术效果。

---

❶　Alvaro Siza.The Church at Marco de Canavezes. Kenneth Frampton. alvaro siza Complete Works. Phaidon Press Limited, 2000.378

❷　Kenneth Frampton. alvaro siza Complete Works. Phaidon Press Limited, 2000.46

❸　张路峰 著.阅读西扎.建筑师，1998（10）：53

七、对于场所的独特理解和表现形式

纵观西扎的建筑作品，重视与地方文脉的结合，重视空间的变化，重视流线、视线的利用，是西扎建筑的突出特征。西扎的建筑艺术对于现场的极力强调，对于场所文脉的独特理解和表现形式，是其建筑艺术的卓越成就之一。

在西扎的建筑作品中，往往是"以地理学立场在场地风景中引入简单的几何学"❶，以地区建筑的表现手法、形态方言和极少的几种惯用材料所创造出的宁静、雕塑性的形态美学巧妙的楔入环境，以平实而生动的建筑形象和整体而丰富的建筑空间准确的诠释场所，求得建筑与自然、建筑与城市的微妙的均衡，进而反映现实生活，支持现实生活。

7.1 对于场所的独特表现

7.1.1 场所与形式

建筑的形式对于场所情感的表达无疑是至关重要的。西扎认为建筑的形式并不是对场所现存形式的模仿和简化，而应以自己的建筑语言准确的再现现存形式所表达的主题和氛围，强调场所的意义。对于不同性质的场所，西扎对建筑形式的处理方式和设计手法是有所不同的。

形式融合于自然风景

对于自然风景中的建筑，西扎往往通过对现场地形、地貌等特征的勘察和研究，决定建筑的平面、体量和屋顶形式，以朴实、沉稳的建筑形式强调场所的地理学特征，求得建筑与场所的融合。

在早年的作品博阿·诺瓦餐厅以及与之相去不远的海洋游泳池的设计中，西扎均表现出这种对于场所中的地形、地貌特征的敏感和娴熟的处理技巧。博阿·诺瓦餐厅是西扎在马托西纽什市政府组织的竞赛中一举夺魁而获得的第一个建筑项目，其基地位于莱萨·达·帕尔梅拉附近大西洋岸边的一块充满岩石的海岬上。经过长时间的深思熟虑，西扎以平实的建筑形象生动的诠释了场所：在阳光下熠熠生辉的白色几何体块回应着现场大西洋海角嶙峋的岩石；出檐深远、水平延展的坡屋面穿插于封闭的楔形体块之中，倾诉着大西洋的广阔；由挡土墙、室外踏步、平台所构成的引导步道更是出色的实现了从自然形态的室外空间向人工形态的建筑空间的过渡，将建筑体量深植于场所之中，突出的诠释了不规则、多起伏、多岩石的地形特征。而同处于大西洋岸边的海洋游泳池则更像是远处海堤的延续，从与之平行毗邻

❶ [日]渊上正幸 编著. 覃力，黄衍顺，徐慧，吴再兴 译.现代建筑的交叉流——世界建筑师的思想和作品.北京：中国建筑工业出版社，2000.127

的海边步道望去，建筑几乎是不可见的，只有水平屋面线和混凝土墙体所形成的简明的前景，穿插于巨石之中的矮墙、台阶以及呈几何曲线形态的游泳池形成了从海堤的坚硬直线向海洋的流动边界的逐渐过渡。从海洋的角度看去，由于被侵蚀而呈沙子般灰色的粗糙混凝土墙面似乎只是岩石的背景，与黑色的木材、铁件共同营造了一种感觉——建筑就像是被临时遮蔽的遗迹。与博阿·诺瓦餐厅相比，后者似乎多了几分冷漠和沧桑，而少了几分人性的温暖，但二者都通过对场所的地理学特征的巧妙表达，实现了建筑与自然风景的完美融合。

形式平衡于城市环境

以城市为背景远观西扎的建筑作品时，往往会在初始阶段陷入一种疑惑甚至迷惘，仿佛欣赏的对象已销声匿迹于城市之中；少顷，从背景中渐渐凸现出来的是一种简洁、朴实而又富于感染力的典型的西扎的建筑形态。正如西扎本人所说："某种程度上，建筑方案的最终目标就是在城市中的一个特殊的存在。"同时他还坚持认为，在城市中始终存在着建筑个体形象的个性化表达与城市建筑总体形象的普遍同一性的矛盾，建筑师的任务就是在二者之间求得平衡状态。"在建筑与城市之间，在平衡中找到基调，是一名建筑师最重要的任务"。[1]而且，"我们被迫必须使自己的方案在新的片断和旧的片断之间滑动，而新、旧片断从来都不会相互妥协，但却真实的存在于现实之中。"[2]

因此，西扎对现有因素的处理采用斗争与合作相结合的方式，往往使自己的方案在新的片断和旧的片断之间滑动，将场所的分离与对抗、历史与现实同时表现于特定的作品之中。在具体的建筑设计中，西扎总是倾向于将城市和景观看作一个建筑插入的环境，并且将插入的建筑看作是贡献于一个复杂的艺术统一体的相互关联的片断。于是，谦逊的融于城市，自然地弥散于城市之中的同时，西扎的建筑以简洁而朴素的形态真实而冷静的讲述着场所环境的特定氛围和气质，达成城市与建筑之间真切的平衡。也许，这正是西扎的建筑艺术最令人为之神迷的一面。

图74　福尔诺斯教区中心鸟瞰

❶　El GROQUIS 68/69+95. ALVARO SIZA 1958~2000. El GROQUIS, S.L. 2000.17
❷　Kenneth Frampton. alvaro siza Complete Works. Phaidon Press Limited, 2000.20

福尔诺斯（Marco de Cavanezes）教区中心就突出的反映了西扎所追求的个性与共性的平衡。从鸟瞰视角的全景摄影图片中不难发现，与福尔诺斯那连绵起伏的坡地上的大量世俗化建筑一样，西扎所设计的教区中心同样矗立于在城市中随处可见的与坡地紧密结合的室外平台之上，似乎也只是白色粉刷饰面的体量和严谨的矩形开启的演绎。然而，在这里，西扎再次发挥了比例和光（他一贯坚持的建筑作用于场所情感表达的重要元素）的魔力，使教区中心的个性得以体现。在阳光照耀下，纯粹的体面交界如刀劈斧裁般挺拔犀利，高大（16m）而平整的白色墙面涌动着轻纱般的光雾，非人性化的尺度超人地开启（门高10m）暗示着非凡的气魄，彰显着教区中心所应有的纯净无瑕、宁静致远的宗教性特质。在此，西扎所追求的个性与共性的平衡得到了集中凸现——教区中心既是属于宗教的，也是属于城市的。

与福尔诺斯不同，加利西亚现代艺术中心所处的西班牙圣地亚哥·德·孔波斯特拉（Santigo de Compostela）只有大西洋略显冰冷的光线。通过对城市街道、广场的主导肌理和建筑的典型比例的深入思考，西扎提出了稳重而恰如其分的解决方案。一组比例各异的矩形体量穿插并置于近似三角形的基地中，既界定了街道界面又嵌入了城市的肌理；坡道、踏步、平台的精心组织既回应了起伏的街道又形成了逐渐升起的空间引导，灰色花岗石覆面的坚硬体量反映了场所的形式主题——封闭、冰冷，并与周围的建筑、街道共同描述了孔波斯特拉特有的历史凝重感。

在自然风景中，不论是早年的作品博阿·诺瓦餐厅还是海洋游泳池的设计，西扎都以较为具象的地方性建筑语言来表达场所的地理学特征；在城市环境中，像福尔诺斯教区中心和加利西亚现代艺术中心，西扎则以更为抽象、洗练的现代建筑的形式语言表述场所已有建筑形式的丰富表情。西扎曾经说：我认为作品永远是未完成的，我的作品往往呈现剥离而裸露

图75　福尔诺斯教区中心圣堂室内

的形式，其意图在于吸收场所中各种因素的变化和影响。无论是面对自然风景还是城市环境，西扎的建筑在形式上并不存在任何模仿的因素，而是以较少的话语表述丰富的语义，使场所的形式主题得以展现，实现建筑与场所之间的完美融合和动态平衡，这正是西扎建筑的独特之处和成功之处。

7.1.2 场所与空间

然而，对于西扎而言，这还远远不够。场所之所以成为场所，在于它是人们活动的场所；而建筑之所以成为建筑，在于它提供人们活动的空间。显然，空间才是场所以及场所中建筑的灵魂。西扎曾多次表示："我的努力目标在于创建一个个人表达的支持，创建每个家庭所需的空间。我的兴趣并不在于尽善尽美和风格样式的强迫接受，而在于建造对城市生活及其变革的支持。"❶西扎的建筑之于场所，并非个人表现欲的满足，而仅仅是对于生活的支持。因此，空间才是西扎追求的最终目标。创造了具有场所精神的空间氛围，也实现了西扎的追求目标——创造空间，支持生活。这种对于现实生活的关注在福尔诺斯教区中心和加利西亚现代艺术中心的设计中表现尤为突出。

福尔诺斯教区中心是一个由三幢建筑组成的群体，主体建筑圣堂、殡仪礼拜堂与其他建筑在教堂大门前形成一个礼仪性的空间，建筑群体以一种貌似偶然的角度嵌入场地之中，与地形的结合自然而紧密。教区中心的圣堂是一个长30m、高16.5m的矩形空间，西南端高达10m的木门暗示着圣堂的主入口，而另一端两侧角部向内呈曲线凹入形成祭坛。圣堂西北侧墙为双层墙体，内墙为曲面，向室内倾斜，在与建筑顶棚的交界处设有连续的三个巨大的方形洞口，室外光线由此倾泻而下，经过形态各异的空间界面的数次折射和反射，如轻纱薄雾般弥漫于整个空间之中。与之相对应，祭坛后部的采光井为空间提供间接光源，沿东南侧墙距地面不足一米处设有长16m、高0.5m的连接水平长窗，建立了室内空间与室外空间惟一的直接视觉联系。在这里，不论是倾泻而下的顶光，还是均匀漫射的底光和侧光，在白色粉刷墙面的映衬下，都极富空间感染力。与勒·柯布西耶著名的朗香教堂不同，光怪陆离的躁动与不安、神秘与恐惧一扫而空，空间洋溢着宁静与安详，圣洁与亲和，宗教性及世俗性达成了完美的统一。也许，这就是西扎心目中的教堂，也是所有生活于城市的人都愿意进入并停留于其中虔诚朝圣、荡涤心灵的教堂。

西班牙圣地亚哥·德·孔波斯特拉的当代艺术中心是西扎作品的集大成者，它综合了在以前的作品中逐步发展而来的许多观念和技巧，同时也提出了一个同时具有地形学及拓扑学双重色彩的空间观念。圣地亚哥·德·孔波斯特拉是一个保持着形象连续性的城市，新的艺术中心被看作在这个由石头构成的城市和加利西亚的自然风景之间的过渡。在设计过程中，艺术中心的主体体量必须与4个不同的地形特征相互调和：直达小山丘东北的修道院的花园，朝向西南的城市住宅的空间肌理，向正南扩展的一个大型公共花园，最后是在高处毗邻的修道院的巨大体量。通过将其东北面的墙体与修道院的墙体平行排列，西南立面与居住区街道呈平行状态，结合坡道、踏步、平台的系统，建筑以一种巧妙而精确的方式嵌入城市肌理之中，与圣地亚哥·德·孔波斯特拉历史遗留的建筑具有类似的空间属性，建筑的两个直线形带状体量相互交织，形成双重的形式表达，创造了一个多重方向的空间领域。两个矩形体量

---

❶ El GROQUIS 68/69+95. ALVARO SIZA 1958~2000. El GROQUIS, S.L. 2000.16~17

成角度碰撞之后所遗留下的三角形空间设有通高的天光照明，成为整个建筑内在的广场。至于内部空间，与以往一样，空间的界面似乎总是被有意无意地倾斜或劈削，自然光从墙体上被撕开的裂缝或洞口袭入室内，窗户的设置总能照顾到与周围环境的视线联系，而固定于地面的大理石或木制家具暗示着空间的二次划分，明亮、宁静的室内空间为艺术活动创造了良好的空间氛围。在场地、体量和表皮之间的分离关系建立了展览空间朝向城市和景观开敞的空间反转，而在空间中的运动以非轴线化的方式组织，再现了城市广场均以切线方向进入的特殊模式。内部空间比外部空间还要明亮。流线将性质各异的室内外空间紧密联系，并在屋顶平台结束，形成了丰富而有致的整体空间序列。依次行进，人们会惊讶地发现，与封闭的外表恰恰相反，艺术馆的内部空间却具有相当程度的对外开敞性。不论是在坡道尽头、走廊一侧，还是在休闲酒吧，甚或展厅内部，通过大面积的洞口或长窗，都可以感受到内外空间的强烈的共通性，以至于建筑内外空间的关系都已经含糊不清，甚至内外反转了。凡是在可能的情况下，西扎似乎都在处心积虑地为人们提供一个平台、一个开启、一个与场所对话交流的契机，使建筑与场所之间互相传达着信息，实现了场所中人与建筑的对话；并"通过建筑与场所关系的多重转译，提供了艺术、生活和景观的共存。"❶

西扎说过，他的建筑要建造对城市生活的支持。于是，加利西亚现代艺术中心并没有将自身完全封闭，成为与闹市隔离的象牙塔；恰恰相反，其处心积虑地对于城市生活的渴望和追求使其在融入场所的同时，也为场所注入了新的活力。对此，威廉·柯梯斯（William Curtis）作出了恰如其分的评价——"西扎最好的建筑其实不是真正的建筑，它们是嵌入当地文脉中的光与空间的容器。"当福尔诺斯教区中心和加利西亚现代艺术中心的建筑形象渐渐在城市的背景中隐没的时候，遗留下的只是场所中的光、气、空间、人以及发生于其间的活动和事件，建筑似乎溶解于场所之中了。

7.1.3 场所与文脉

当寻求一个新的设计方案或设计取向时，除了场地、形式和空间等因素之外，西扎还将一些文脉因素交织在一起。他倾向于将一个场所看作是一套未完成的分层次的系统，在这个系统内，各个组织层次及片断（既包括历史片断，也包括地形片断）在"有序"及"无序"之间汇集在一起。插入一座新的建筑就是重新赋予场所中已经存在的各种力以新的秩序，并尽可能将其明晰地表达。面对不同的场所环境，不论是福尔诺斯教区中心和加利西亚现代艺术中心，还是博阿·诺瓦餐厅和海洋游泳池，西扎都以不同的方式作出了对于场所的回应。同样，面对异域文化的历史文脉，尽管与在本土的作品有着明显的不同，西扎依然在塑造场所精神、赋予场所新的秩序方面具有卓越的表现。

从1979～1989年间，在柏林国际住宅展（International Bau Austellung，IBA）的获奖作品中,为了重现二次世界大战中的轰炸和战后冒进的房地产开发所破坏的城市空间结构,西扎充分利用沿周边布置的建筑体块来修复原有的19世纪城市空间肌理，同时还考察了原有建筑的形式语言，设计了富于韵律感的矩形开窗、规则排列的立面形式。

在1979年，西扎设计了6个相互分离的插建建筑。这6幢建筑处于不同的位置，根据周

---

❶ Peter Testa. Cosa Mentale：The Architecture of Álvaro Siza. Alvaro Siza. Bacel：Birkhauser Verlag, 1996.11

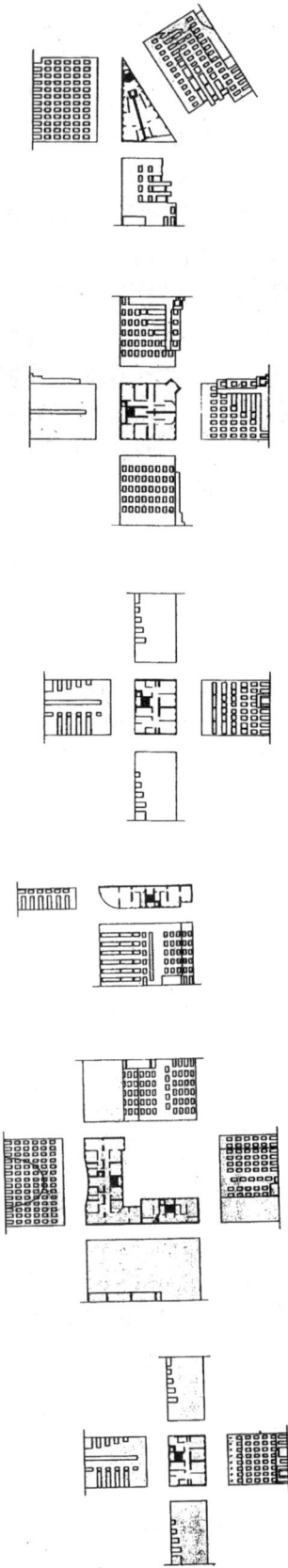

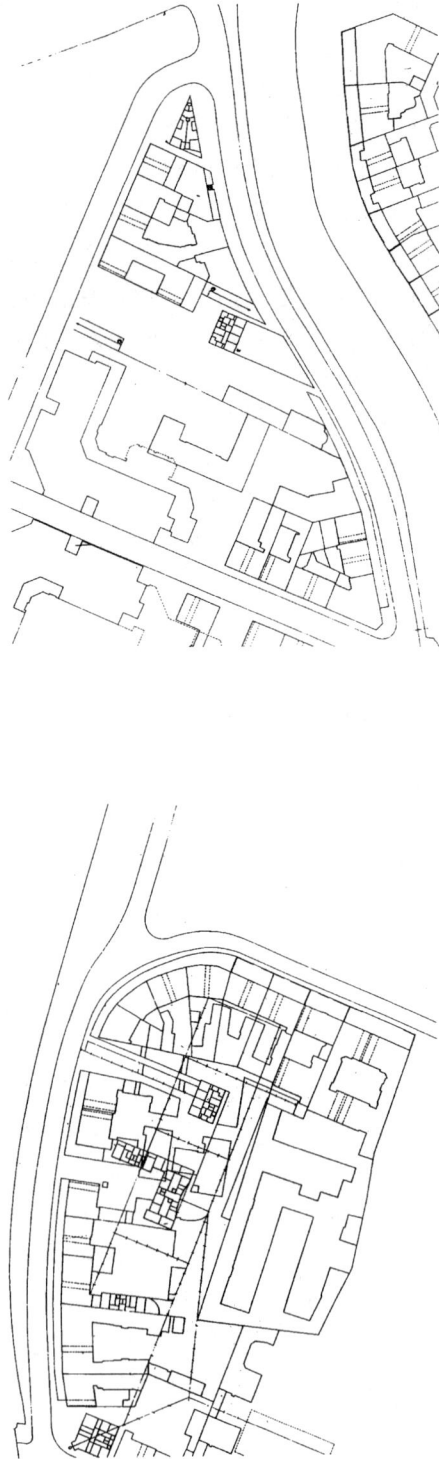

图 76 西扎在柏林设计的六幢建筑的平面和立面

A 公寓
B 幼儿园
C 老年人俱乐部

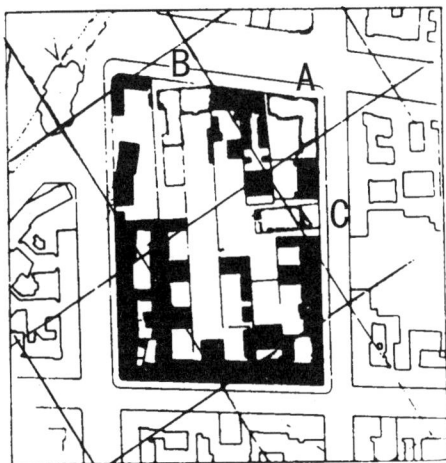

图 77 总平面

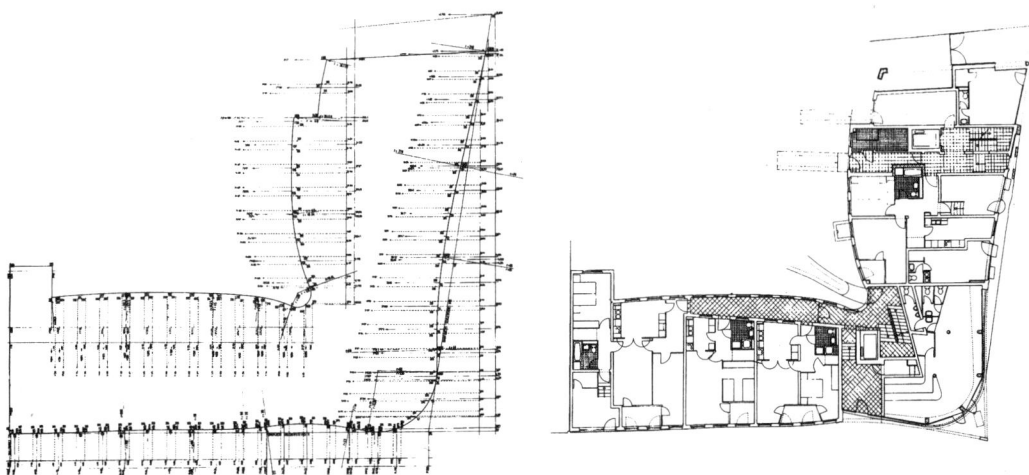

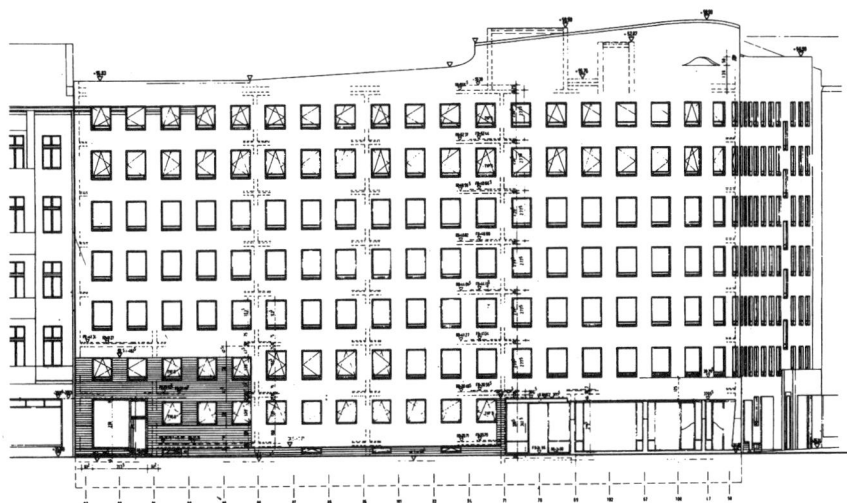

图 78 公寓平面、立面

图79 公寓沿街外观

图80 幼儿园外观

图81 老年人俱乐部外观

边的道路和建筑的边界确定各自的平面形式，将体量加以曲折。所有建筑采用了基本相同的形式语言，但也略有差别。每幢建筑的首层都用于商铺等公共性的用途，窗户一直延伸到地面，上面的5层体量排列着富于韵律的矩形开启，且具有很高的女儿墙。在其中两幢建筑中，这种矩形开窗、规则排列的路斯式的开窗方法被长条窗和镶嵌式的粉刷墙面打断，这种立面的处理方式具有一定的表现主义色彩。在两个街区相交叉的地方，西扎设计了可以同时参与到两个形式系统的填充体块。就整体而言，西扎通过在开敞空地中插入平面化的立面来延续沿街墙面的连续性，同时在背街的一面占据了城市空间结构中所剩的空地。这些填充的片断按照空间肌理的虚构网格来进行理性排列，从而揭示了19世纪城市空间的典型构成：沿街具有连续的立面形式，而内部则设置多个内院。正如皮特·泰斯塔指出的：在这个案例中，建筑的主体在与相邻建筑的相互影响中发展而成；西扎的建筑似乎通过场所建筑中的紧张关系来维持自身的对话，这一紧张关系广泛存在于街区的内部和外部之间、城市肌理与单体建筑之间。城市空间、建筑、居民之间的互补和矛盾都被纳入到设计的形成过程。从这个意义上说，每个建筑的形式表达都反映了对于能够包容这一切冲突和矛盾的形象的寻求。

在随后的柏林城市再开发项目中，为了回应场所的历史文脉，西扎再次沿用了当地传统的建筑构成。在一个城市街区中，西扎插入了三个相互分离的建筑：一幢公寓沿街道转角布置，7层的体量全面采用了路斯式的形式语言，而在转角处则以一个"表现主义的曲折"加以变化；一个幼儿园和老年人俱乐部被插入空间构成的空隙中，直角正交的基本几何性与有机形式的结合表现出动人的雕塑形态。西扎通过对源于当地历史和文脉的建筑语汇——材料的表现力和质感、立面开窗的比例和尺度等的细致研究和重新运用，不仅使全新的建筑形式融于当地的环境之中，还成功延续了当地固守的内院＋周边建筑的19世纪城市模式的教条，并且以弧形进行了转换，更强烈地表达了城市和社会的复杂性。这一项目是西扎与特定地区的历史文脉进行高度个性化对话的成果，表明了其对当地文脉的批判性诠释，为他赢得了众多建筑评论家和设计人员的关注。

在这两个项目中，西扎在保持一种路斯式的语言风格的同时，也按照当地的建筑传统来进行相应的变化和调节。这种与场所文脉的富有节制的融和方式在海牙的住宅区项目中同样引人注目。在那里，在19世纪的城市空间肌理中，西扎设计了沿周边布置的建筑，惟一的变化是在沿周边布置的建筑转角处，设置了进入内部庭院的半公共入口及转角处的商店。形式处理则遵循了当地砖墙立面的传统及荷兰人喜好的大面积玻璃窗开窗方式。❶

西扎对于当地的建筑传统和历史文脉极其敏感，他的建筑作品总是以其特有的形式表达对当地的文化传统及历史文脉进行批判性的诠释。在荷兰海牙的凡·德·温尼公园两座住宅和商店中，不难发现，西扎的作品再现了荷兰现代主义运动的两个主要传统：一方面，这座平面为船形的3层住宅蕴含着砖墙表面的表现主义倾向；另一方面，一个平面呈"L"形，白色石灰粉刷饰面并装有金属丝网栏杆的直线形结构令人想起荷兰构成主义的形式语言。西扎凭借其对场所文脉的高度敏感和娴熟技巧，以清水砖和白灰抹面的建筑语言将变形的传统和荷兰现代主义建筑集合于一个简单的作品之中。

7.2 对于场所的独特理解和观念

"没有场所是没有灵魂的。"❷从其最早的作品开始，西扎就以自身的实践来回应场所的形式空间及文脉，不断地重现和延续场所的灵魂。他的建筑形成几种相互交迭的秩序和多重身份的系统，它们既可以被解读作为场所的一部分，也可以被看作为一个新的整体。西扎的建筑可以从光线、质感及运动等很多方面来打动参观者。他的建筑类似于从其场所中抽取出来的各种向量的集合，并且加强了场所的感受。西扎确信，在场所中被保存下来的是时间的作品。建筑因其自身的表现具有融入场所组织结构中的能力，场所自然的分层清晰地揭示了自身形成的过程。在这一过程中，形式、空间、地形、记忆以及变革等全部要素共同作用并逐步演化。因此，西扎从场所中汲取的是机遇和挑战，并以其独特的观念和技巧将其转变为建筑的构成成分，从中寻求潜藏的可能性，使建筑与场所之间的交互作用重新得以恢复，在对这些要素进行不断处理和组合的实践中，也形成了对于场所及建筑之间关系的独特观念。

7.2.1 地形·肌理·微观地理学

在葡萄牙，任何将景观及地形（即对于土地的感知和解释）与土地的片断之间对立起来的观念在建筑学的教育中是没有立足之地的。在形态构成上，西扎的建筑就像从自然风景和城市环境中生长出来的一样，表现了地形的物质形态和建筑与地理环境的平衡，与场所具有

❶　Kenneth Frampton. alvaro siza Complete Works. Phaidon Press Limited, 2000.32

❷　Francesco Dal co. Alvaro Siza and the Art of Fusion. Kenneth Frampton. alvaro siza Complete Works. Phaidon Press Limited, 2000.9

天然的联系。在葡萄牙，坡地和山地的起伏地形分布十分广泛，城镇及乡村的大部分建筑都表现出对复杂地形的广泛适应性，也因此呈现出非常不规则的外观形象。本土建筑传统中矮墙、伸展的平台与坡道的结合是实践累积的经验。而另一方面，葡萄牙的本土建筑以渐进的方式增长，建筑的平面形式并不严格遵守几何形式规则。甚至，城镇的主要街道和广场也很少具有严谨的几何性质，建筑物和墙体的形式往往受土地轮廓形式的限定，大多呈现出随意自然的复杂几何形态。这种原始地形所驱使的复杂的几何性不断调解建筑与场地的关系。在建筑中，为了求得与场所地形的契合，西扎经常运用转变角度、分成片断、镶嵌楔入的模式。而且，西扎还对场所特有的地貌及地理学的形式构成进行提炼，自觉地作为设计的参考，以建筑的形式空间构成来回应场所的地形学特征。这些对地形及地貌特有的敏感和经验逐步促成了西扎特有的地形学观念，而其建筑作品也似乎以自律的方式在调节自己，以适应于场所的地形地貌。

在西扎早期的博阿·诺瓦餐厅、康西卡奥游泳池、阿尔维斯·桑托斯住宅等作品中，复杂的几何形式与坡道、矮墙、平台的结合对乡村的场所环境作出了回应。莱萨·达·帕尔梅拉海洋游泳池则以更为抽象的几何学方式表现出对现场岩石形式构成及地形的适应性，反映了西扎对于场所的地理学立场。在那里，以类似于风格派形式布置的错动墙体和屋顶，深深的根植于现场的岩石之中，形成了更为抽象的拓扑关系，成为人工化的城市边界向自然化的海洋边界过渡的媒介。在场地后部的一组平行墙体就像平台和坡道的延伸，其边界分层次地回应于海滩的轮廓。而且，作为泳池的现浇混凝土也呈现曲线形态，这些硬质边界的形式完全融入到与地形的对话之中。同时，墙体、平台和屋顶也具有完全独立的形式表达，与现场的地理要素分界明显，建筑元素的起始受到自然的形式构成的支配。而建筑与场所到处充实着空间的渗透，空气、沙尘甚至海水都似乎都可以在建筑与场所之间随意流动。于是，建筑可以被理解为一系列追踪行进、冲撞盘旋的水平面沿着海滩及岩石在场所中以拼贴的模式迅速激增的凝结体。建筑在自成系统的同时也成为场所不可或缺的组成部分，场所与建筑之间的地理学边界也就逐渐模糊了。

在城市环境中，由于其建筑相对密集，对于建筑的平面构成，西扎强调城市空间肌理的重要性；而对于标高、坡度等地形的变化则以其惯常的地形学观念使建筑与场所紧密结合。在柏林、海牙及里斯本的齐奥多（Chiado）区等城市环境中进行的规模较大的整体规划中，西扎以场所中已有建筑和街道的排列形式作为参照，将建筑体量沿地块周边布置，而在两个街区的交叉点，则设计了能够同时参与到两个系统的体量，在转角处则经常加以变化，通过这种周边布置的方式，西扎将新建建筑插入场所，并修复了原先存在的城市空间肌理，这种方式被弗兰姆普敦形象地称之为"都市填充"。

西扎于1982～1986年间完成的博格斯·伊尔玛奥银行以场所周围的建筑所形成的空间肌理作为参照，将建筑与实际的城市地图中先前存在的一幢房子的基地相重叠，体量沿街展开，建立了空间构成和尺度上的衔接和过渡。同时，建筑的空间分别在3层平面上展开：存款处在地下层，银行大厅在街道一层，管理用房在顶层，分别以楼梯、坡道和室外平台对应室内外的不同标高，在竖向维度的各个层面上建立起与城市空间肌理的联系。

事实上，对于场所环境的处理，西扎着眼于以地理学立场探讨设计构思和自然的关系，并以此形成他对场地独特的处理方法。西扎通常在场地风景中引入几何学，努力开发出场所的微观地理学。这种微观地理学不仅仅指地形地貌和空间肌理，也包括场所范围内的植被、水体、光等自然要素和活动行为等与人相关的要素。也正是通过上述场地设计的过程，在福尔诺斯教区中心，西扎设置了构成建筑基座的一系列墙体和坡道与场所的空间构成和原有农田环境的对话。波尔图建筑学院则将分散的建筑体量以长廊、坡道、楼梯所构成的基本骨架加以串联，形成错落有致、内外交融的建筑综合体，将自然风景及光线引入建筑，形成了微观的地理环境。而在塞图巴尔教师培训学院，西扎以这种"微观地理学"的观念在城市与自然之间建立起过渡性的微观地理环境，成为城市环境与自然风景之间的媒介。该学院在城市的外围边界，拥有树木林立的美丽风景。西扎设计了两个"U"形的内院，沿着坡道、踏步和平台组成的入口空间序列逐步上升，就来到由封闭的建筑体量围合的内院，由此进入建筑，也就摆脱了城市环境；通过两个内院的连接空间，则进入另一个由连续的柱廊围合的内院，这一具有开敞形象的内院的地面随周围农田的轻微起伏而变化。内院中的大树在建筑与远处的树林及自然风景之间建立了明确的联系，而西扎也通过这种方式重新建立了建筑与土地等自然环境的联系。

7.2.2 遗迹·记忆·考古学

实际上，根据西扎的讲述，在加利西亚现代艺术中心的设计中，"绿色空间的设计决定了博物馆的方案……从一幅18世纪的地图中，我能够了解到修道院空间的组织及表达方式，并且对于这些现存关系的研究对于博物馆的方案起到了促进作用。对于与周围建成环境的关联的持续求索，他在一座坚实的建筑中找到了表达方式，其最终的构成被花园设计所明确，这是利用自然的一个理想方法。……因为我提到的平面图不能提供所需的全部信息，就进行了另外的调查，而且我们最终发现了该地区古老的灌溉系统。古老的花岗石沟渠与毁坏近半的喷泉和墙体一起被发现。花园的设计以"之"字形回旋的坡道和梯段作为基础。博物馆内部的道路也遵循一条相似的路线"。[1]可见，对于场所中的建筑，西扎还以考古学的方式，将其与场所有关的遗迹和记忆联系在一起。

1992年，西扎获得了普立茨克建筑奖。当时，在维特瑞欧·格里高蒂的演说《对于阿尔

图82 加利西亚现代艺术中心花园景观之一

图83 加利西亚现代艺术中心花园景观之二

❶ Alvaro Siza. The Museum of Santiago de Compostela.Kenneth Frampton. alvaro siza Complete Works. Phaidon Press Limited，2000.336

瓦罗·西扎作品的思考》的序言中,他讲道:"我认为阿尔瓦罗·西扎的建筑是从只有他熟知的考古学的基础上孕育出来的……"这种"自律的考古学"不仅反映了存在于场所的偶然性,而且是可以记载的,据此可以进一步推断其设计发展成熟的过程。❶

对于西扎而言,这种考古学与场所的历史和记忆有关,揭示了场所历史环境的形成过程。场所是连续几代人持续干预的结果,而每一个插入场所的干涉因素都会留下标记,场所正是这些标记长时间的积淀。西扎试图将建筑当作场所中各种自然历史要素增长过程的一个证据,它不仅没有消除以前的层次,还不断叠加上新的层次,成为日积月累、逐步生长的凝结体,成为一种揭示其自身生长过程的建筑。西扎建筑的考古学特征表现了生活的历史记录,正如吉迪翁(Sigfried Giedion)所指出的观点:"与在良好维修状态下和各种相关家具存在的场所相比,从本质上讲,一处遗迹可以带来一种更为直接的证明,"而且,"遗迹以其自身承载了历史和记忆的重量:它唤起一种矛盾的情绪——正在消逝和衰退的时间偶然性及永久性,准确地讲,是时间的阻力。"❷因此,场所中保留下来的建筑、道路、生活设施、植物等历史遗迹成为西扎关注的对象。西扎的建筑经常对场所中有关记忆及历史遗存的片断和遗迹以考古学的方式进行发掘、考证和研究,作为必需的要素结合到每一项设计中。通过这种方式,自然与历史的片断和建筑的片断被同时植入积极的相互作用之中,建筑就成为场所发展过程的代表和各个层次的记录,成为时间的作品。正如西扎所宣称的那样,自然分层清晰地揭示了作品,使建成环境反映出时间的沉淀。

遗迹的主题在西扎的建筑中经常发生。早在设计莱萨·达·帕尔梅拉海洋游泳池时,西扎就曾经指出:游泳池被设计为一种遗迹的意念,这源自于马托西纽什地区和其他景观的相关因素,现存的旧的要素和插入的新的要素之间的对比和相互交迭的抵抗状态。它是一个媒介物或一个对各要素的综合,根据阳光和其他新与旧的各个要素结合在一起而确定。在1960年代,他的几个作品都运用了这种对"遗迹"的隐喻:在卡多索住宅,西扎极力维持这种新旧之间微妙的交互作用,他成功拒绝了业主拔掉老葡萄藤而改种无需照管的橘树的要求。对他而言,这个全新的橘树形象将毁灭现场的与记忆有关的地方特色;在贝莱斯住宅,与众不同的玻璃窗与一堆似乎由于植被的侵入而导致部分崩塌和破坏的墙体相结合。西扎对这一作品评价道:"这个体量在一侧被破坏,就好像一处抽象表达的遗迹";而在圣·维克多居住区,被破坏的墙体片断被保护起来,并与新的设计结合,从而建立起新旧之间的诗意对话。

埃武拉的马拉古埃拉居住区是西扎关于遗迹的观念和考古学方式的凝结。在埃武拉,遗迹的形象被转变为一个概念,并且变成了历史和时间的前后关系的诗意表达。在1990年发表的关于埃武拉的文章中,西扎详细说明了设计构思中遗迹的基础性作用:"在遗迹中正在衰退的事物赋予了新的结构形式,经受了变革并改变了形式自身。全部的世界和全部的记忆正在持续影响着城市的设计。"西扎用大量的时间来无休止地了解和研究,通过对现场的考古学式的发掘,发现了许多先前的痕迹:一条溪流旁边的阿拉伯式浴场、一棵栓皮栎树、一座蓄水池和一座水箱,毗邻的橘树林,一条通向一座学校和两个破旧的风车磨坊的道路,以及在以前的规划范围内建造的7层房屋。……"整个区域属于乡村居住地,从那里人们可以看到埃

❶ [日]渊上正幸 编著. 覃力, 黄衍顺, 徐慧, 吴再兴 译. 现代建筑的交叉流——世界建筑师的思想和作品. 北京:中国建筑工业出版社,2000.126~127

❷ Bruno Marchand. INSPIRED BY RUINS: Representativity and Temporality of Architecture. A+U 2000 (04):13~15

武拉美丽的轮廓线，那是一座花岗石和大理石的城市，具有自己的大教堂、一座罗马式教堂（Romanesque church）和一座新古典主义的剧院。"❶而且，西扎还研究了街区生活的巨大活力及其在场所中遗留的印记。"人们离开他们的家，从水源来回取水、上学和去另一个街区：因此，随着时间的流逝，人们在地上留下了对于他们最为便捷的道路踪迹。这些非常清晰的踪迹也有助于解释行为与地形的关系，并且概括出变化及各种联系的可能性。"❷

在设计中，西扎将这些场所内一切与时间及记忆相关的要素都融入了新建筑的设计：包括岩石、树木、墙体、泥路、储水池、水渠、荒废的房屋等等。这些看似乏味的事物和住房表现了生活的存在和历史的轮廓。所有的一切都是临时性的，是在形成过程中的某一时刻的表现。因此，在这些历史上遗留下来的遗迹和自然的茂密植被之中，西扎设计了一个基础性的渐进结构，这一结构由道路、划分的地块、开放空间和服务性的基础设施构成。事实上，西扎将呈"十字"形的两条主要道路作为一级结构，而来源于埃武拉地区高架水渠的历史遗迹则经过形式提炼，形成容纳水、暖、电等设施的高架管道的二级骨架。同时，西扎考察了葡萄牙南部海岸的住宅的内院结构，结合路斯的建筑表达，设计了以白色粉刷墙面（有时以浅色）、屋顶平台、狭小的窗户及狭窄的街道为特征的两层、具有L形天井的住宅连续体。西扎还计划修建一座半穹顶的建筑，它形成的空间在包容水箱和栓皮栎树的同时也作为集体生活的公共空间。一方面，这个松散而统一的系统在自然、技术和文化之间建立了模糊的边界，成为场所发展演变过程的忠实记录，以一种新的历史观和策略支持人们栖居。另一方面，其严密的组织结构为居住区今后的发展提供了基本的框架和必要的约束，而各个开放空间和与自然的模糊边界为今后的发展创造了众多的可能和相当的自由。

于是，建筑现场的形象可以被转化为考古学的挖掘的形象。确实，马拉古埃拉居住区在每一个层面上都浸透着日常生活和历史遗迹的内涵，它与几乎随意插入居住小区的田园式景观相结合，形成了亲切而深沉的场所氛围：观赏性的小湖和绿地被草本类植物限定边界；与一个小型堤坝并行的排水沟渠被步行小桥穿过；一个小型观演空间由矮墙围合，每一片墙都沿着传统的直线方式进入场地。正是由于这种考古学方式与遗迹观念的综合运用，使马拉古埃拉居住区具有非同寻常的特征：既是古代的，又是现代的，看似早就一直在那里一样。

对于西扎，以考古学方式发掘的种种遗迹事实上成为了历史发展的信息载体，通过在建筑中再现其旧有形态或加以新的变形，遗迹所蕴含的关于时间的信息被轻而易举的赋予了场所及建筑，从而揭示了场所中各个时期的干涉所积淀形成的层次。遗迹是与场所有关的记忆的载体，表现了场所的暂时性，是两个历史时刻之间的过渡：过去、现在和将来都融入流逝的时间。然而，对于遗迹观念的运用，西扎不仅仅局限于面对两个形式和两个对比鲜明的短暂时刻，而是用全部的历史遗存来唤起人们的整体记忆，并将历史和社会的深度赋予场所，因为场所"不仅由现实构成，而且来源于历史。"❸

❶ Alvaro Siza. Évora – Malagueira Kenneth Frampton. alvaro siza Complete Works. Phaidon Press Limited，2000.160~162

❷ Alvaro Siza. Évora–Malagueira Kenneth Frampton. alvaro siza Complete Works. Phaidon Press Limited，2000.160~162

❸ Bruno Marchand. INSPIRED BY RUINS：Representativity and Temporality of Architecture A+U 2000（04）：13~15

7.2.3 生活·变革·类型学

对于西扎而言，建筑及其场所是工作、生活与变革的产物。❶

西扎曾说道："我的建筑没有一种预先确立的风格，也不想建立一种风格。它是对一个具体问题的回应，对我参与的变革过程中某种境遇的回应……"❷作为费尔南多·塔欧拉的学生和毕生的朋友，作为一位成长于葡萄牙本土继而逐步获得成功的建筑师，西扎以这样的话语拒绝了任何"预先确立的风格"，而致力于回应一个"具体的问题，一种我正在参与的变革中的某一境遇"。由此可知，对于西扎而言，空洞的形式表现是不可取的，它们仅仅是华丽的装饰，与其内容不具有任何本质的关联。对于场所中的建筑，形式既不是一种可以任意处置的遗产，也不是各种形象的抽象系统，而是直接产生于我们的需求，那些需求与我们所处环境相互作用，而且大多源自于我们自身与现实的关系。因此，西扎强调建筑反映变革及现实的重要作用，反对将建筑艺术当作以鲜明的形式来表现自身的工具。

在1979年的一篇题为《捕捉飞速演变的形象的某一确切时刻》的散文诗中，西扎就曾指出，建筑师必须重新诠释场所在其传承意义上的主题精神，注重对生活及变革的回应。

"我的大多数作品都没有完全完成，一些仅仅被部分实施；而另一些则被完全改变，甚至毁坏。那是可以预见的。建筑的目标在于深入现实存在的变革趋势之中，深入组成现实的冲突和压力之中，不应仅仅局限于被动的物质化，必须拒绝简化现实，而应逐次分析现实的每一方面；建筑的形式不可能在某一固定的形象中找到支持，也不可能是以线性演进的。

……每一项设计都应尽可能严格地捕捉到飞速演变的形象的某个确切时刻。对现实的瞬时变化性理解得越好，你的设计就会越明确。

而这实际上是很难实现的。这也许就是造成只有边缘的作品（一座安静的住所、数英里之外的一座度假别墅）才能被保存下来并与最初设计完全一致的原因。这是其参与到生生灭灭的文化变革过程的结果。但是毕竟有些东西被保留下来。片断在每个地方都得以保留（在我们内心深处，也许还被人们聚集在一起），给空间和人打上了烙印，并且融入到整个变革的全过程中。"❸

西扎用以上的文字重新定义了场所的内涵，指出建筑师应当以精心设计的建筑及场所来回应于生活的变革。因而，西扎在其建筑中往往采用一种临界姿态，来表现一个作品实现过程中的某个时刻，并同时将个案与过去相联系，将二者融入持续不断的变革过程中。与西扎所喜爱的葡萄牙著名诗人费尔南多·佩所阿（Fernando Pessoa）❹的作品相似，这种观点具有存在主义和现实主义的倾向。

正是基于这种"务实"的态度，西扎本人反复强调——"建筑师并没有创造发明，而只是反映现实。"❺因此建筑必须反映场所的现实、生活的现实、变革的现实。

---

❶ Francesco Dal co. Alvaro Siza and the Art of Fusion. Kenneth Frampton. alvaro siza Complete Works. Phaidon Press Limited, 2000.7

❷ Robert Levit. Alvaro Siza. http://www.appendx.org/issue3/levitt/index1-7.htm

❸ Kenneth Frampton. alvaro siza Complete Works. Phaidon Press Limited, 2000.20

❹ 费尔南多·佩所阿（Fernando Pessoa），1888～1935，葡萄牙著名诗人，强调因外在之物而落笔成诗。

❺ [日]渊上正幸 编著. 覃力，黄衍顺，徐慧，吴再兴 译. 现代建筑的交叉流——世界建筑师的思想和作品. 北京：中国建筑工业出版社，2000.126

变革意味着新生事物的诞生，而"新来自于旧，这也就是它为什么令人耳目一新的原因。"❶旧是新的根源，新是旧的发展，西扎往往通过类型学的方式对旧有的和传统的建筑形式进行深入研究，并加以适当的变形和更新，从而在变革中保持传统的延续，在传承中完成现实的更新。

"每一个建筑师都知道，类型学的研究是其设计的工具之一。"❷类型学的观念取消了新旧建筑在时间上的严格区别，虽然历史、地理及形式与空间的组织形式并不一定能够照搬为设计的要素，但却可以成为设计所需的确定参考。它不仅包括对现场及地形等方面的认识，还包括对于生活方式的反映及文化历史的认同。通过类型学方式的研究，可以明确一个可以继承的建筑传统，为其设计提供更多的可能性和选择性。西扎对类型学观念的运用是以对原型的研究和利用为基础展开的，西扎深入考察原型的形态构成和建成方式，对原型中永久性形式进行抽象和反思，使旧有建筑的某些元素在将新建筑插入场所的过程中得到重新利用，历史原型的精确图解及细微变化与场所遗迹和记忆相互结合，从而使场所及生活的固有模式得以延续。

同时，西扎根据现实生活中各种活动方式的演变及人们思想文化观念的转变，对以类型学的研究方式所获得的基本原型进行相应的变形和调整，以建筑和场所的变革回应现实生活的变革，在传承中完成更新，在这种变革中，为了使建筑及场所的新旧要素得以平衡，西扎往往将比例作为一种重要的方法。这是因为如果对原型的改造过大，这种"变形"就无法被恰当地理解，建筑就显得荒谬；而如果变形过于拘谨，就无法确切反映新的变革，也就无法获得新的生命力。因此西扎的建筑经常通过对固有原型进行有节制的变形和更新，通过对本土的建筑传统和路斯等现代主义建筑大师的经典作品的有节制的利用和变形，创造出与场所环境具有深层次的契合、对现实生活及变革具有很强包容性的独特结构。

福尔诺斯教区中心就是"一个处理建筑有形的具体记忆的作品，一个具有社会性的空间的重新处理，准确地说，建筑为一个普遍的、共享的生活方式提供了一个机会……"❸。为了重新获得场所特有的精神特征，西扎致力于对传统的原型进行创造性的利用：首先，与勒·柯布西耶在拉土雷特修道院一样，西扎将建筑处理为一个没有窗户，没有装饰的巨大体量；然后，将朝向西南的入口处理为一个对称的构成。在此西扎再次沿用了其作品中反复出现的A—B—A模式，以2座高16.5m的方塔包夹着通入教堂正殿窄长的、双扇镶板的正门。当人们从乡村环境中曲折迂回地接近这一建筑时，这种巨大的对比和反差使这座建筑具有令人无法忘怀的形式感染力。

而对于圣堂内部的空间，西扎一方面借鉴了教堂传统的空间组织方式，设计了轴线化的平面构成。尽管圣堂剖面呈正方形，但通过祭台后的开启和倾斜的双层墙体等各种不同空间要素的表达，仍然创造出一种传统教堂空间常见的垂直性，在一定程度上保持了与传统的连贯性。

另一方面，通过对宗教性空间本质的一系列反思，西扎认为教堂礼拜空间的传统组织方式无法适应现实生活中宗教仪式的变革。"因为梵蒂冈将宗教礼拜仪式作了很大的改变。……在早期，神父并不面对教众。教众都看着神父的后背。这就是为什么教堂后殿空间总是向建筑的外部突出的原因。但是现在神父转而面向教众，这个在神父身后的空间就不再富有逻辑

贝尔托特·布莱希特（Bertolt Brecht）著.通俗性和现实主义.弗兰西斯·弗兰契娜，查尔斯·哈里森 编.张坚，王晓文 译.20世纪西方美术理论译丛：现代艺术和现代主义.上海：上海人民美术出版社，1988.366

❷ Antonio Angelillo. Santiago and Setfibal：conversation with Alvaro Siza. CASABELLA（612）：12

❸ Kenneth Frampton. alvaro siza Complete Works. Phaidon Press Limited，2000.38

93

了……"于是，西扎运用了类型学的观念，并通过几何学的反转对空间组织的原型进行了适当比例的变形和改造：

首先，西扎将传统后殿空间的平面中的半圆形进行了拆解，拆解为两个扇形，然后将其反转，对称地分布于祭坛两侧，这就将传统的突出的空间反转为凹进的空间，形成了向中殿空间凸出的"反半圆形的后殿"。还通过在较低位置将一侧的体量削去，在一定程度上打破了对称的构图，表现出一定的轻松和自由。而在祭坛周围，讲经台、神龛、座椅和十字架依次确定，整体的空间构成根据礼拜仪式的活动进行组织。"以这一方式，教堂呈现出阴刻雕塑的形态，也获得了在各个部件之间连续性的张力和联系"。西扎以空间组织方式的反转回应于现实生活的变革。

西扎还敏锐地意识到：过去的教堂，总是倾向于为场所空间强加一种冥想气氛。因此，开启通常都很高，以至于不可能看到外面，并且彩色玻璃的运用也妨碍了透明性。于是，光线的不足导致了空间的晦暗，视线的阻断引起了内外的隔绝。然而，对我而言，这种面向教众的礼拜仪式应强调主持弥撒的神父与教众之间的交流，这种变革似乎与过去的封闭且对外隔绝的空间观念相矛盾。因此，当我开始研究方案时，我意识到与传统连续性相决裂的重要性，这种传统的连续性几乎不能触及教堂和社会在日常生活中的关联。因此，为了适应这种场所氛围的变化，"在人与教堂的神圣气氛之间插入兄弟般友爱的关系"❶，西扎作出了进一步的调整。倾斜墙体打破了传统空间常见的对称稳定的构成，引入了活泼与动感，在顶部的三个巨大开启虽然从下面仍不可见，但却引入了充足的光线；而在相对的墙体上，连续的水平窗建立起与外部景观的联系，彻底打破了封闭感和隔绝感，在统一与复杂，不对称与对称，重量与轻巧，竖直和水平的对比中，创造出明亮宁静、轻松活泼的场所氛围，表现出宗教活动与现实生活的紧密联系。

作为一位"严肃的建造者"❷，西扎的建筑简明朴素，却又同时具有复杂的表现形式。这种形式的复杂性表现于各种场域的交迭之中，他的设计在所有元素之间建立了一个不稳定的平衡状态。建筑元素以毗邻、平行、互补的关系形成整体，在各个部分之间的同源关系为复杂性提供了丰富的隐喻。通过运用这种不规则却结构紧密的方式，西扎在其建筑中建立了拓扑学空间，并通过片断来融入整体场所之中。而事实上，这种形式的复杂性并非毫无根据的创造发明，而源于场所中各要素及现实生活及其变革的复杂性。在其每一个作品中，各种要素与变化并置重合，无论是自然的、人工的还是城市的，场所都被理解为变革过程中的一个集成，并通过个人和集体的活动进行建构与重构。当西扎进入场所时，在承认其冲突的同时也整合着现实的各个层面，在不同的文化、习俗和空间环境中采用不同的策略，从柏林国际住宅展区的不连续重建、澳门的向南中国海的格网状延伸，到里斯本的齐奥多区灾后重建。西扎的建筑从整体上形成了真实的城市地图。对应于现实的变革，这一城市地图在当代城市的扩散和结构中建立起新的伦理规范和策略，代表着"CIAM以来在建筑领域最富活力的发展方向。"❸

---

❶ Alvaro Siza. The Church at Marco de Canavezes. Kenneth Frampton. alvaro siza Complete Works. Phaidon Press Limited，2000.378

❷ Fernando Tavora. Homage to Alvaro Siza. Kenneth Frampton. alvaro siza Complete Works. Phaidon Press Limited，2000.66~67

❸ Peter Testa. Cosa Mentale：The Architecture of Álvaro Siza. Alvaro Siza. Bacel：Birkhauser Verlag，1996.10

场所与建筑，是建筑师们经常关注和争论的话题。但在这一话题中，西扎并未以玄妙深奥的理论或振聋发聩的宣言来包装自己，而是冷静地从建筑与场所的本源出发，关注建筑与场所的基本要素（地形、地貌、时间、空间、材料、氛围、活动、事件等问题），以建筑自身来诠释建筑、场所及建筑与场所的关系，并给人以一种近乎于返璞归真般的震撼。而就整体而言，微观尺度上的地形变化和时间的流逝，以及更广泛意义上的地理变迁和历史记忆是西扎回应现实变革的基本出发点。无疑，西扎是独特的，也是成功的，也许其成功之处就在于——"并没有创造发明，而只是反映现实。"毕竟，建筑之于场所，其意义还是在于建筑本身。

八、设计方法和创作过程

考察建筑师本人（包括其性格、阅历等）；考察建筑师通过什么过程来创作其作品；考察其设计创作的活动，以评判其设计过程的性质，都是人们考察一位建筑师的设计成果及其贡献的重要方面。

体验西扎，体验西扎在场所中真实存在的建筑，人们不难感受到，无论是在自然风景中，还是在城市环境内，西扎的建筑总能巧妙地平衡于场所，以极少的语言表达最多的语义，以朴实而简洁的建筑形象恰如其分地表现和延续场所的特征，以片断与整体的综合反应现实的存在和变革。究其原委，西扎独特的设计方法和对于建筑设计创作过程的独特理解是其关键所在。

勃罗德彭特在《建筑设计与人文科学》一书中指出，他们通过对历史上许多建筑师设计思维案例的研究，认为建筑师必须具有5种思维方式：1.理性思维（地形特点、资源利用等）；2.直观的或创造性思维；3.价值判定（据此处理设计中不同的矛盾）；4.空间组织能力；5.表现技巧。而在实际的创作过程中，这些思维方式往往是紧密联系、不可分割、相互作用、相互影响的。西扎建筑创作的全部过程，就充分体现了经验与理性、灵感与技巧的高度统一。❶

8.1 现场的感知

西扎的设计始于对现场的感知。他认为，现场是建筑方案的一个基本的决定因素，亲临其境，进行场地调查，把握现状是设计的基础。西扎自己总是极力强调现场对于设计创作过程的重要作用。"当我考察现场时，我便开始了设计，而时间计划表和条件状况却常是不确定的。当然，在有些时候，我要更早一些开始设计，由我对现场的一个观念开始（一段描述、一张照片、我曾读过的内容、我曾偶然听到的内容）。"❷实际上，无论是对基地的地形、地貌等地理学特征的准确把握，还是对于场所情感和氛围的生动表达，离开现场的考察都是无法想象的。

通过对现场的缜密调查，西扎的思绪逐渐接近作品所蕴含的目标和整体的环境，这是其设计过程中的本质要素。草图是西扎偏爱的调查媒介，也是实现这一过程的工具和手段。正如西扎的描述："从职业生涯的最初阶段开始，在计算建筑面积之前，我总是'察看现场'和'绘制一张草图'。设计的过程源自于这两种态度最初的对抗。"❸而"我的许多设计在第一张草

---

❶ [英] G·勃罗德彭特 著. 张韦 译.建筑设计与人文科学.北京：中国建筑工业出版社，1990

❷ Alvaro Siza. On My Work. Kenneth Frampton. alvaro siza Complete Works. Phaidon Press Limited, 2000.71

❸ Alvaro Siza. On My Work. Kenneth Frampton. alvaro siza Complete Works. Phaidon Press Limited, 2000.71

图中来回往复。"●(阿尔瓦罗·西扎关于我的作品)他的草图见证了对于现场调查,见证了对于日常生活的疑问。通过草图,不计其数的形式和变化可以同时以各种规模和不同层面来加以研究。快捷而持续的草图能够捕捉行为及其结果不断变化的特征,也记录了微小的进展和错误,以及对于一个构思的放弃和不同构思的获得过程。

事实上,在加利西亚现代艺术中心的设计过程中,由于项目建设时限很短,不允许按照常规方式先画出草图,再传发交流,进行反馈和沟通,所以,西扎不得不与一位操作计算机的协作者一起,在现场进行了一整天的工作,一步步地逼近最终的设计方案。西扎因此而非常高兴,他认为,这是以新的技术手段使传统的工作方式得以恢复,使创作过程的各个环节更为紧密一体,并且,这也是创作过程自身的内部需要。因此,可以说,现场是西扎建筑设计的起点。

诺曼·福斯特曾将西扎称为"贪婪的绘制草图的人"。这是因为,在西扎的观念中:"作为媒介的图纸,在建筑发展过程中本身就像一个具有自律意志的生命体在运动着……"●肯尼斯·弗兰姆普敦提到的"自律的考古学"方式在西扎的草图中得到了集中体现,这不仅反映了存在于场地的各种要素的自律发展,而且记载了西扎设计的成熟过程。西扎的草图,似乎蕴含着某种不安与焦虑,在画图时,笔尖似乎从未从纸面提起过。在这一连续的绘画过程,各种要素的精华和积淀被连续地注入设计,印象、记忆、痕迹和预示一个接一个地交织着。草图中动态而不稳定的形象揭示了西扎与周围环境及其自身兴趣的相互联系;与景观、城市密切相关的情感和记忆、光辉的经典建筑和伟大先驱都成为了每一项创造的起点,作为西扎构思研究和交流的主要工具,草图有助于在直觉和精确的检验之间建立一种持久的辩证关系。西扎令人着迷的草图表达了一个有极富想象力的连续流动过程。

8.2 直觉与构思

现场的情况、场所的特质引发了最初的直觉,最初的直觉又促使构思的产生。西扎相信,在最初的直觉中,存在着与记忆和经验相联系的十分顽固的部分,而这一部分的内容则有赖于经历和知识的积累。在访谈中,西扎曾经表示:"我相信,在最初的想法中,往往固有成分与记忆存在着紧密的联系。而直觉的自发性不是从天上掉下来的,它更像是信息和知识、意识和意志的集合。并且每一个方案的经验都积累下来共同作用于下一个方案的解决。"●在某种程度上,西扎的设计过程暗含着对其自身语言的重新思考和类型的变化。事实上,对于西扎的创造性直觉而言,存在着许多层面,其中记忆起到了至关重要的作用。

西扎还经常以艺术模型来解释建筑方案。他曾经为毕加索作品中洋溢的异乎寻常的灵感和直觉所打动。"其作品的起源被创作为一条并不包含任何预先确定的构想的线条,它就像行动的导火索……而在我这里,这经常以草图出现,可能在其他建筑师那里,这会以其他某种媒介出现,一个形象、一段文字……没有手段就无法思考,但是作为直接反应的想象力却

● Alvaro Siza. On My Work. Kenneth Frampton. alvaro siza Complete Works. Phaidon Press Limited, 2000.71
● [日]渊上正幸 编著. 覃力, 黄衍顺, 徐慧, 吴再兴 译. 现代建筑的交叉流——世界建筑师的思想和作品. 北京:中国建筑工业出版社, 2000.127
● El GROQUIS 68/69+95. ALVARO SIZA 1958~2000. El GROQUIS, S.L. 2000.11~12

总是受制于先前的经历、记忆等等……"❶事实上，40多年的建筑生涯，就是西扎最初的直觉的源泉：对于葡萄牙本土的文化背景及建筑背景的深刻理解促成了西扎地方性建筑表达的形成；而在海外的设计经历，又不断提供大量新的信息，为其建筑艺术注入新的活力。因此，从已具备的经验和记忆的积累中，发掘出某个与意象相适应的构思，满足场所空间、时间等多方面的要求，对于西扎而言，也就并非难事了。

8.3 历史模型的启示及利用

当西扎提出新的构思时，他往往漫游于历史上的范例之中，并从中找寻可资借鉴的元素。对于西扎而言，创作的过程部分是致力于在承袭的观念中找到联系。形象就好像飘浮于其心中，同时建立起与新问题的关系网。这种形象、构思、形式的自由联想，令人联想起弗洛伊德的关于梦的解析："那些允许在其内部存在联系的各种元素都被浓缩入一个新的统一体。将思想转变为图形参照的过程，准确无误地被赋予这种关联的浓缩的可能性。这种提供了浓缩与集中的力也发挥着作用。一个明显的梦的元素可能与潜在的梦的元素相一致。"❷

除了西扎自身的建筑实践所积累的经验和记忆之外，历史上各个时期的优秀的建筑作品，尤其是现代建筑的经典作品，也一直是西扎在方案构思时所学习和借鉴的对象。在西扎的许多作品中，均可发现诸如赖特、勒·柯布西耶、阿尔瓦·阿尔托等建筑大师的作品中的某些片断。例如，波尔图建筑学院与阿尔瓦·阿尔托的赫尔辛基奥坦尼米（Otaniemi）技术学校中类似的露天剧场；莱萨·达·帕尔梅拉海洋游泳池与赖特的西塔里埃森的呈45°角以融合于自然环境的斜墙。很明显，在创作的过程中，西扎确实吸收了他早期发现的元素，并结合特定场所所引发的直觉将其合成为一个构思。人们可以在塞图巴尔教师培训学院中找到这种将历史上的建筑原型重新加以利用的方式。这一作品内院周围的柱廊隐含着对于格拉西（Giorgio Grassi）❸的新古典主义的代表作意大利基耶蒂（Chieti）的学生公寓的模仿和变形。

事实上，对于以历史上的模型作为创作的基础，西扎是相当公开的，而且对于这些模型，西扎进行了变革性的创作。在其一系列的作品中，西扎不同的方式表明：过去是可以利用的。从1970年代开始，他的对于历史原型的利用更为显而易见。从在波尔图完成的博萨居住区（1973~1977）和圣·维克多居住区（1974~1977），还有1971~1972年间完成的卡西纳司住宅区等住宅项目中，不难发现一种城镇住宅形态的延续。1970年代中期设计的埃武拉郊区的马拉古埃拉居住区以当地院墙加天井的模式为原型，同时融入了一些源自于本土建筑风格和现代建筑的要素。首先，马拉古埃拉居住区中的住宅代表着对战前现代主义运动的排屋式住宅范例的彻底背离。在这里，西扎转向了1950年代晚期和1960年代早期发展而来的低层、高密度住宅模型。同时，从本土的天井原型中派生出住宅的基本构成，而且住宅的开窗方式还参照了在基克拉迪群岛❹周围地区可以找到的地中海建筑传统和阿道夫·卢斯在1920年代设计的重要建筑样式，最终形成了一个以单个或成对的窗户进行规则排列的具有L形天井的两

---

❶ El GROQUIS 68/69+95. ALVARO SIZA 1958~2000. El GROQUIS, S.L. 2000.10~11

❷ El GROQUIS 68/69+95. ALVARO SIZA 1958~2000. El GROQUIS, S.L. 2000.17

❸ 格拉西（Giorgio Grassi），意大利新理性主义最重要的成员之一。

❹ 基克拉迪群岛（cyclades），位于爱琴海南部的希腊某群岛。

98

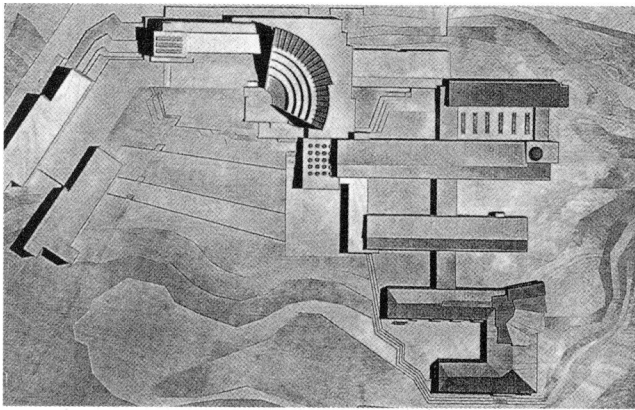

图 84 阿尔瓦·阿尔托设计的赫尔辛基技术学校平面

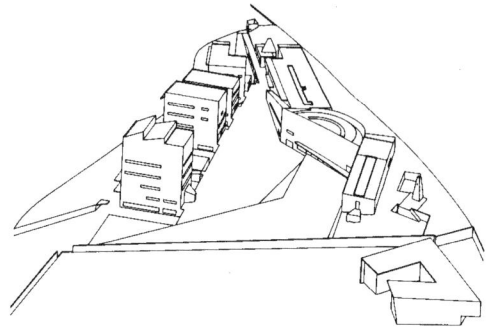

图 85 西扎设计的波尔图建筑学院

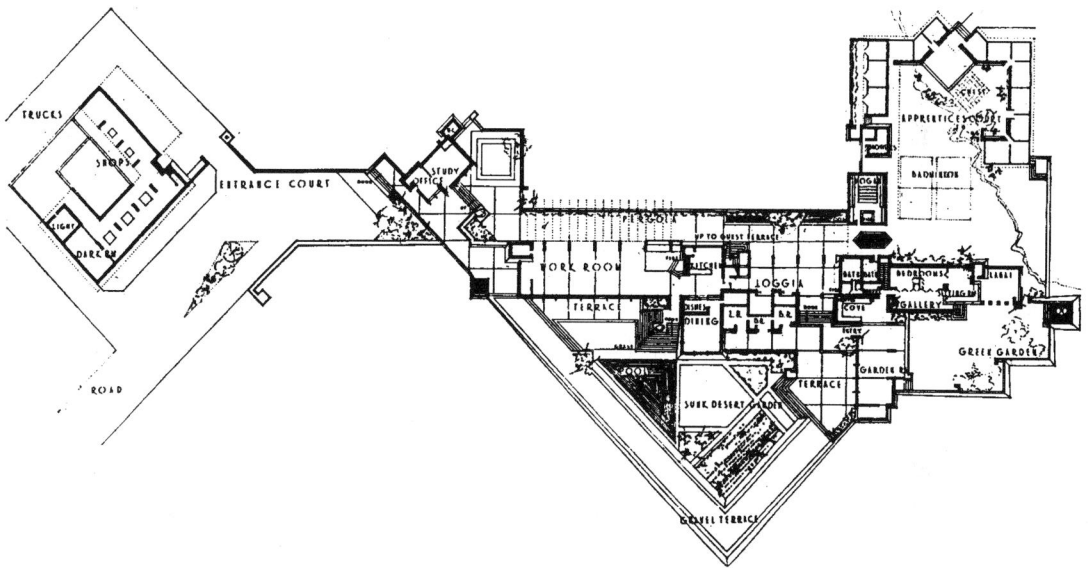

图 86 赖特设计的西塔里埃森平面

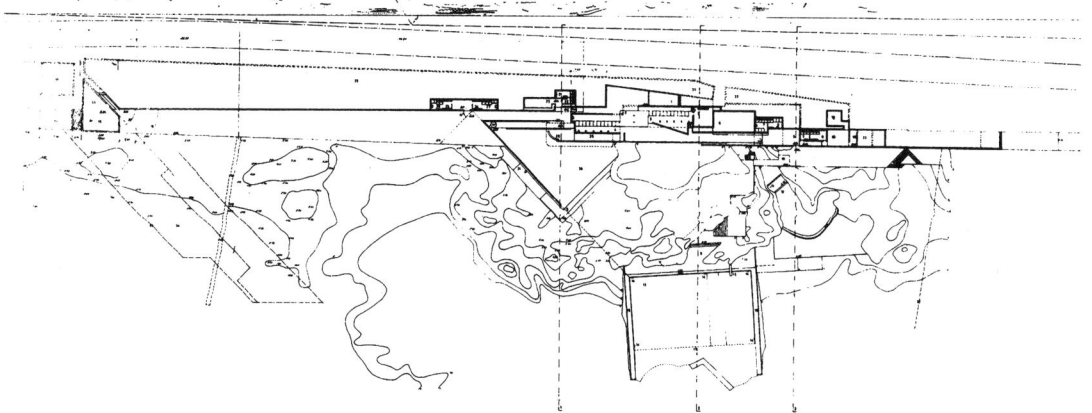

图 87 西扎设计的莱萨·达·帕尔梅拉海洋游泳池平面

图88 格拉西设计的意大利基耶蒂学生公寓

层白色粉刷住宅的连续体。不难发现,这种对于历史原型的利用与通过变革原型以创造城市微观缩影的新理性主义观念和类型学的处理方式存在某些关联。

然而,与每一位艺术家一样,西扎有自己看待现实的一贯方式,并且致力于以自己的语言来重塑现实。在其作品的创作中,存在着某些在空间秩序、比例和尺度层面上保持连续性的观念;而且他还坚持以新的眼光来看待每一个新的问题,在不同时期、不同类型的建筑的结合方面,也具有相当的独创性。在安东尼奥·卡洛斯·西扎住宅 (1976~1978)、卡洛斯·拉莫斯展馆 (1985~1986)、塞图巴尔教师培训学校 (1986~1993)、波尔图建筑学院 (1987~1994)、阿利坎特神学院 (1995~1998) 等项目中,"U"形平面的内院组织形式反复出现,这种来自于阿尔托的斯堪的纳维亚的成功类型随着环境及功能的变化采取了灵活的变形,成为了西扎建筑作品的一大特色,集中体现了西扎对于原型的创造性运用。

在安东尼奥·卡洛斯·西扎住宅中,西扎根据地块的轮廓形式和空间的构成要求将"U"形平面进行了压缩,并引入新的构成要素加以拆解;而在卡洛斯·拉莫斯展馆则根据场所中原有要素的各种对位关系及借景的需求将"U"的两翼进行了扭转,以形成对视线的收束和对场所环境的融合;在波尔图建筑学院则对"U"形平面进一步变形,最终演化为由具有不同空间分布的两翼汇聚而成的近似于三角形的空间布局。而在塞图巴尔的教师培训学院,连续的院落和直角正交的结构似乎表现出与波尔图建筑学院构成方式的对立。然而,通过更进一步的考察,不难发现其运用"U"内院原型的传承关系。

在这项教育设施的设计中,西扎认为,功能关系、人的运动和社会化的空间非常重要,设计采用的图解形式必须是简洁的和本质的。只有这样,才具有更大的灵活性。[1]为了使孤立的建筑更为接近景观和阳光,西扎在平面中将两个"U"形镜像,形成了两个内院,这两个内院通过一个横向体量连接,这提供进入学院四个侧翼的入口和行政管理办公室。东北的内院由面对内院的一个个单独的教室组成,同时这些房间通过在西北侧翼的体育健身房、音乐

---

[1] Antonio Angelillo. Santiago and Setfibal: conversation with Alvaro Siza. CASABELLA (612): 12

图89　西扎设计的塞图巴尔教师培训学校柱廊

图90　马拉古埃拉住宅区模型

室长廊连接。相对的西南的院落由一个朝向东南的自助餐厅和朝向西北的图书馆所围合，结合坡道和踏步形成了一个高于周围地平面的入口平台。实际上，西扎将观众厅、礼堂、音乐室及体育馆等较大的体量设置于镜像的"U"形平面之外，这样就能够以一种自由的方式来处理不同的高度和体量，表现出大的建筑体量和一系列小的教室之间规模上的差异。而且，在这里，在平面上呈矩形、圆形和卵圆形的柱子和具有有机形态的楼梯间和入口门廊被插入均匀的空间结构，与沿骨架延伸的元素形成鲜明对比，结构性和感觉性的元素是同等重要的构成成分。内院的强烈对比的形式使各个部分不同式样的体量得以表现，既适应于各种活动的不同尺度要求，也在整体上调节了复杂的关系。通过内院，西扎与传统学院的类型建立了联系，还进行了某些可以使其与景观地形发生相互作用的更改，将一系列相对立的建筑元素结合在一起，在开敞的风景中创造了遍布于建筑和场所之中的广泛的公共空间。

以一个纪念性的柱廊来容纳重复性的单元，而将具有特殊性的空间连接于U形结构上——这种对"U"形原型的处理方式在1995~1998年间阿利坎特神学院的设计中再次运用。在那里，西扎将三个"U"形排列，与塞图巴尔教师培训学校相比，多了一个过渡性的内院，而且，通过将"U"形的侧翼向内紧收，空间尺度更为狭长，使二层的行政管理用房和其附属的报告厅免受酷热气候之苦，而总体形象也因此更接近于西班牙——阿拉伯式的传统建筑所具有的封闭感。

在西扎的作品中多次出现"U"形原型揭示了与其相似的形式配置的线索。作为一个概念范畴，原型往往具有确定的完整性，它具体表明了一种公式化的可能性。原型的客观性也容易受到无休止的更新的影响。不难发现，对于原型，西扎是慎重的。尽管原型的固定模式正在被西扎广泛运用，但他避免了预先确立的风格的约束，这建立在对历史原型的透彻理解和推陈出新的基础上。通过原型，西扎持续地追忆着古旧的历史；通过革新，西扎执着的追寻着崭新的生活。

8.4　自主的创作思想和态度

最初的构思往往源自于现场的特质所激发的直觉，而构思的逐渐明晰、发展、成熟则需要时间。对于西扎而言，并不存在通向创作的笔直的捷径，而是在形象、空间秩序、结构、功能以及环境等更为具体的因素之间，存在着一个来回往复运动的过程。而在这一过程中，人的思维方式并不是线性的，而表现为一种更为综合的方式——以曲线或"之"字形迂回的方式。这种非线性的思维对任何可能的情况都是开放的、相似的。在西扎的建筑中，现有的建筑经常被用作临时性的建筑，真正的新建建筑滋生于修建、拆除、重建的渐进过程。于是，时间成为一项工程建造过程中的基本要素，建筑成为建造全过程的记录和结果，因此，对于设计从开端发展到成熟继而建造实现的全过程而言，创作过程的自主性和连贯性是至关重要的。

在1974年被称为"葡萄牙的春天"的非暴力革命之后，在SAAL组织的主持下，进行了大量的住宅建设。西扎为其设计了许多项目。在这个建设计划的第一步——波尔图的博萨居住区（1973~1977）的设计中，西扎第一次经历了公众参与的民主讨论。正如他在1983年的访谈中所描述的，为了达成一个能够满足建筑师和业主双方面要求的设计，西扎经历了众多的困难：

"业主委员会的态度有时是独裁的，他们拒绝了解建筑师所关注的全部问题，他们将自己观察理解和构想事物的方式强加于别人。这一对话总是非常容易引起争议。在这种情况下，建筑师可能会采取两种态度，为了避免紧张关系，他可能会默许业主委员会的一切要求。但是这种态度纯粹是蛊惑人心，在这种情况下，建筑师的介入是白费气力。相反，他可能会面对一种尴尬：他们必然面对一种扭曲的或根本不提供任何信息的交流方式。这就是葡萄牙当时的情况。因此，进入真正的参与过程意味着接受各种矛盾和摩擦，不能掩盖矛盾，相反应精心处理矛盾。于是，尽管这种交流经常是艰难的，但却变得很有意义。"❶

西扎从来都毫不犹豫地宣称：建筑师从未有任何发明，而只是将现实加以转变。西扎无需书写任何"复杂性与矛盾性"的宣言，因为在他看来，这是在艺术和生活中随处可见的。对于西扎而言，建筑意味着吸收对立面并超越种种的冲突矛盾。西扎的全部创作过程，就是将各种不同的，甚至相互矛盾的元素一起融入一个整体之中的过程，这一整体弥漫着对于某个特定的特证和观念的阐明；一种稳定性的观点及一种静谧的、秩序的、永恒的、广泛的领域。所以，调节各种矛盾的能力，才是建筑师真正的能力。在这种情况下，保持设计的独创性就依赖于设计者的综合能力，这种综合的能力反过来表明一种内在的张力，一种将方案自身的各种极端因素相互协调的努力。从1984年到1996年的十多年间，西扎设计并建造了波尔图建筑学院，这是他最为重要和复杂的项目之一。通过对其设计的演化过程的了解可以理解西扎在设计中所采取的调节步骤和发展历程。波尔图建筑学院的设计发展历史开始于卡洛斯·拉莫斯展馆的设计。卡洛斯·拉莫斯展览馆既是一个单独的实体，也是波沃阿公园环境中一部分。在建筑学院的综合体中，多个不同的建筑单元构成的实体在一个复杂的环境中就像一个生命体在不断进化、演变和相互影响。

在设计的初始阶段，西扎通过对现场的详尽调查，绘制了数量众多的草图。在其快捷的草图中，图形和线条的自由发展逐渐成为思绪的流淌，建筑体量在某一特定时刻突然浮现，并以累积的方式不断增殖和扩展。草图提供的模型和研究描述了一个"突然浮现"的形态发生过程。

从西扎的草图不难发现，对于建筑学院的最初的构思开始于一个简单的形制——一个围绕内院组织的单一体量。这个构成来自于西扎脑海中顽固的记忆片断，它是从波尔图许多重要建筑（像巴洛克风格的主教宫殿等）的结构中提取出来的。而且，西扎将这个封闭的内院在朝向杜罗河口的一侧进行了分解，建立了建筑与周围景观的视线联系。然而，这一体量与原有的卡洛斯·拉莫斯展馆并不具有明确的关系。随之，西扎将其变形为一种相似的形式——将两翼

---

❶　Kenneth Frampton. alvaro siza Complete Works. Phaidon Press Limited, 2000.25

向内收紧，但对于整个地块而言，二者的空间轴线相互平行，呈现出并列的松散关系。整个地块也被一分为二，在二者之间的空间成为了消极的剩余空间。

最初的构思似乎无法令西扎满意。在设计的过程中，众多构成形式不断滋生和消失，各种相关因素相互确定和建造，形成根本性的调节结构，这使各种作用力相互关联又相互区别。而在可能形式之间的变化是由发展机制自身变化的潜力和相互的联系造成的。因此，西扎持续地寻求在那些形式之间转变的特殊规则和机制。通过大胆的实验，西扎发觉以较小的变换就能够使形态的结构系统从一种模式向另一种模式转换。于是，西扎以对原型加以调整的方式对最初的构思进行了改进。西扎将围合方形内院的一翼去掉，形成了其惯用的"U"平面。继而他采取了两个步骤。首先，将"U"形平面进行了旋转，使内院开口朝向卡洛斯·拉莫斯展馆；其次，将"U"形平面的两个侧翼按照控制线的对位关系分别打开，在卡洛斯·拉莫斯展馆和原有别墅形成相互关联又各自不同的统一整体，形成了共有的微观环境。而且，西扎将功能相近的四个研究室体量布置在朝向杜罗河的一翼，连续的凹进和相似的体量表现了空间构成的单元性；而展廊、自助餐厅、图书室则被纳入另一侧翼，不同的尺度和形式暗示着其功能上的差异和富有节制的自由性。可以看出，设计的构思从封闭的单一主体逐步发展成为具有一定开放性的综合体，并将更大范围的场地引入设计之中，而连续的凹进也预示着向一种多个细胞构成的综合体的演进方向。

在此基础上，西扎进行了第三步变形，这是最关键的阶段，因为西扎将道路从建筑的周边移到了两翼之间，从而改变了空间运动的方式。在西扎的草图中，很明显，通过消除"U"形平面中连接两侧翼的短边，西扎拆解了"U"形的构图，从而获得了对场所的更大的开放性；而包含四个研究室的体量基本不变，并且对其形式的一致性与差异性进行了初步的研究，另一侧翼的体量则进一步约减，并且加入了某些更为自由的变化。综合体的开放边界促进了场所空间的不断增长和演变，也导致了更为复杂的外形和对地形更大的调节能力。

与先前的构思相比，新构思的复杂性逐步增强，这是由创造过程中的场所、功能、形式及相关的原型及记忆等一系列因素造成的。在设计中，许多可能的合并与分离被不断尝试，使一个综合而持久的模式的出现成为可能。最后的方案就集中体现了各种因素的综合。通过运用控制线进行拓扑变形，主体建筑分为南北两翼，众多分散的体量按照两条主要的控制线来排布，形成了两翼汇聚的近似于三角形的几何形式，朝向杜罗河的较低的一翼被彻底分段为四个独立的研究室建筑，还设有一个基础性的平台，以备加建的第五座研究室建筑。几幢建筑的分离使视线直达远处杜罗河的美丽景致，使建筑与场所之间的交换通畅无阻。而且，这几幢建筑的平面及开窗方式略有不同，但在侧面均采用长窗，在提供照明的同时，也变换着相互之间及对于环境的视景。而在另一侧翼，从阿尔瓦·阿尔托的作品中提取的半圆形构成经过转折，将两翼之间的内院进行了二次扩展，在变化尺度的同时也使空间构成更趋丰富。通过控制线的统率，整座建筑被巧妙地放置于与地形的边界和场所原有要素的复杂关联之中。早先的模式通过各种因素的相互作用而得到延续和变换，这实际上是先前构思中的空间模式的变异性的延续。不仅如此，光线及运动也被引入了设计的演进过程，二者以复杂而出人意料的方式相结合。各种形式的楼梯、坡道、连廊及窗体使空间与运动、光线与重力在交错与背反中形成融合场所各个因素的复杂系统，而这一作品也被称之为"在面向杜罗河的山丘上建成的波尔图的卫城"。❶

---

❶ [日]渊上正幸 编著. 覃力，黄衍顺，徐慧，吴再兴 译. 现代建筑的交叉流——世界建筑师的思想和作品. 北京：中国建筑工业出版社，2000.127

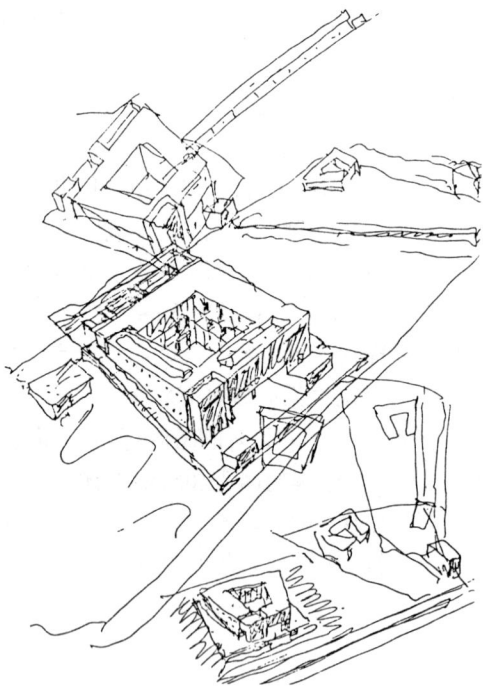

图91　波尔图建筑学院构思草图之一

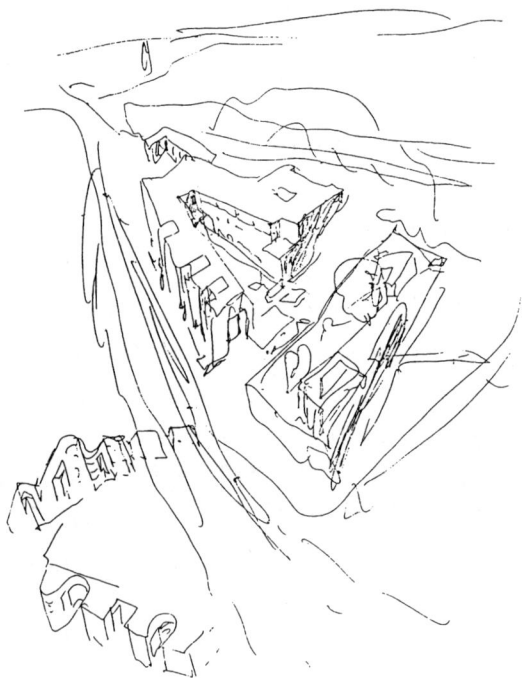

图92　波尔图建筑学院构思草图之二

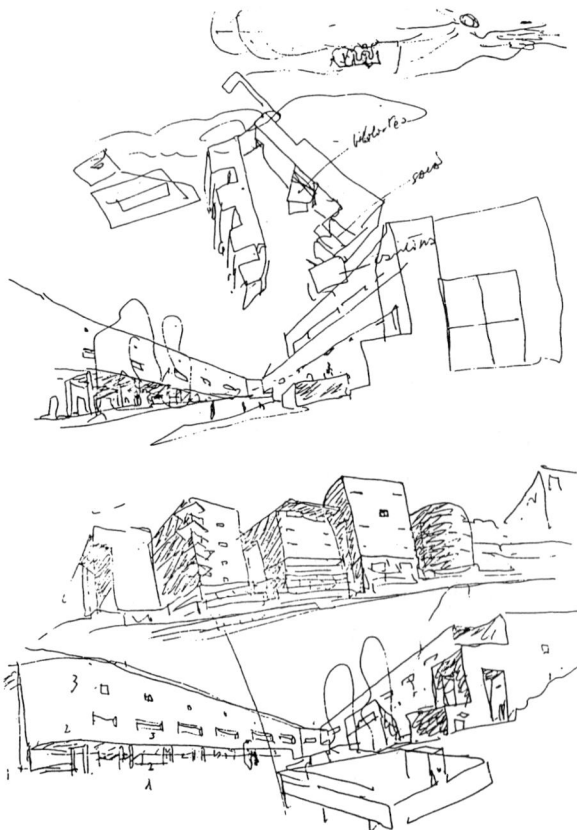

图93　波尔图建筑学院构思草图之三

图 94　波尔图建筑学院构思草图之四

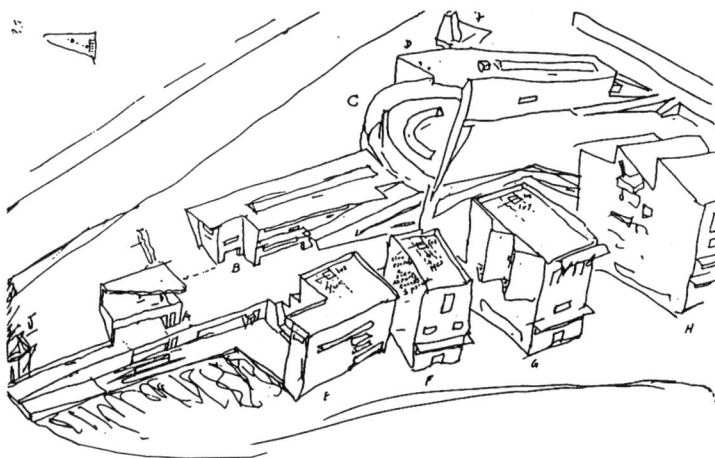

图 95　波尔图建筑学院构思草图之五

西扎设计的演进过程表明，建筑是在概念性框架中以严谨的设计句法来描述和综合各种因素的系统。西扎的设计似乎是一个进化的生命体，能够在与外界因素的交互影响中自律地发展和成熟。通过对那些已经存在的事物进行修改和结合，他继承了现有系统，而且致力于发现和创造空间发展机制和调节系统。在这一系统中，形式、人的活动、自然的和人工的痕迹以直接或间接的方式彼此制约并提供新的发展可能。面对各种分歧的道路和多种的可能，建筑师持续地作出自己的选择。而为了确保这种选择的生命力，使各种矛盾的因素统一于最后的整体之中，建筑师必须具有强烈的自信和决断能力。

西扎认为，在创作过程中，除了强烈的自信和决断能力之外，建筑师应承认方案及其发展过程的自主性，与方案保持适当的距离感。西扎曾经引用布莱希特❶(Brecht) 对于戏剧的

---

❶　布莱希特（Brecht），1898～1956，德国诗人和戏剧家，发展"史诗戏剧"，他的作品具有依靠观众的批判分析的反应而非作品的气氛和情节的风格。

观点来引证这一观点：距离感并不意味着不可设想其角色，而意味着人可以理解在角色之外的各种行为。在某一特定的时刻，你正在做的并非来自于自我，而是源自于建筑本身。达到这一点很重要，它意味着方案自身已经达到了它所应有的密度和火候。事实上，阿尔瓦·阿尔托所宣扬的本能的设计方式对西扎具有很深的影响。在将各种矛盾因素纳入设计之后，西扎往往也将自身及设计行为努力忘记，使在各种因素之间飞舞的思绪形象自由奔放的流淌和释放。只有如此，才能最大程度地避免个人好恶的影响，使场所和建筑本身的需求得以真正实现。

但这也是一把双刃剑，适当的距离感能够保证方案自身像一个生命体而自主的成长和发展，但同时也意味着设计者对方案的控制力的下降。因此在创作的过程中，必须引进其他的方式加以查证和控制。他说：在关于一个课题的讨论中，开放性是必不可少的。否则，你的观点可能会更为主观和自闭，因此而具有局限性。西扎认为"作为实施其最初构想的一种方式，在工作中容纳他人是非常重要的。"❶在设计的过程中，他强调团队合作的关键性和重要性。"在一个团队中工作就像独立工作一样，但是具有一种成倍增加的分析和创造能力。每个人的发现、每个投入到思想脉流中的假设，都产生了关于各个部分的进一步假设和进一步发现，当我独自工作时，我的构思的发展也经历过类似的情况，但是在这里，却是以一种令人目眩的高速在发展。"❷

而且，他还坚决主张，建筑师在设计中必须经常性地与交叉学科的知识和专家进行交流。正如他所写道的："在我们生存的社会中，没有对话的设计、没有冲突和遭遇的、没有疑问和确信的设计，在我们对自发性和自由性的寻求中，是无法想像的。"❸建筑包含的内容是复杂而微妙的，正是通过这种团队合作和与交叉学科的交流，自主的设计构思才能得到多方面的考验，对各种矛盾的调节与包容的能力才能不断补充和拓展，设计的可行性才逐步明确。

可行的设计必须连续建造成为真实的作品。为了确保创作目标的最终实现，西扎明确地反对在建筑工业中日益增长的劳动分工及建筑师、业主及工匠的分离。"造成当代建筑普遍质量低劣的原因很大程度上在于工作的分离"❹，西扎对于这种建筑创作过程被肢解的严重后果深恶痛绝。在他的观念中，即使是在方案的实施阶段，原方案也并非是不可推翻的，而是在建造阶段仍在发展，建造的过程是全部创作过程的不可分割的一部分。他曾经抱怨过："当我在柏林工作的时候，我不允许和工人交谈。一天，我用一会时间和一个工人讨论了楼板的安置。第二天，我就收到了建筑公司给我的一封信，禁止我和任何工人直接交谈，在交出实施方案之后你通常什么都不可以改变。"❺因而，西扎在其整个创作过程中（设计和施工），除了采取开放的态度，使建筑、场所、设计者之间能够不断的进行信息的交流以外，还尽可能避免人为造成的设计阶段和建造阶段的分离，强调保持创作过程的连贯性与紧密性，只有这样，才能保证设计目标最终完满的实现。

对于自己的建筑作品，西扎并未发表太多的言论，而对于设计方法和创作的过程，却

---

❶ El GROQUIS 68/69+95. ALVARO SIZA 1958~2000. El GROQUIS, S.L. 2000.10~11

❷ Kenneth Frampton. alvaro siza Complete Works. Phaidon Press Limited, 2000.15

❸ Kenneth Frampton. alvaro siza Complete Works. Phaidon Press Limited, 2000.16

❹ El GROQUIS 68/69+95. ALVARO SIZA 1958~2000. El GROQUIS, S.L. 2000.18

❺ El GROQUIS 68/69+95. ALVARO SIZA 1958~2000. El GROQUIS, S.L. 2000.18

显得直率而坦诚，足见他本人对创作本身及其对建筑的影响的重视。总体而言，西扎的设计方法和设计的过程具有浓厚的传统色彩，以现场为起点，通过详尽的调查和研究掌握各种要素，激发经验和记忆中的某些意象，以直觉的方式自然的产生构思，使构思自主的运动和发展，同时以交流和联系来加以印证和调整，最终达成各种矛盾的调和与统一，形成最终的方案。但是，对于西扎而言，这还仅仅是创作过程的开端，方案在其建造、实施过程中的各种困难和际遇也共同作用于最终的建筑，建筑是整个设计和建造过程的成果，反映了整个过程的被取消的事件。当然，也必将随着时间的流逝而不断自我更新，成为西扎所一直追求的"未完成的作品"，永远处于变革中的作品。

九、结语——综述及启示

9.1 综述

西扎的建筑是独特的。

片断与整体、模糊与明晰、简洁与繁复、传统与现实，诸多矛盾的因素共存于西扎的建筑。他的作品并不符合建筑评论家所做出的种种分类，因为任何的分类都不足以囊括西扎建筑的全貌：一方面西扎的作品将本土性的传统建筑研究作为范例，长期致力于地方性的建筑表达，但并未局限于"地方主义"的束缚，而是在地方性和普遍性的平衡和斗争中达成了和谐与统一；另一方面在一直致力于表达场所意义的同时，其作品也超越了"文脉主义"的陈词滥调；而且，尽管长期致力于"片断"和"简约"的追求，其作品从外在的形式到内在的理念与"解构主义"和"极少主义"的哲学主张都毫无关联。西扎的作品是现代主义建筑一个独特版本，在地方性与国际化之间的紧张状态中引发了由连续和对比构成的一种新的特性。

西扎的建筑是新与旧的统一。

对于西扎而言，每一个事物都处于其转变的过程之中，所有的建筑都不过是历史中暂时性的痕迹和遗存。西扎的绝大多数作品表明，对于适当的新观念的追寻，可以复兴传统的建筑形式和空间构成，同时也赋予其一种崭新的意义。西扎对现有因素的处理采取斗争与合作相结合的方式，往往使自己的方案在新旧片断之间滑动，将对场所的分离与对抗、历史与现实同时表现于特定的作品之中。西扎的建筑产生于普遍和独特之间、个体和集体之间、传统和变革之间。在特定的文化和艺术中，他以开放性的态度综合着各种矛盾对立的因素，并成就了极具活力的建筑作品。

西扎的建筑是真实感人的。

从建筑实践的开端，西扎就一直关注于建筑与场所的地形、地貌、空间、材料、氛围、活动、事件、时间等基本要素的相互关系和简明的表达。西扎的建筑没有炫耀和夸张，但无论是其简洁纯粹的建筑形象、空间与运动的建筑体验、材料与技术的建筑营造，还是场所与文脉、传统与现代的真实体现，都以令人赞叹的平衡感和富有节制的表现力描述和丰富着生活，都给人以心灵的沉静和情感的震撼。

西扎的建筑是连贯一致的。

尽管西扎的建筑作品因场所的不同，而在外部的处理方式和形象上具有明显的差异，但建筑指导性的理念和主题、深层的组织结构、空间秩序的安排上，相互之间都具有深层的关联。无论西扎灵感的源泉是多么广泛，它们总是被紧密结合于具有自身层次和系统的统一体之中。作为一位建筑师，西扎自身风格的内部结构在变革过程中扮演了过滤器的角色，并且作用于结果的抽象之中。这里提及的"风格"并非是指一整套的形式的系列，而是对建筑内部系统性秩序的思考、感受及观察理解的全部方式。西扎自身的"风格"根植于他自己对世界的观察之中，是西扎自己的故事。

西扎以其近40年的建筑实践和大量的作品向人们表明，在这个言必"某某主义"和"某某学"的时代，建筑可以以其自身来表现建筑、生成建筑、升华建筑。

9.2　启示

当今中国社会正处于一个深刻变革过程之中，全球化和外来强势文化对于中国文化产生了巨大的影响。当代的中国建筑在这种强力冲击下更是无所适从。从所谓的"欧陆风"、KPF式的"帽檐"、到金属的"片片杆杆"的泛滥，在将异国情调和建筑时尚引入的同时，也意味着建筑真实性和传统价值的丧失。面对各种建筑形象和建筑思潮的突然涌入，如何使建筑设计在反映时代性的同时又不切断与传统的联系，建造人们真正需要的能够反映民族性格、现实生活、历史和文化背景的建筑，是每一位具有历史使命感和进取精神的中国建筑师所必须面对的课题。❶

作为一位卓有成就的"在世的建筑大师"，西扎以自己的方式回应着世界的变革与种种矛盾，也许，他的建筑作品和建筑观念对我们会有所启示。

建造真实建筑

西扎的建筑朴素而真实，当前，存在着某些不良的倾向，某些建筑以华丽的形式或玄妙的理论来掩饰建筑内涵的贫乏，建筑原创精神丧失。于是，建筑设计成为麻木的随心所欲的操作和片面的形象的游戏。以机械的拼贴与拷贝为手段的设计将建筑变成一种可以机械复制的产品。因为缺少心灵的真实投入，建筑的艺术之美逐渐泯灭。反观西扎的建筑，从未有理论的噱头和形式的造作，却在朴素而真实中诉说着建筑的自身之美。的确，对于建筑，只有"真"，才可能"美"。因此，必须抛弃任何浮夸和矫情，真正关注建筑的形式、空间、功能、结构、构造和场所等基本问题，挖掘建筑自身的内涵和意义，建造现实环境中的真实建筑，才能够在平凡中感受崇高，在混乱中把握逻辑，在局限中寻求可能，才能够重塑当代中国建筑的真实之美。

传统与现代结合

"老的东西不会再生，但也不会完全消失。曾经有过的东西总是以新的形式再次出现，目前我们正在为统一而奋斗。"❷事实上，建筑中的新与旧、传统与现代永远处于相互矛盾、相互融合之中。当前，中国传统的建筑文化因为历史的割断而无以延续，而同时又不断受到西方建筑文化的冲击。于是，虽有千年的传统建筑文化，却难以在今天找到自己的建筑归宿。而寻求新的归宿往往应该先回到原点，这就迫使我们必须重新审视建筑传统，寻求新的建筑文化起点。

---

❶　赵恺，李晓峰 著.突破"形象"之围——对现代建筑设计中抽象继承的思考.新建筑，2000 (2)

❷　阿尔瓦·阿尔托语。El GROQUIS 68/69+95. ALVARO SIZA 1958~2000. El GROQUIS, S.L. 2000

审视传统

通过深入地研究传统建筑文化，关注建筑所表达的传统意义，在传统本身寻找内在的形式本源，并将其精神特质运用到建筑设计中，才能创造出原创性的具有文化意味的建筑形象，为新的建筑奠定坚实的根基，实现中国建筑文化的个性化表达。西扎正是通过长期亲身体验和深入研究历史上的建筑模型，切实把握特定地域的传统建筑的精髓，才使其建筑得到强烈的文化认同。实际上，在传统建筑中，不论是威严庄重的官式建筑、质朴宜人的乡土民居，抑或小巧精致的园林，在其形式表达、空间塑造、营造技术、尺度层次、光影变化和借景、对景、框景的处理等方面都提供了可资借鉴的典范。

解读现代

西扎的建筑，以现代的方式延续了传统，回应着变革，对于现代建筑的融会贯通、灵活运用是其根本性的基础。传统是中国建筑的根。但当今的建筑是在新技术条件下建造的当代建筑，这是不容回避的现实。事实上，造成现今建筑对西方现代建筑形象的生搬硬套，总体质量不容乐观的根本原因，恰恰在于对于正在运用的现代建筑的建筑语言、设计方法、建造技术的一知半解。而在某种意义上，在当今的时代，不实现高度的现代化，传统和地方性的建筑文化价值也就无从谈起。因此，全面地掌握当代西方的建筑语言和建筑技术也就成为关键。当代西方建筑是以革命性的现代主义建筑为基础而延续和发展起来的。对于现代主义建筑的解读和研究，对于理清现代建筑发展的过程，深入把握现代建筑的形式语言和建造技术，不仅是必要的，而且是必需的。

结合的道路

在材料、技术、文化都产生了巨大变化的今天，建筑必须既能唤起对传统文化的认同，又符合现代潮流的建筑风格和技术要求。对于建筑师而言，在建筑设计的过程中，通过对传统建筑文化进行抽象和继承，用现代的功能要求、现代的观念手法、现代的技术材料来展现或隐含传统建筑文化的精神内涵，将传统与现代这一对矛盾体有机地结合在一起，使传统建筑文化得以延续，也就成为了必由之路。

创作方法的总结

作为建筑师的一种心理活动，建筑设计实际上是有关感受或知觉上的经验在大脑中的重现、回忆和重组的过程和结果。西扎正是以现场为起点，通过详尽的调查和研究掌握各种要素，激发经验和记忆中的某些意象，以直觉的方式自然的产生构思，使构思自主的运动和发展，同时以交流和联系来加以印证和调整，最终达成各种矛盾的协调和统一，形成最终的方案。西扎在其长期的建筑实践中，总结了一条属于自己的设计之路，因而使其建筑设计水平得以保证而提高。因此，作为一名富有强烈进取精神的建筑师，必须了解自己的性格、思维方式、创作过程，从方法论的角度不断的进行自我反省，找到属于自身的设计方法，才能够不断提高自身的设计水平。而且，西扎的创作不仅仅停止于方案的完成，而是一直延续到方案的实施、建造的全过程。事实上，建筑师应对从方案的构思、发展和完成到实施、建造、建成，甚至使用保持连续的关注，惟有如此，才能使建筑的质量得以保证。

依循西扎的思想脉络，本文试图从建筑的基本因素——形式、空间、建造、场所、光和建筑师经历等来解析西扎的建筑及设计过程。总体而言，体验西扎的建筑，少有紧张和不安，而往往获得心灵的沉静和荡涤，情感的释放和松弛。西扎以其自己的才智和创造力来面对外部世界的纷乱和多样，在展示矛盾冲突的同时也创造了不少惊奇。更为重要的是，西扎以其全部的建筑作品将空间的抽象和形式与现实生活紧密联系在一起。诚如西扎所说，"建筑师并没有创造发明，而只是反映现实，反映现实中的变革。"社会在发展，历史在前进。西扎的求索没有因取得的成就而停顿懈怠，仍在不断为实现自己的抱负而奋斗，也必将会在未来带给我们新的传世之作。

图96　2000年汉诺威世界博览会葡萄牙展馆外观

1. 博阿·诺瓦餐厅
(Boa Nova Restaurant)

葡萄牙,莱萨·达·帕尔梅拉 (Leça da Palmeira), 1958~1963

　　该餐厅设计于一次竞赛。这次设计竞赛是马托西纽什自治政府组织的,地块由费尔南多·塔欧拉选定,位于大西洋岸边。

　　建筑的平面、体量和屋顶形式源自于对布满岩石的海角的细致研究。停车场、入口平台和室外踏步建立了一条连续的步道,成为从海滨道路向建筑入口的有力引导,建立了一座散步式的建筑。平面的几何形态既反映了适应于地形学结构的熟练技巧,也表明了两个主要的空间:茶室和餐厅。这两个空间通过一个中庭加以连接。

　　各式各样的开启和洞口扩展了建筑与景观的视线联系。茶室的水平窗向石材建造的室外平台开敞,深远的深色屋檐延续了桃花心木的顶棚,调节了大西洋强烈的阳光。室内运用了桃木地板,家具则运用木材和皮革。

　　该餐厅的重新翻修由西扎在 1991 年设计。

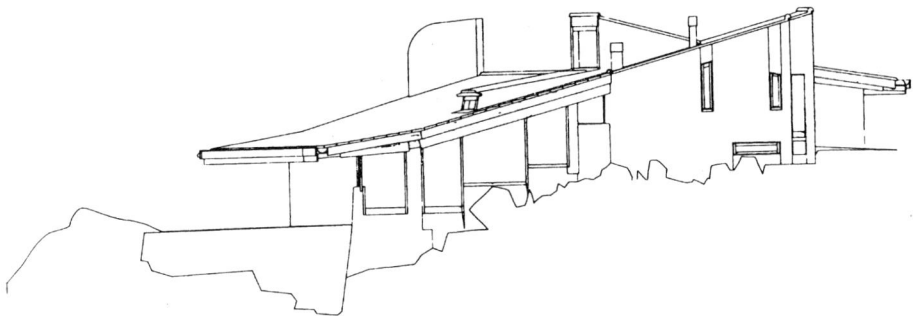

南立面

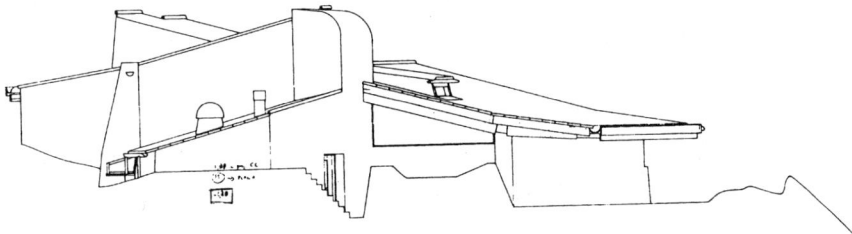

北立面

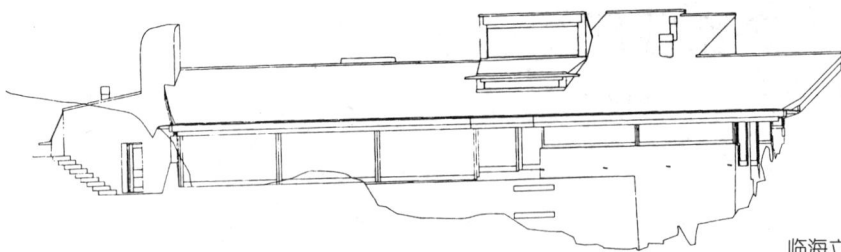

临海立面（西立面）

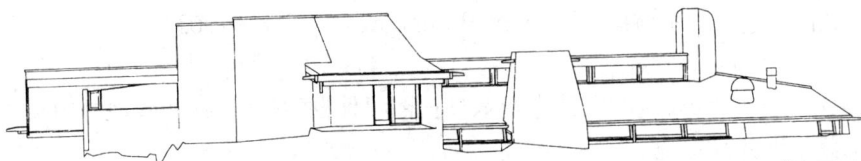

背立面（东立面）

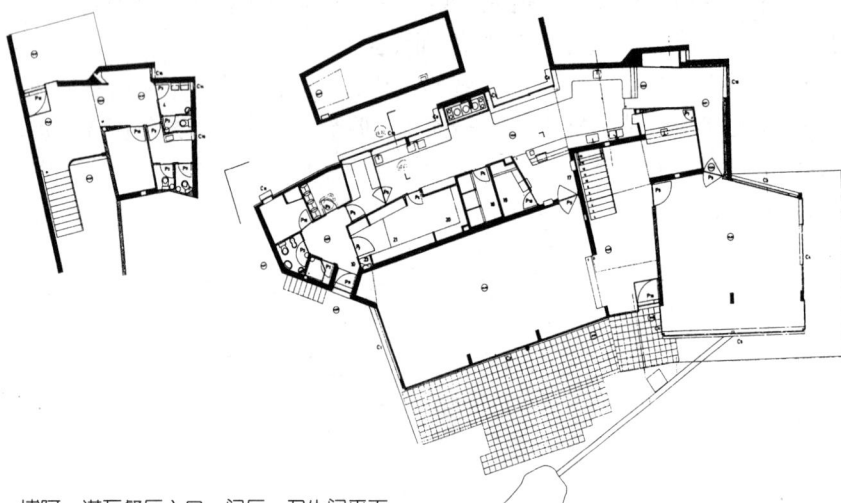

博阿·诺瓦餐厅入口、门厅、卫生间平面

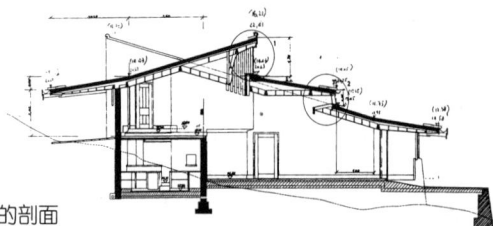

横贯门厅的剖面

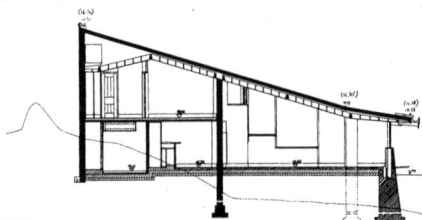

横贯茶室的剖面

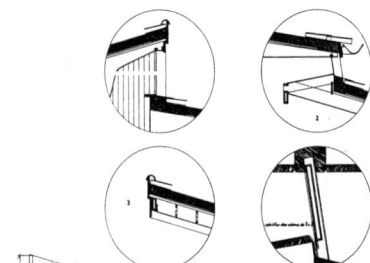

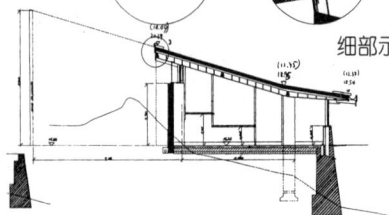

细部示意图

116

从滨海大道远望餐厅

从滨海大道远眺餐厅

朝向大海外观之一

朝向大海外观之二

外观

入口步道

局部外观

入口门厅

从夹层空间看入口门厅

室内

2. 莱萨·达·帕尔梅拉海洋游泳池
(Ocean Swimming Pool in Leça da Palmeira)

葡萄牙，莱萨·达·帕尔梅拉 (Leça da Palmeira)，1961～1966

    莱萨·达·帕尔梅拉海洋游泳池是马托西纽什当局为了增加公众的休闲娱乐设施而在大西洋岸边修建的，它位于博阿·诺瓦餐厅附近。

    这座泳池的设计表明了一种通向自然环境的途径——建筑是自我完整的，也是对自然景观开放的。整个建筑由一系列的平台、台阶、墙体和小路等要素构成，以参差嶙峋的岩石作为支撑，建造于不规则的自然景观之中。海水游泳池的围合也依据岩石的自然形态及最小土方量的要求构筑而成。

    建筑就像一个具有三维空间的通道，使从陆地到海洋的穿越历程具备了有形的结构。整座建筑由坡道进入，建筑形式富于变化，各个空间被设置于滨海大道的标高以下，保持地平线不被破坏。不断变换的房屋空间平行于现有的一公里长的海堤，成为海堤的延续。

    建筑的材料仅限于裸露的粗混凝土、石材铺地、防腐处理过的木材，既具有乡土建筑的质朴与亲和，又表现了类似于遗迹所特有的历史沉重感。

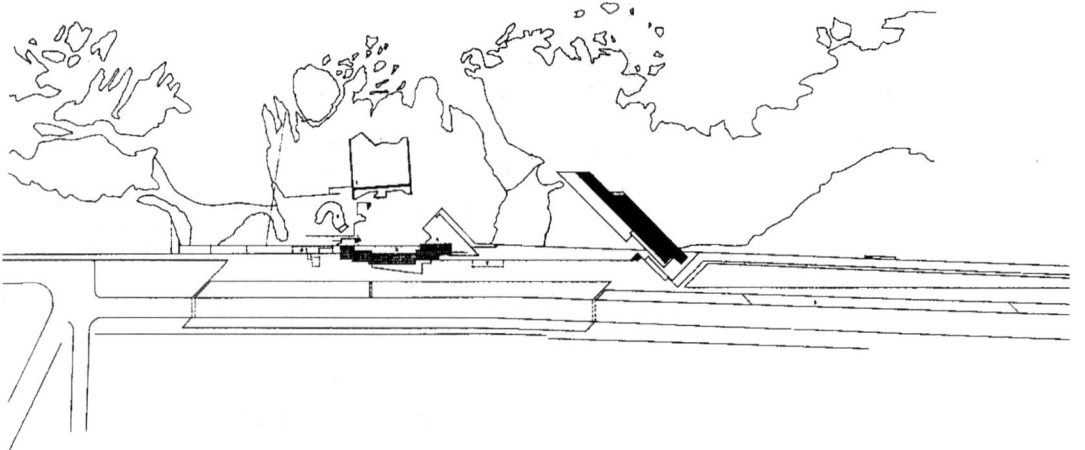

总平面

120

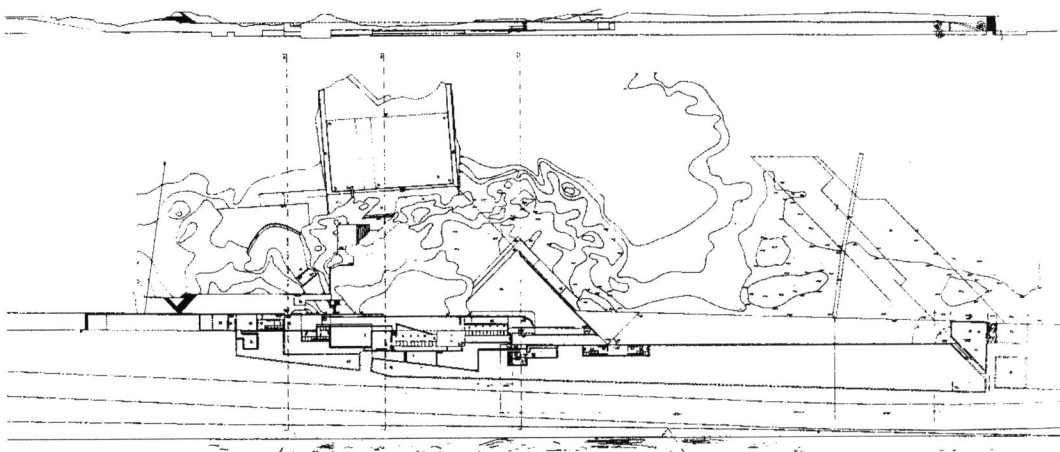

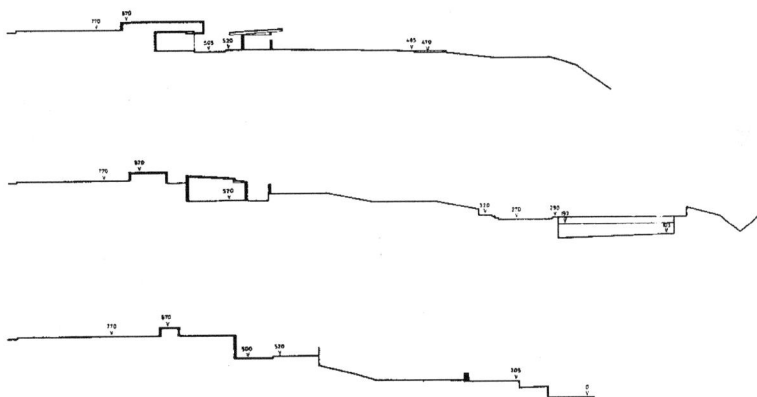

平面及剖面

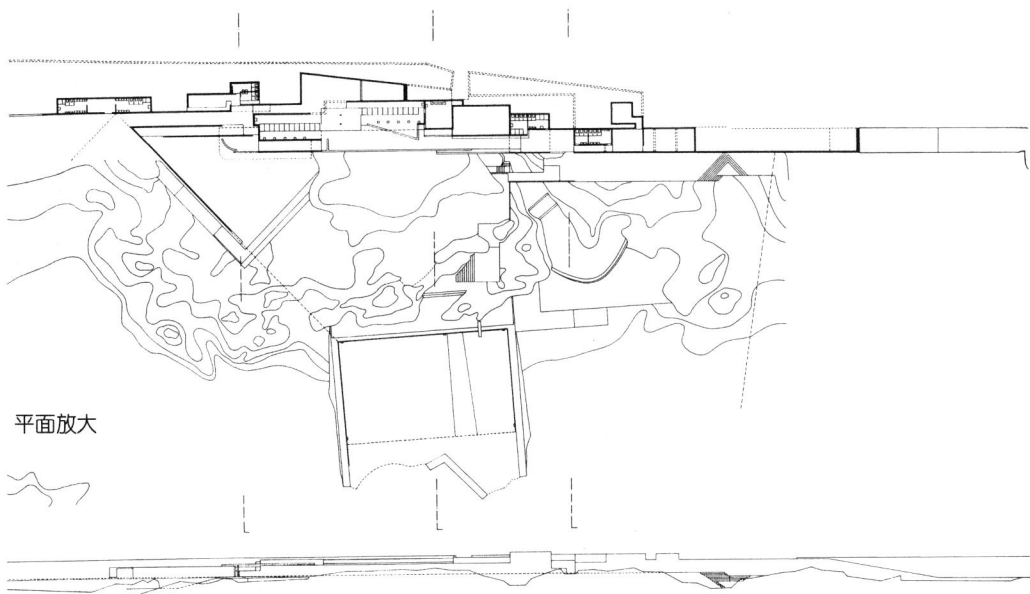

平面放大

沿海立面

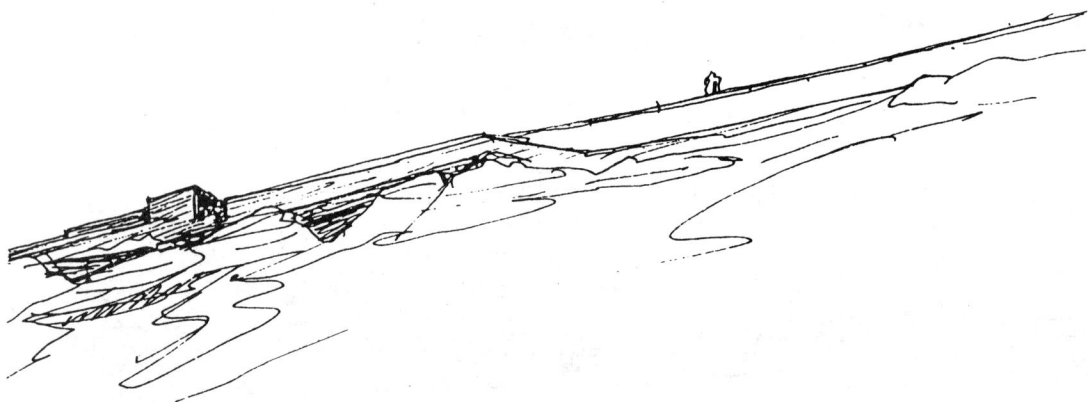

草图之一

草图之二

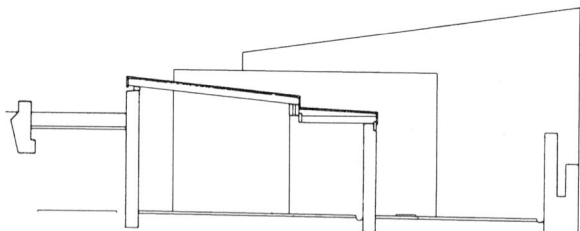

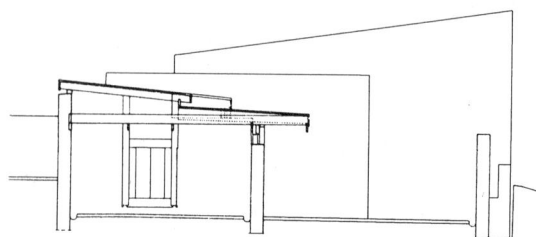

剖面

沿滨海大道外观之一

沿滨海大道外观之二

外观之一

外观之二

洗浴间外的走道

坡道之一

坡道之二

走道

儿童游泳池

莱萨·达·帕尔梅拉海洋游泳池一隅

室内

室内隔断细部

125

3. 平托·索托银行
(Pinto & Sotto Major Bank)

葡萄牙，奥利维拉·德·阿泽梅斯（Oliveira de Azeméis），1971～1974

　　这座银行位于奥利维拉·德·阿泽梅斯（Oliveira de Azeméis）主要街道的转角处，面对一个小型公共广场，这个广场连接着城市中两个不同标高的水平面。建筑周围有一座17世纪的住宅、法院和具有圆形转角的建筑，其形式敏锐的反映了周围文脉的特定形式，与周围环境形成了共鸣。一方面，在形态上，建筑与场所内的形式和风格的变迁紧密联系，另一方面以一种新的建筑语言在形态上创造了富有动感的形式。这种方式确保了建筑在小镇的肌理中具有一定的自主性。就建筑的外观而言，层层退进的弧形墙面形成了复杂的透视效果，而水平和竖直两个方向上连续的白色面板建立了弧形墙面之间的紧密联系，形成了多维度的丰富形象。银行大厅从公共广场的正切点进入，内部的空间向内向上开敞，在空间的抑制和扩展之间建立了一种不稳定的平衡。三个上升的曲线表明了这个开放体量内富于变化的室内空间，由大理石覆面的楼梯通向二层，最高处的办公室和档案馆有天窗采光。而控制线的运用使建筑确定了方向和形态。

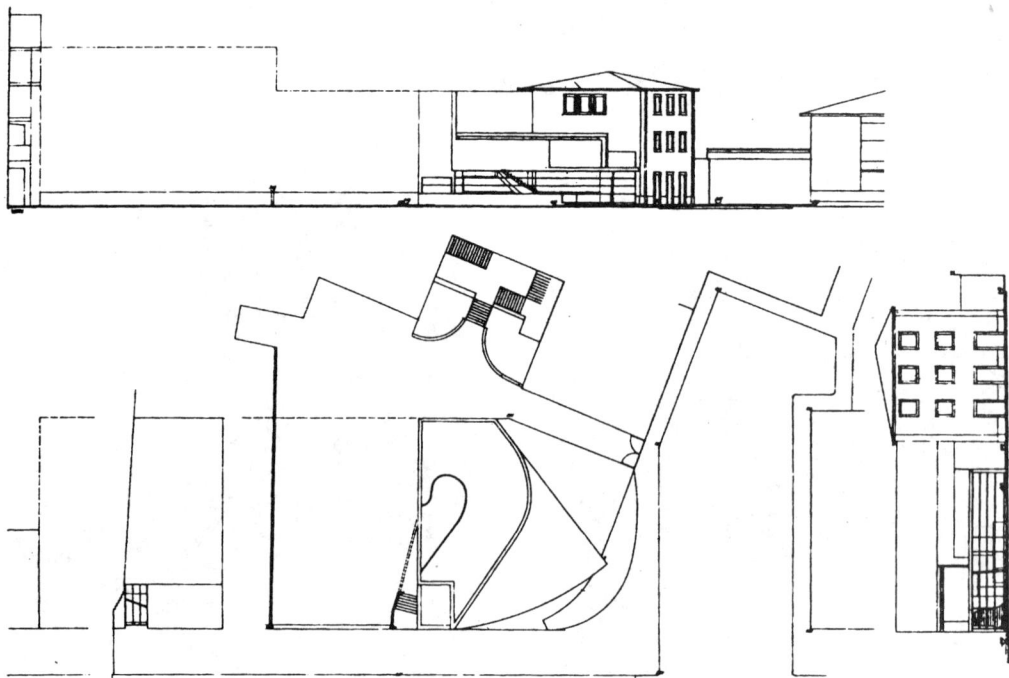

总平面及邻近建筑立面

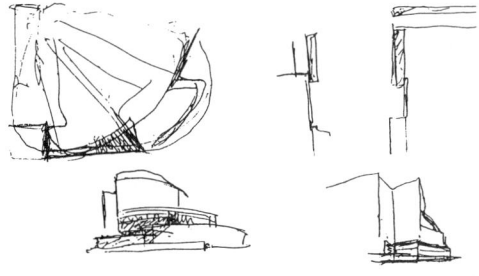

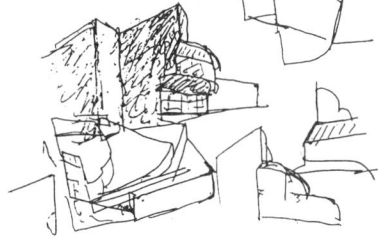

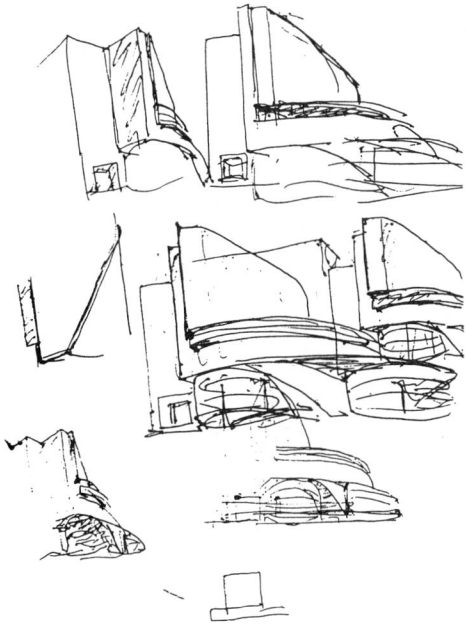

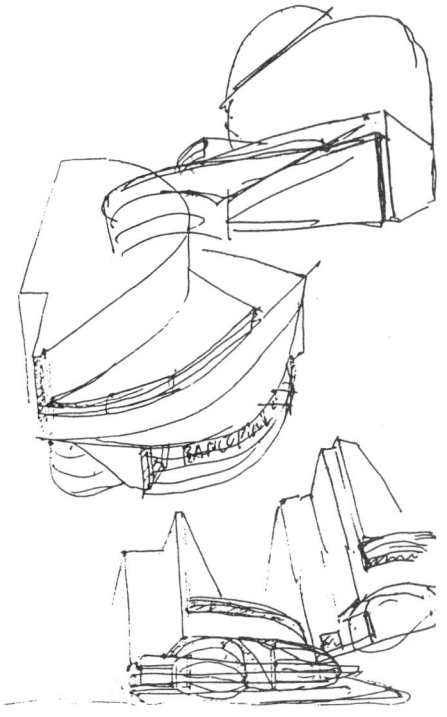

草图

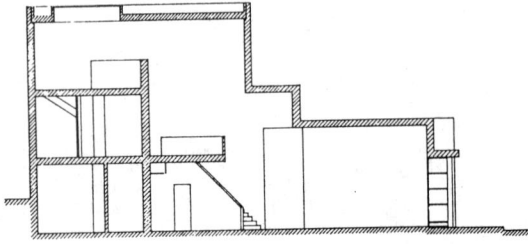

A-B 剖面

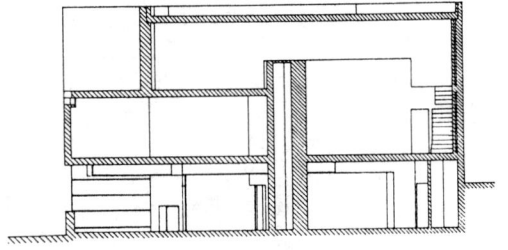

C-D 剖面

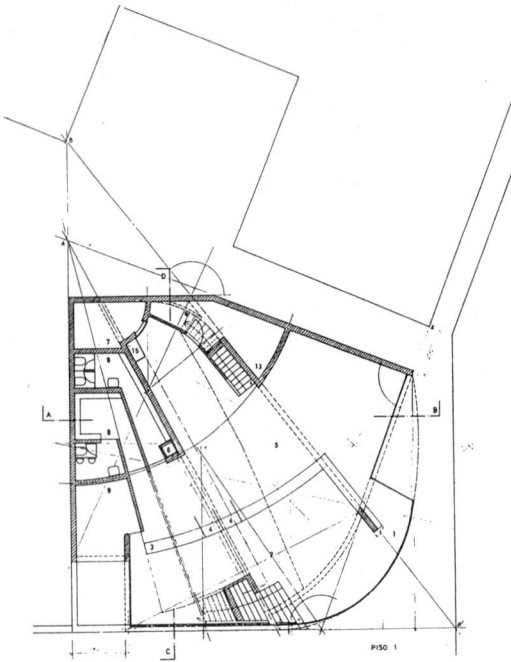

首层平面

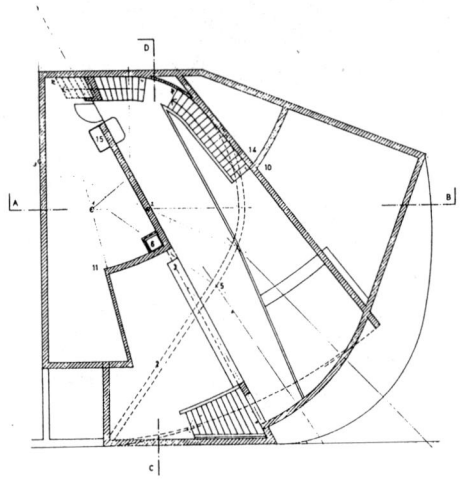

二层平面

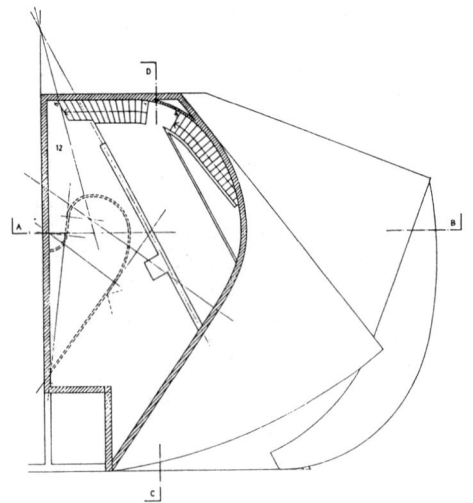

三层平面

128

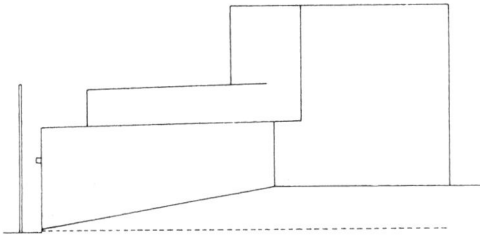

西立面

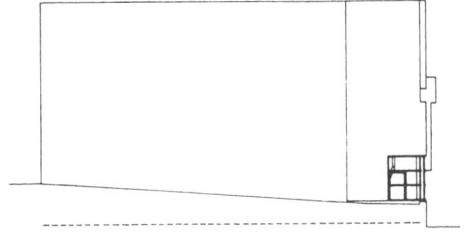

南立面

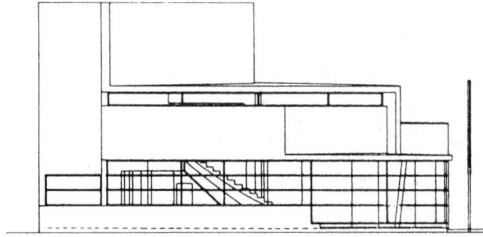

东立面

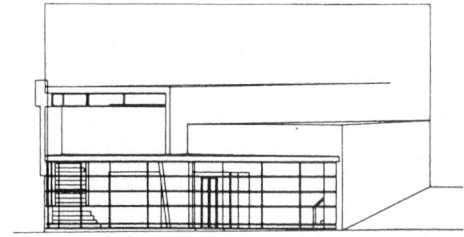

北立面

沿主街道外观

沿主街道外观

从街道对面广场看入口

入口局部

大厅室内之一

大厅室内之二

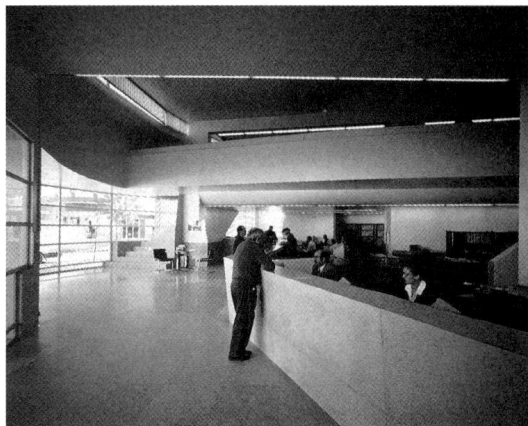

大厅室内之三

4. 安东尼奥·卡洛斯·西扎住宅
（António Carlos Siza House）

葡萄牙，圣·德索（Santo Tirso），1976～1978

　　在一座刚刚城市化不久的小城中，安东尼奥·卡洛斯·西扎住宅占据了一个街角处的地块。整座建筑只有一层，平面具有拓扑学的形式秩序。通过场地中两个相互交叉的主轴线和特定的几何控制线来组织空间。建筑体量十分清晰，围绕一个梯形的天井进行组织，共分为4个区域：起居室、餐厅、厨房和卧室。尽管预算有限且场地狭小，但建筑的室内空间极其丰富，形成一个具有多重透视消失点和空间指向的复杂网络。

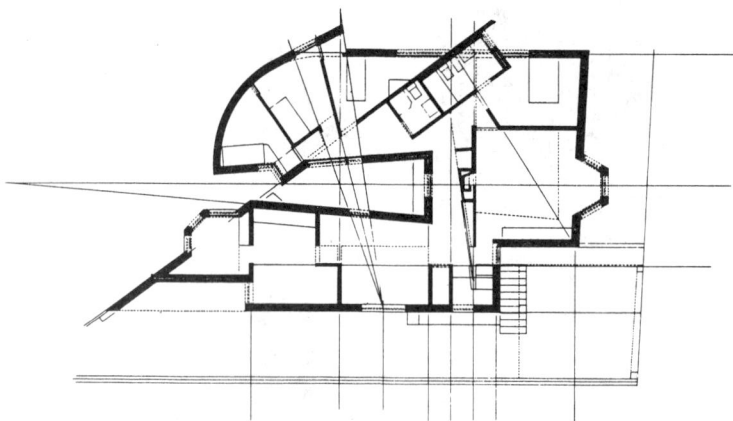

平面控制线

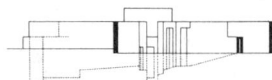

西北立面

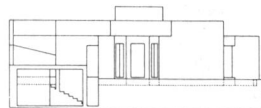

东南立面

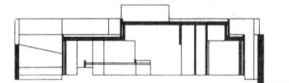

剖　面

草　图

东北立面

平面

纵向剖面 1-1

西南立面

外观之一

内院之一

外观之二

内院之二

5. 马拉古埃拉社会住宅区
(Quinta da Malagueira Social Housing)

葡萄牙，埃武拉（Évora），1977~

埃武拉是罗马人建立的城市，约有3万居民，位于里斯本西南140km。马拉古埃拉社会住宅区是埃武拉的一个新建住宅区，始建于1977年。这个住宅区在中世纪城墙的西边，占据了27hm²起伏不平的地块。一条小河沿西北到东南方向穿过场地，东西向轴线与之相交，而另一条轴线沿着河道延伸并连接国家高速公路。

这个小区在初始阶段包括1200座住宅和公共基础设施。两条东西、南北向的主要交通轴线形成了一级结构；而包含水、电、电话、电视信号等基础设施的高架管道为主要的人行道提供了遮蔽，形成了次一级结构；单一的11m × 8m的地块沿道路呈格网状分布，形成了三级结构。两种"L"形平面的住宅类型在地块的前部或后部形成内院。每座住宅具有1~5个卧室，通过高架混凝土管道利用水电设施。另外，公共性建筑和其他设施（花园、商店、有顶的集市广场、教堂、学校、餐厅、汽车旅馆）正处于设计和建造的不同阶段。20多年来，住宅委员会和市政府通力合作，使这个小区展现了一种城市规划设计和建造的新模式。

1988年，该项目获得哈佛大学颁发的威尔士王子奖。

北

总平面

马拉古埃拉社会住宅区鸟瞰草图

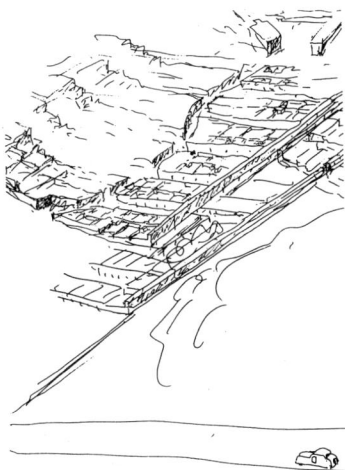

马拉古埃拉社会住宅区草图

马拉古埃拉社会住宅区公共活动中心草图之一

马拉古埃拉社会住宅区公共活动中心草图之二

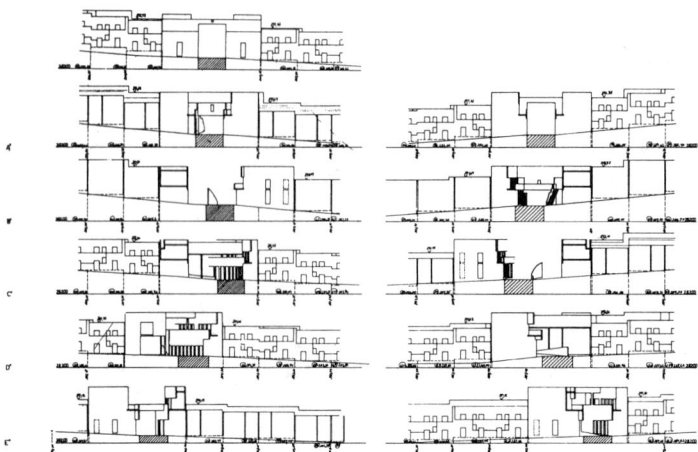

高架服务管道剖面

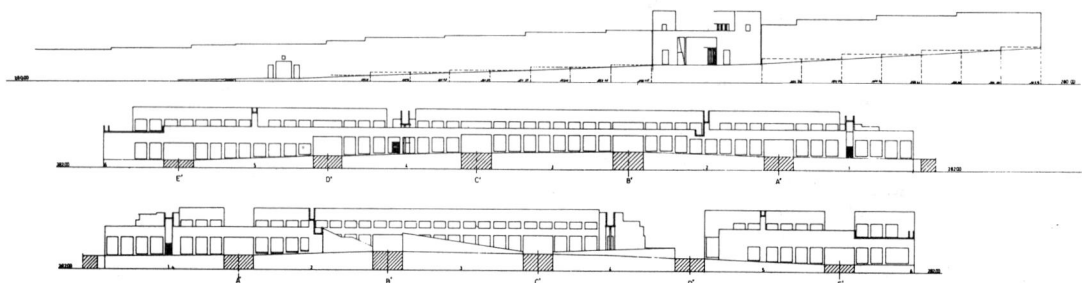

高架管道立面

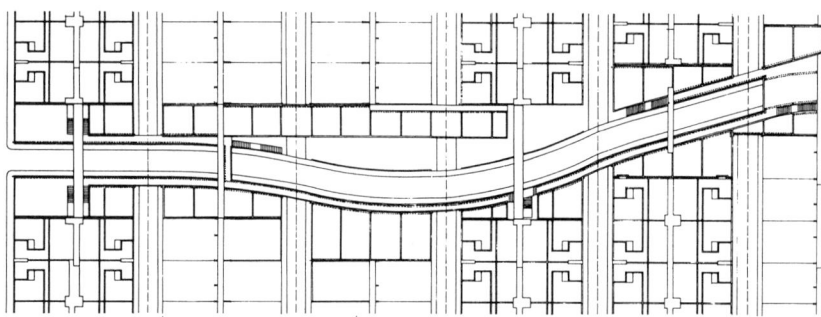

管道及住宅屋顶平面

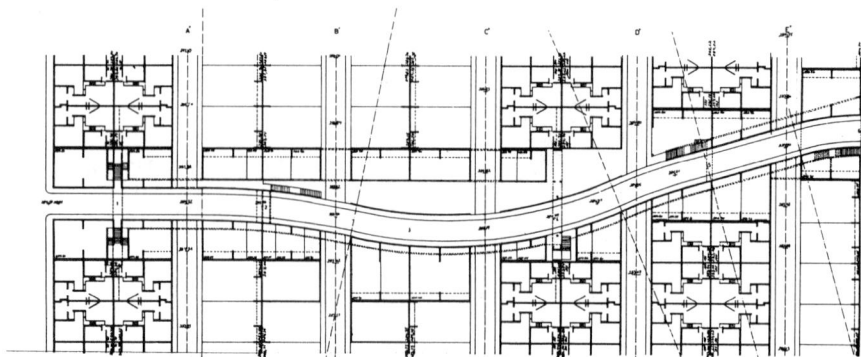

管道 及住宅平面

从南面鸟瞰马拉古埃拉社会住宅区

高架管道外观

街道之一

街道之二

整体外观

6. 阿维利诺·杜阿尔特住宅
(Avelino Duarte House)

葡萄牙，奥瓦尔 (Ovar)， 1981～1985

  杜阿尔特住宅占据了城郊的一块场地，在有限空间内建立了明确的体量，建筑表面以碎石和石灰覆面。在前后两个立面上，建筑体量都被挖空，分别形成入口和连接内院的通道。朴素的外观和精巧的室内在空间和材料上形成对比。在传统的古典秩序的平面上，一层的起居区域在入口处通过开放的楼梯厅引向二层的私人卧室和三层的书房，室内空间的某些局部被特别强调。大理石铺面广泛运用于住宅的功能构件上，像楼梯、墙、柱、壁炉，这些都是住宅的基本要素。

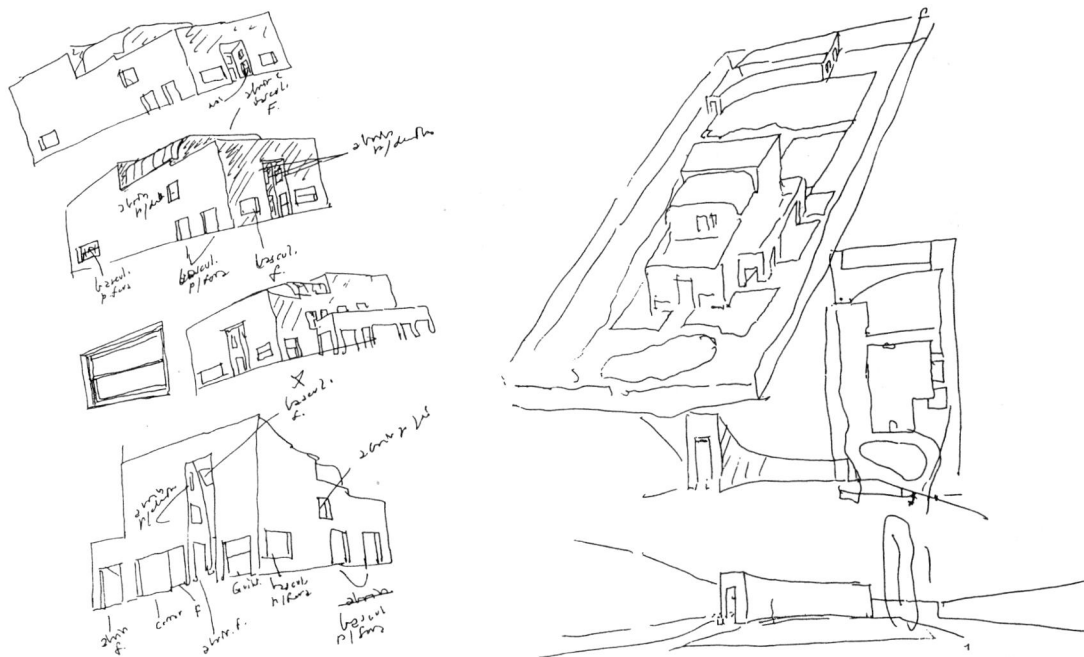

草图

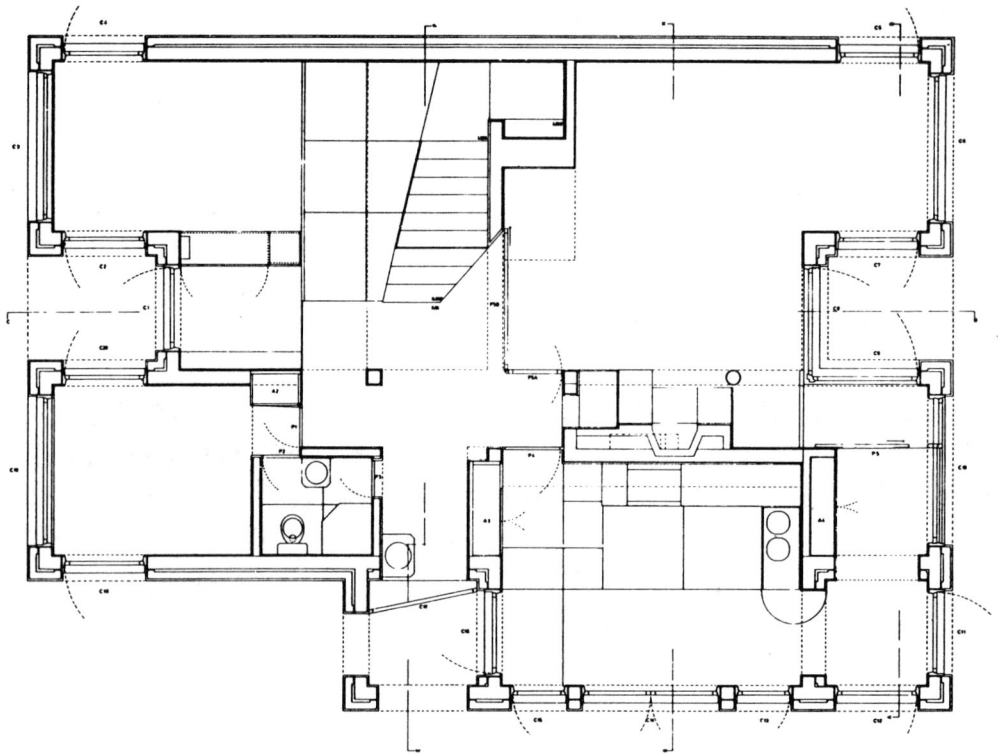

底层平面

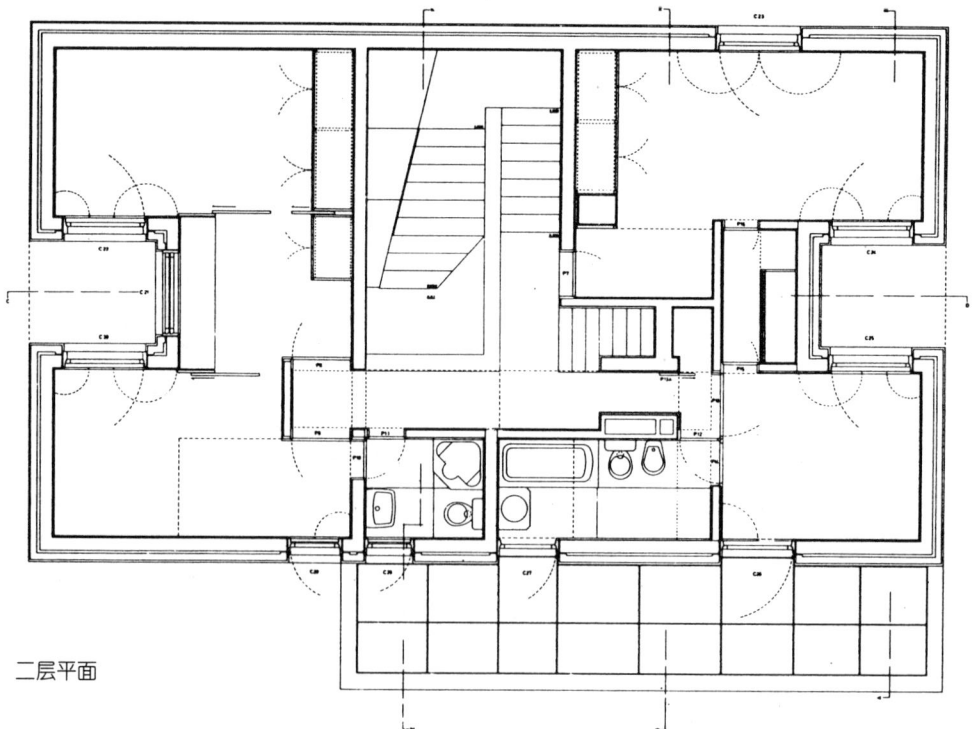

二层平面

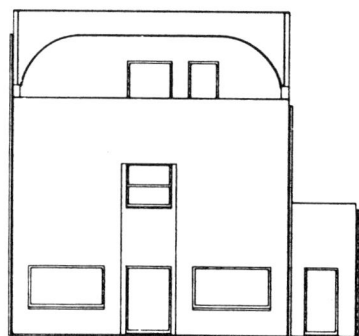

北立面

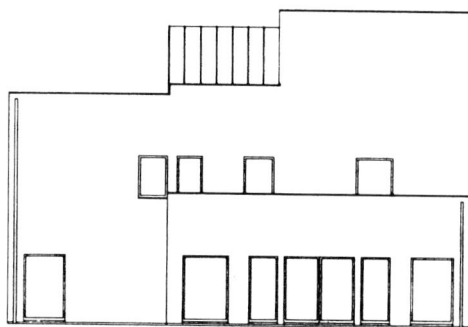

西立面

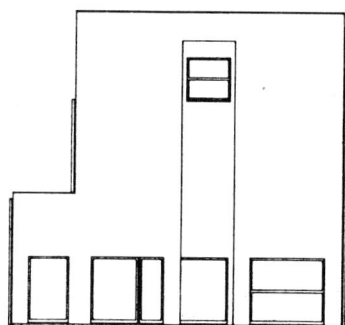

南立面

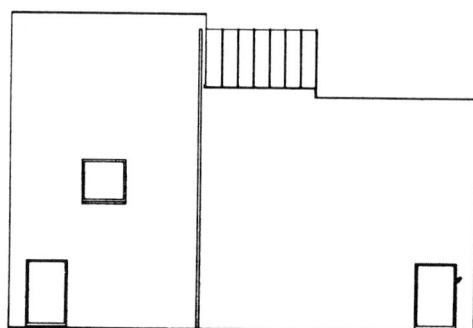

东立面

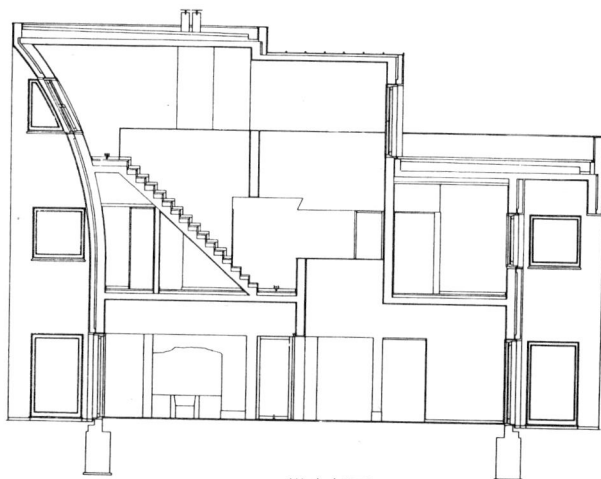

纵向剖面

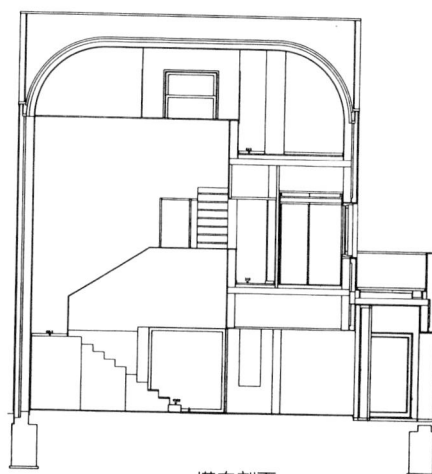

横向剖面

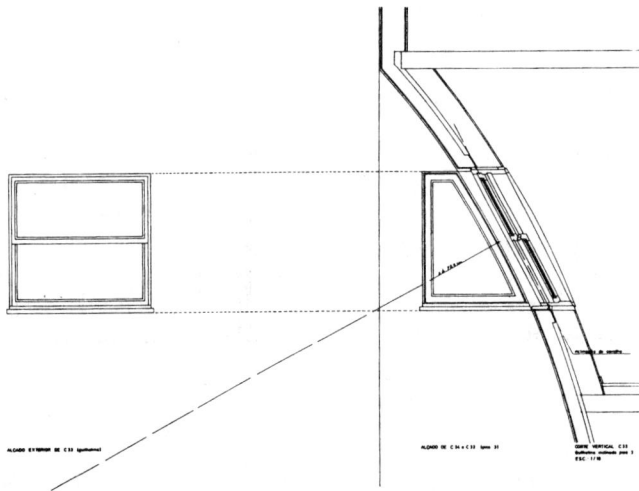

弧墙构造细部

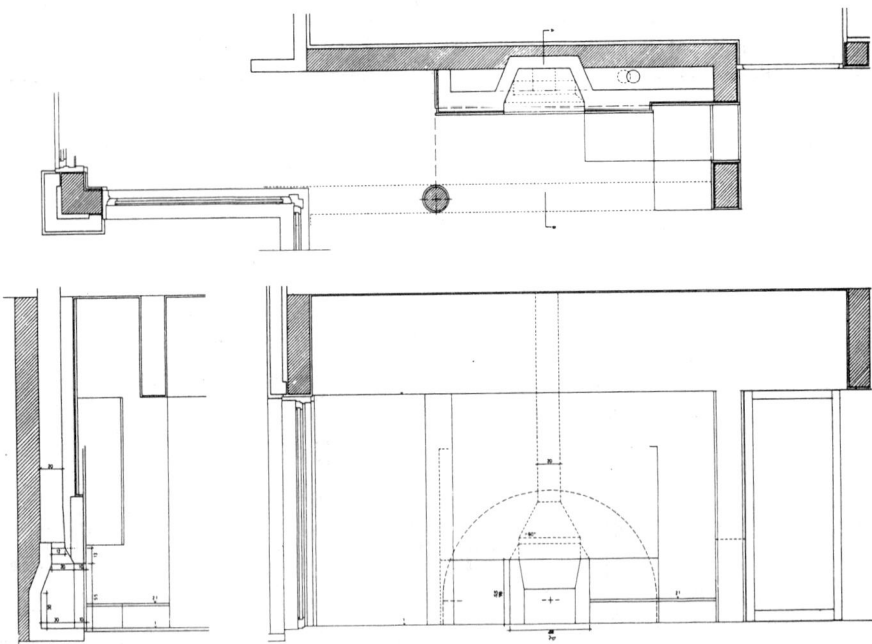

壁炉平面、立面、剖面

朝向花园的立面

沿街外观

底层楼梯厅

底层楼梯厅

7. 博格斯·伊尔玛奥银行
(Borges & Irmão bank)

葡萄牙，孔迪镇（Vila do Conde），1982～1986

　　这个银行位于具有悠久历史的孔迪镇。这个小镇的形态结构中点缀着运用花岗岩和抹灰作为外墙饰面材料的纪念性建筑，例如马特瑞兹（Matriz）教堂和圣克拉罗（Santa Claro）修道院。这座建筑是在狭小地块中的现有建筑基础上加建的，主体体量几乎平行于街道展开，由于大面积的玻璃和实墙的虚实对比，建筑形象非常突出。
　　银行的活动在三个层面上展开：需要安全性的存款空间在地下室；银行大厅与街道位于同一标高；贷款和行政在二层。作品建立起建筑与城市在尺度上的交融。
　　在建筑的室内，人工照明和空调设备被隐入弧形的天花中。大理石的柜台和内部的墙裙进一步呼应了主体体量的形式。这些空间通过一个室内外流线的连续系统相互联系。空间中的运动和形式的表现相互结合，重新定义了公共和私密空间。这座建筑自建成之日就赢得了广泛的关注，同时体现了经典现代主义的简洁性和曲面墙壁所营造的流动的几何学氛围，被誉为"西扎的立体主义"的经典作品。1988年密斯·凡德罗基金会为西扎的这个作品颁发了奖项，这也是西扎获得的第一个欧洲的建筑大奖。

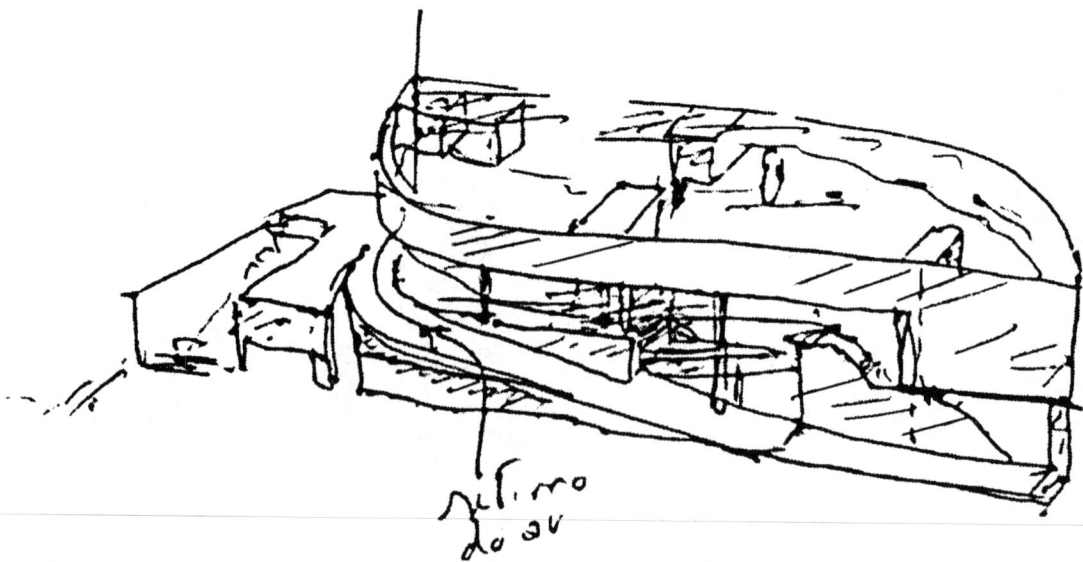

草图之一

146

草图之二

草图之三

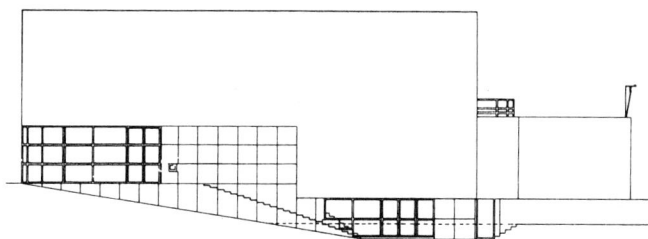

西立面

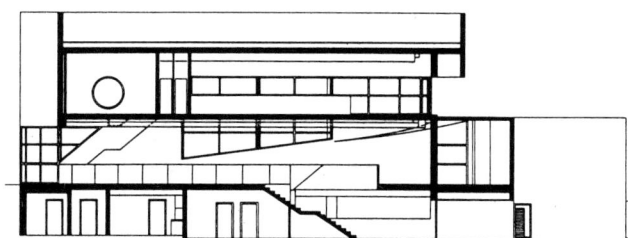

纵向剖面

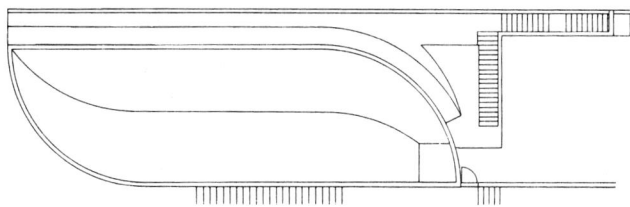

屋顶平面

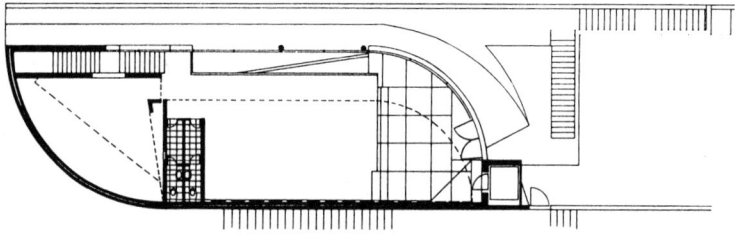

上层标高平面

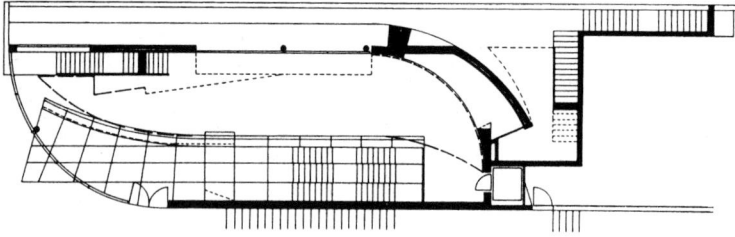

街道标高平面

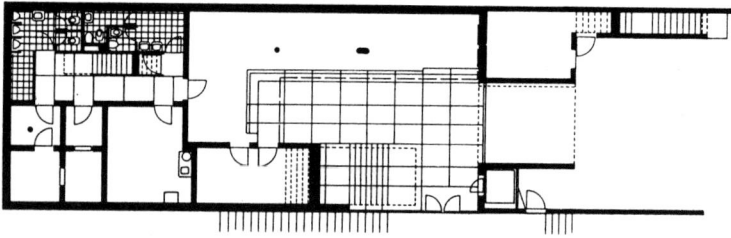

内院标高平面

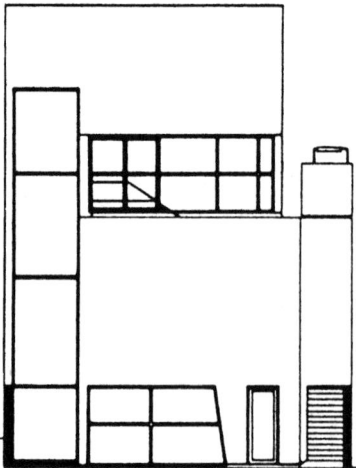

南立面

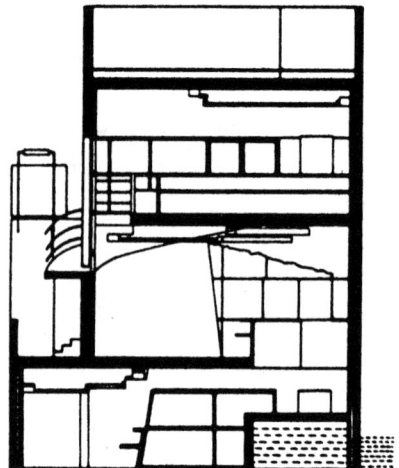

横向剖面

沿街外观之一

南面外观

沿街外观之二

朝向内院的南立面外观

室内

入口室内局部

底层室内

从底层通向主大厅的楼梯

侧面楼梯

顶层室内

8. 澳门城市扩建规划
(Macau Urban Expansion Plan)

澳门 (Island of Macau)，1983~1984

　　澳门紧靠中国大陆及香港,该城市扩建规划是西扎与费尔南多·塔欧拉一起负责实施的。规划确定了城市的扩建在两块新填筑的土地 (Areia Preta 和 Porto Exterior) 之上进行,在两块土地之间设有一个新建的港口。为了使通过填埋而获得土地的扩张方式得以延续,在水上设置了规则几何形式的平台,并且通过港湾和运河与城市相联系,同时对海岸线和原有的滨海建筑加以保护。为了适应于紧邻的具有混合功能的密集街区,Areia Preta 区的功能设置是工业、商业和居住。120m × 120m 的方格网被再次划分为 8 个地块,建筑的最大高度不得超过 33m。这些街区根据与原有建筑和自然要素之间的关系来进行调整。Porto Exterior 区的开发计划与旅游业相关联,包括几家饭店和一座赌场。这一区域也以方格网形态来进行组织,格网的尺度使一座建筑就可以覆盖整个街区,同时与邻近区域的肌理结构和不规则的地形相联系。一座直线型的港口码头将澳门岛与香港联系起来,并在两个新区之间建立新的城市入口。整个规划的策略主要在于确定一种充分考虑自然形成的建筑形式和类型的规范框架和结构基础。

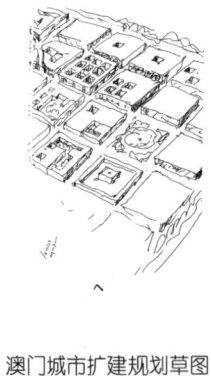

澳门城市扩建规划草图

N

澳门城市扩建规划总平面

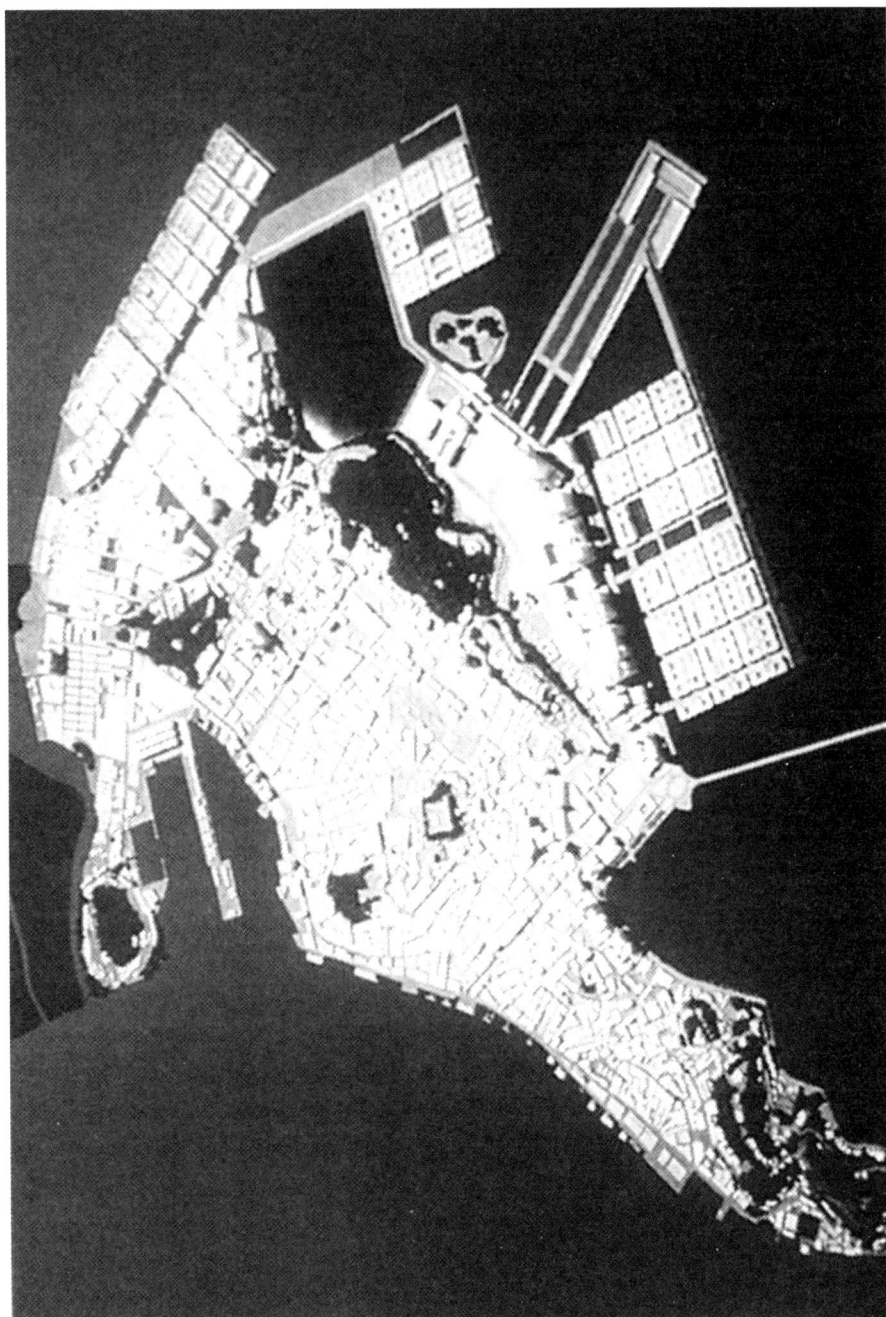

澳门城市扩建规划

9. 谢尔德斯维克和多迪恩斯特拉斯城市再发展计划和社会住宅

(Urban Redevelopment Plan and Social Housing Schilderswijk and Doedijnstraat)

荷兰,海牙(Hague), 1983~1988, 1989~1993

　　谢尔德斯维克的社会住宅是一个日渐衰微的19世纪街区的综合性再发展计划的第一阶段。这一街区位于城市周边地带,毗邻一条重要铁路。两座4层的大厦包含106间公寓,为这个恢复重建区域建立了可资参考的原型。

　　建筑的直线型构成在不规则的转角处被打破,形成了对内部庭院的开敞,并且引入了沿街商业空间。城市和建筑尺度的整合通过发展特定住宅类型而建立,这一住宅类型是对于当地具有门廊式入口的沿街住宅的重新诠释。新的街道以连续的沿街立面为特征,具有标志性的公寓入口,为每间公寓提供内部的楼梯。

　　规划设计的发展形成是与居民委员会的紧密合作密不可分的。所有公寓都是一面沿街而另一面朝向内院,在一种弹性的互动结构中获得自身的自由。通过运用流线系统、内部空间的精致尺度和灵活分割的墙体,住宅成功的满足了这一多种族社区的多样性需求。

　　紧接着实施的迪恩斯特拉斯的项目(西扎因此而在1993年获得了贝尔拉格奖)是谢尔德斯维克的重建发展计划中的一部分,共有238所公寓。它体现了对于以前的设计观念和建筑形式的进一步提炼。与前者相比,迪恩斯特拉斯的建筑更为朴素,并且囊括了更广泛的变化,与周围的城市结构建立了多重联系。钢筋混凝土结构与预制构件相互结合,并以体现荷兰本土城市及建筑传统的红砖作为外墙材料。

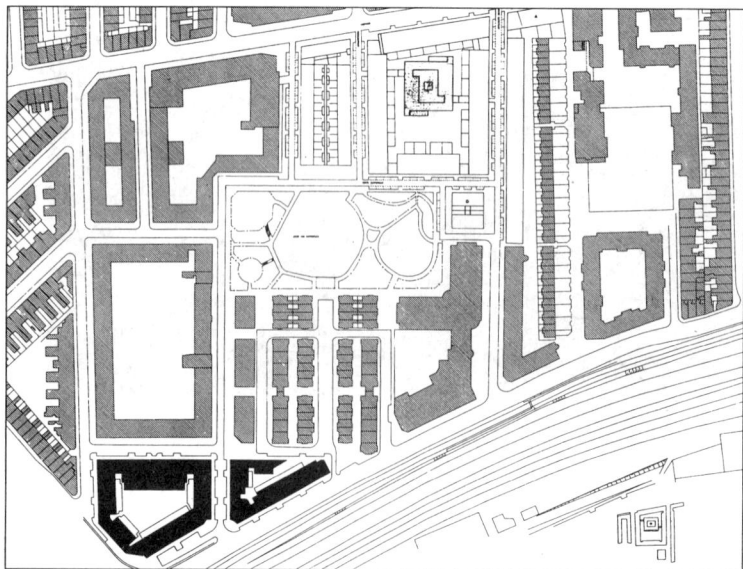

总平面

154

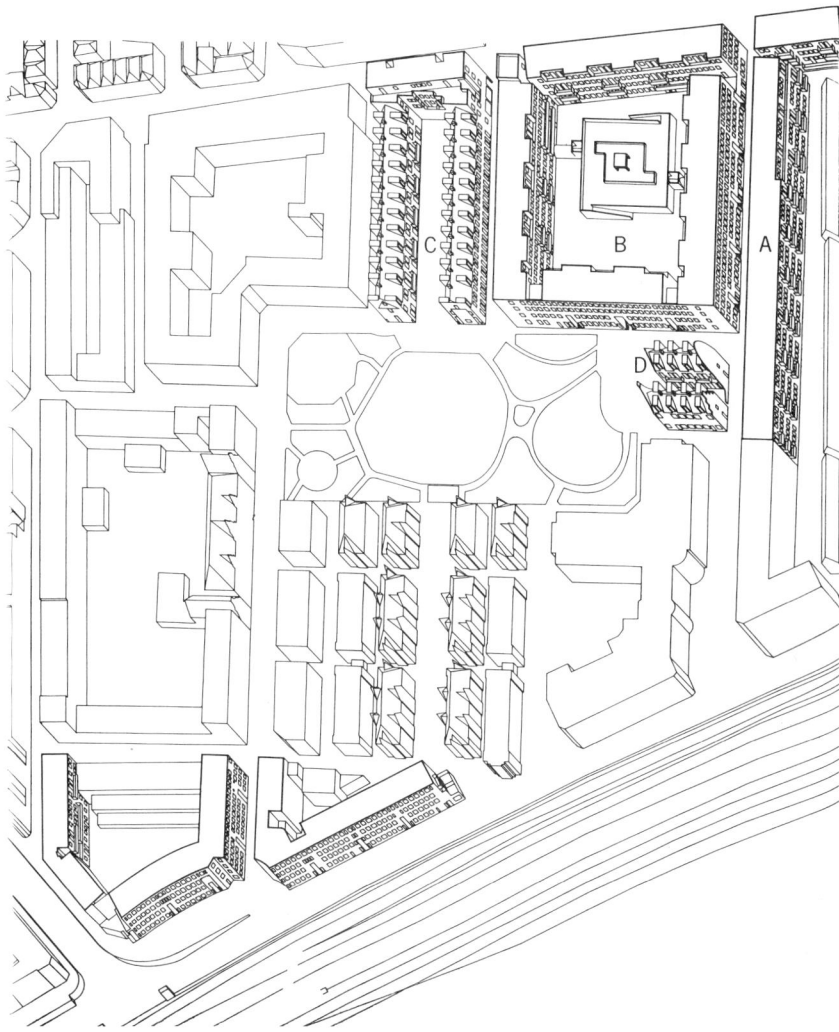

轴测图

草图之一

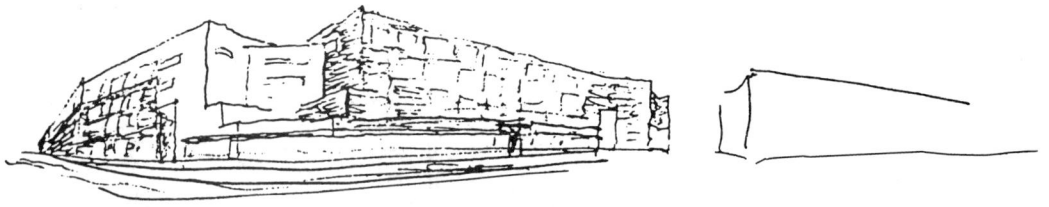

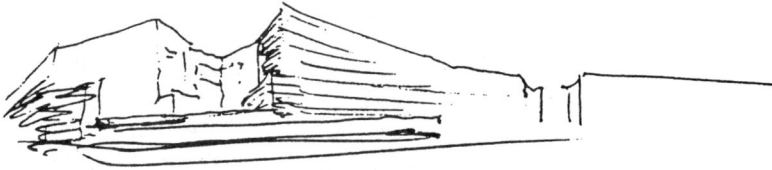

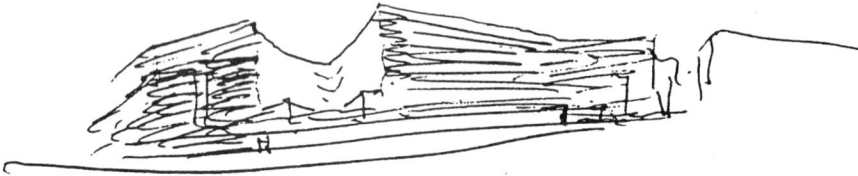

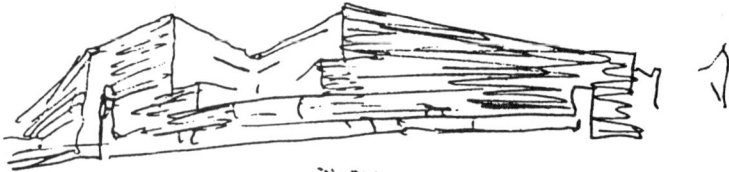

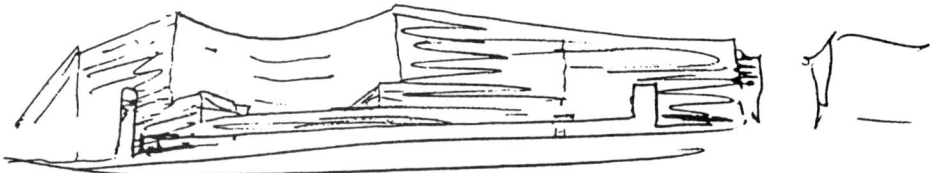

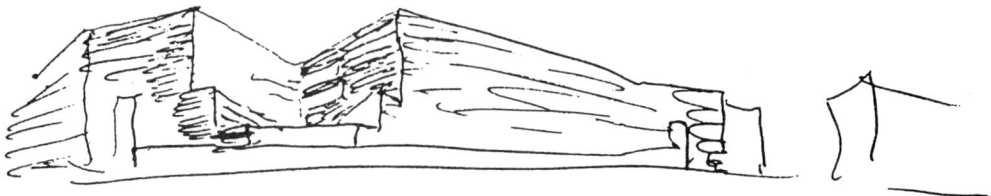

草图之二

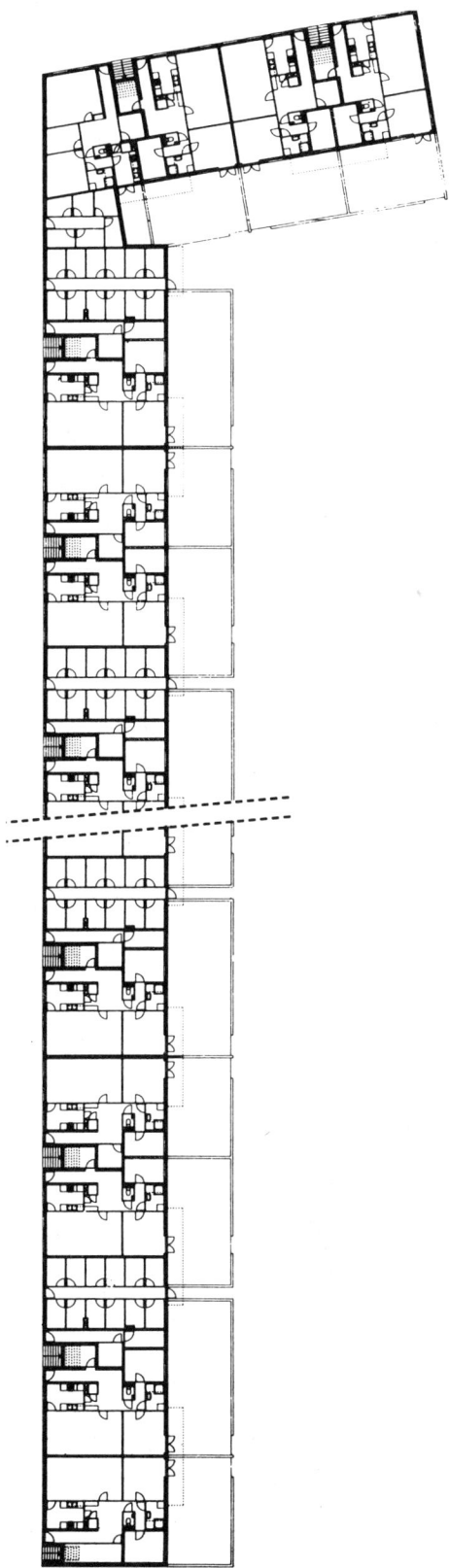

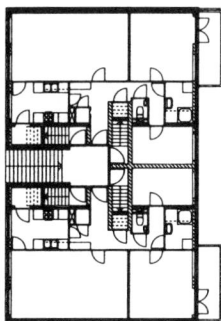

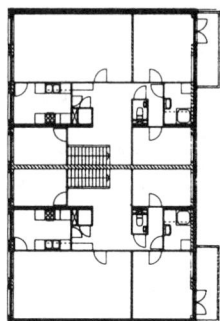

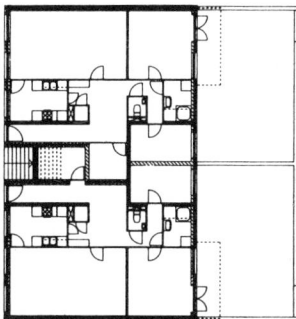

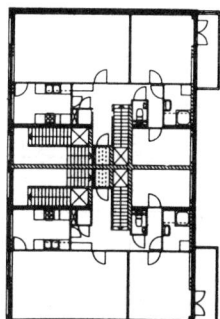

A 建筑平面及单元放大

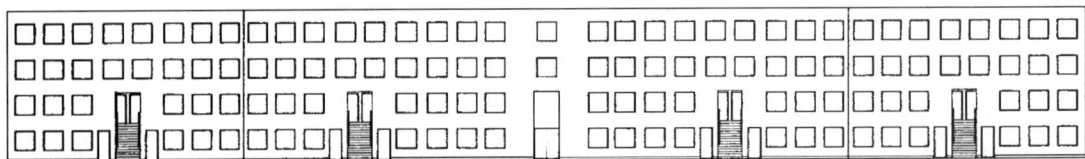

B 建筑沿街立面

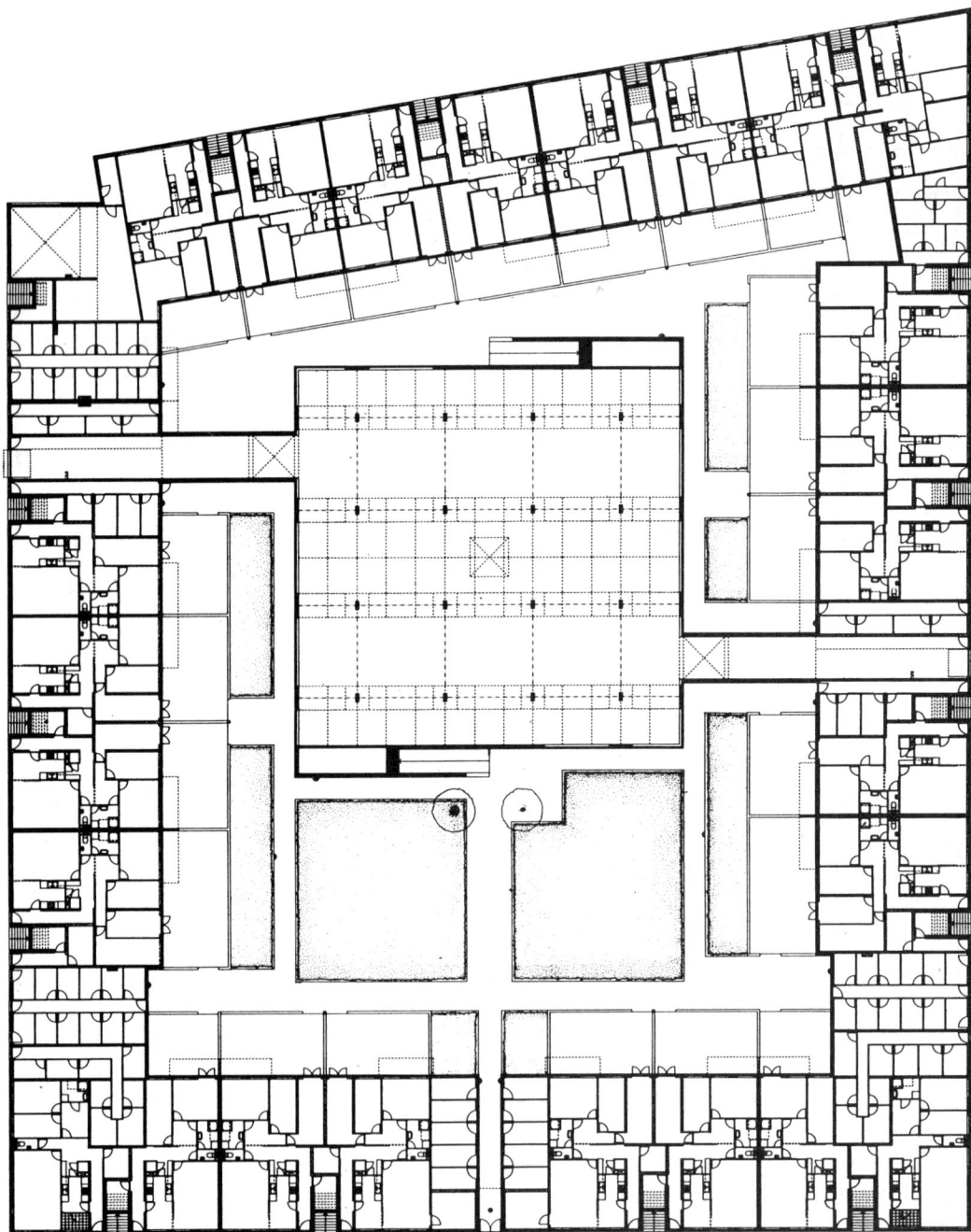

B 建筑首层平面

158

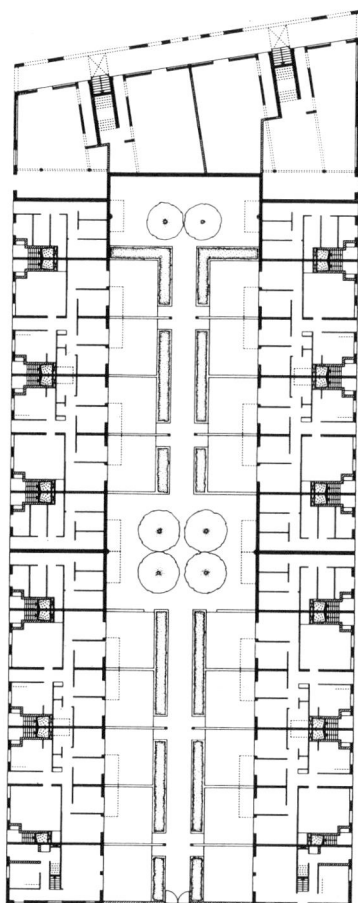

C 建筑首层平面

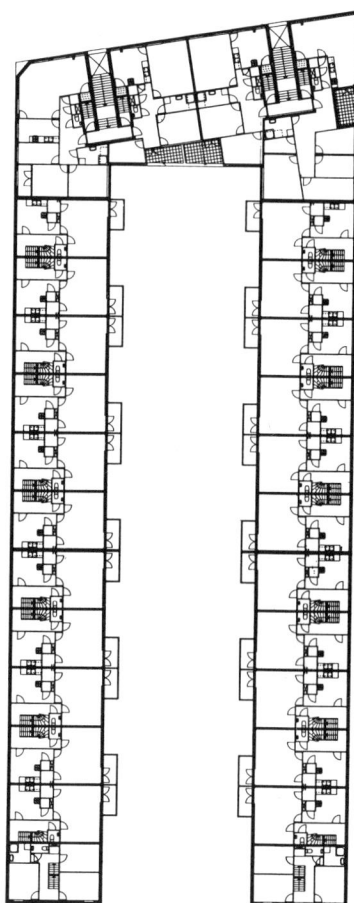

C 建筑标准层平面

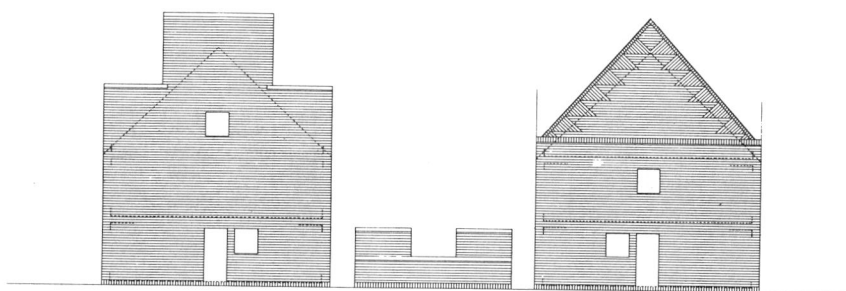

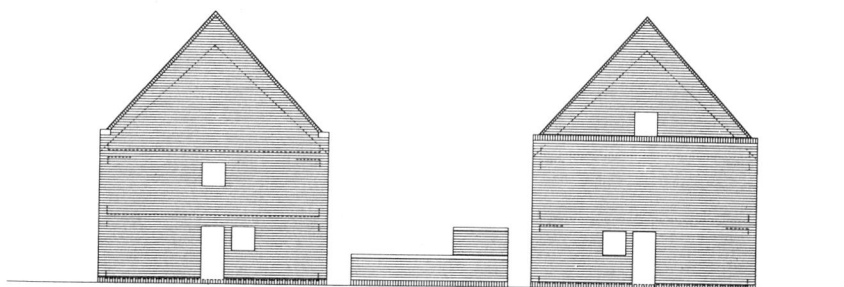

D 建筑侧立面

沿街外观之一

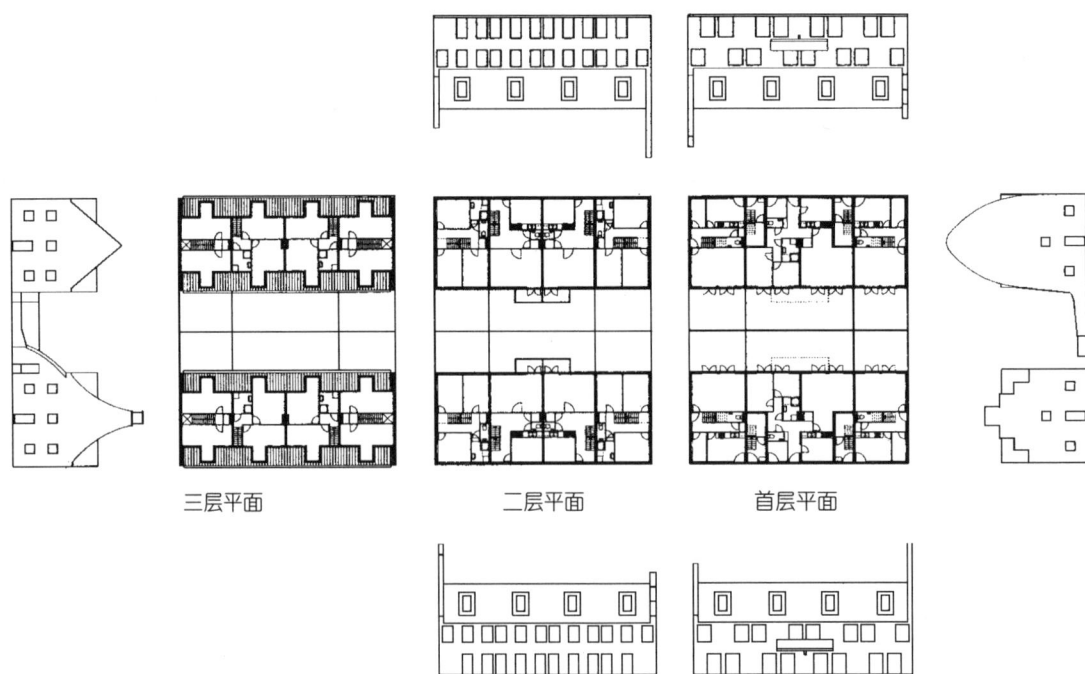

三层平面　　　　　　二层平面　　　　　　首层平面

谢尔德斯维克和多迪恩斯特拉斯城市再发展计划和社会住宅联排住宅平、立面

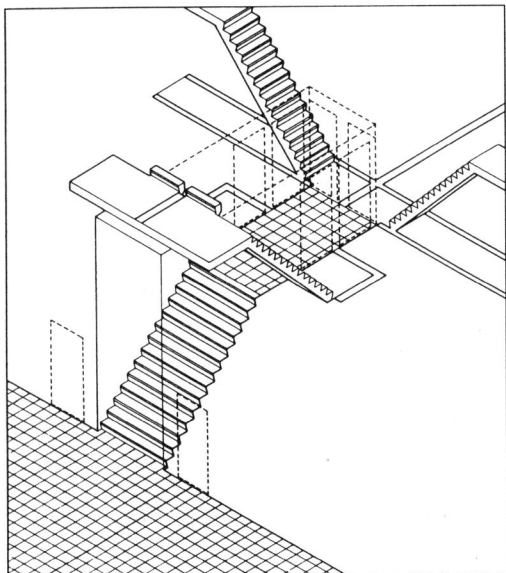

内部流线轴测示意图

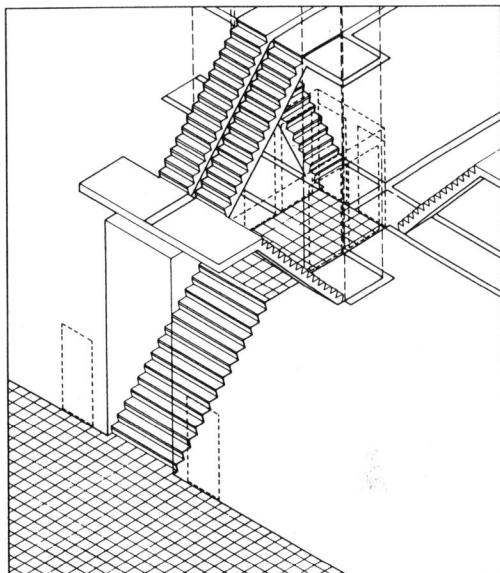

内部流线轴测示意图

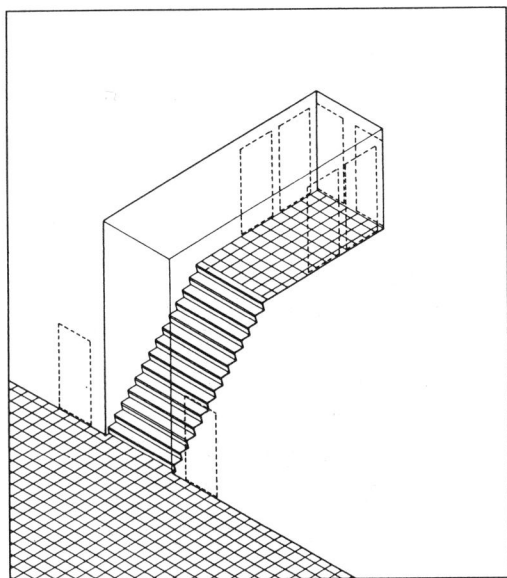

内部流线轴测示意图

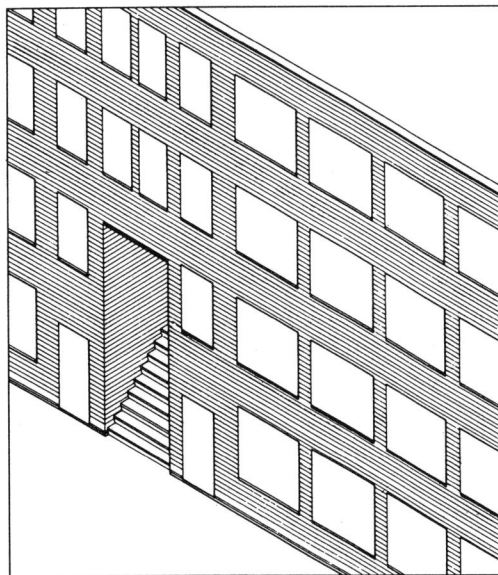

立面轴测

沿街外观之二

沿街转角外观之一

162

沿街转角外观之二

鸟瞰图

沿街转角外观之三

10. 戴维·维埃拉·卡斯特罗住宅
(David Vieira de Castro House)

葡萄牙，新法玛丽康镇（Vila Nova Famalição），1984~1994

　　该住宅位于城市中的一块高地，占据了由毛石挡土墙限定的一个平坦地块。主要建筑体量设置在这一台地远离主入口的一端，共有2层。白色粉刷的建筑斜对山体布置，并在露台和阳台向南开敞，在此可以俯瞰全城。底层空间的复杂性由大量建筑元素的相互穿插而产生，大面积的水平开启、多种类型的光源（直接和间接、直射与反射）和水池延续了建筑的形式，同时界定了在山坡上的岩石和北面正入口之间的道路。

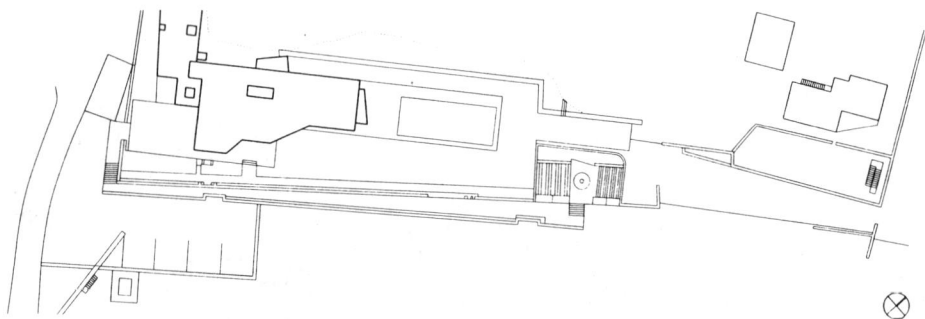

总平面

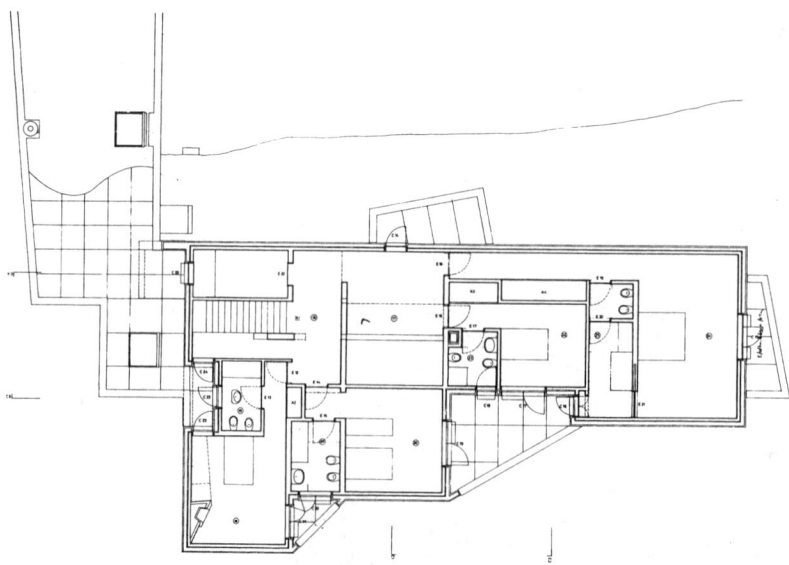

二层平面

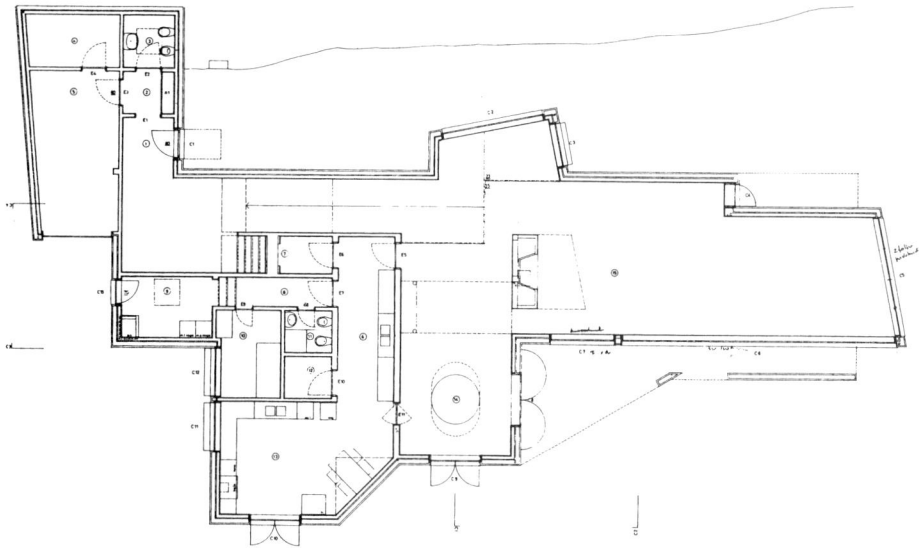

底层平面

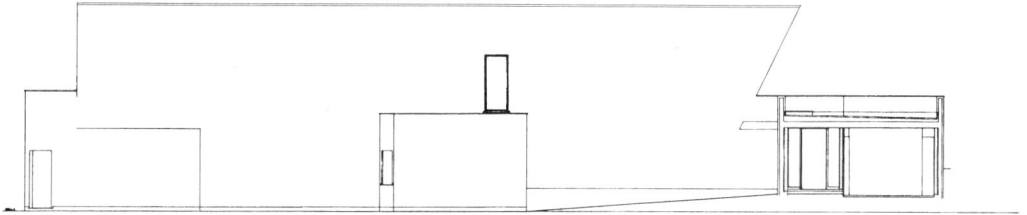

北立面

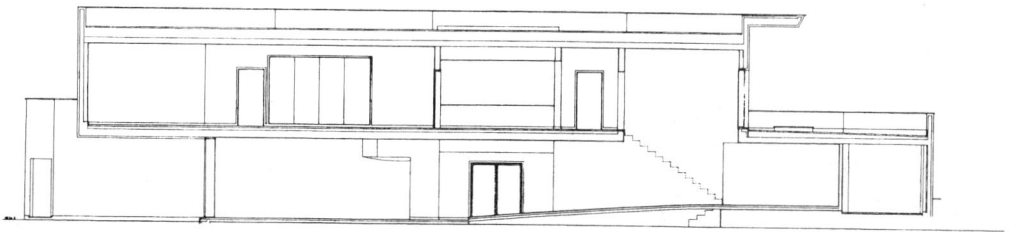

纵向剖面

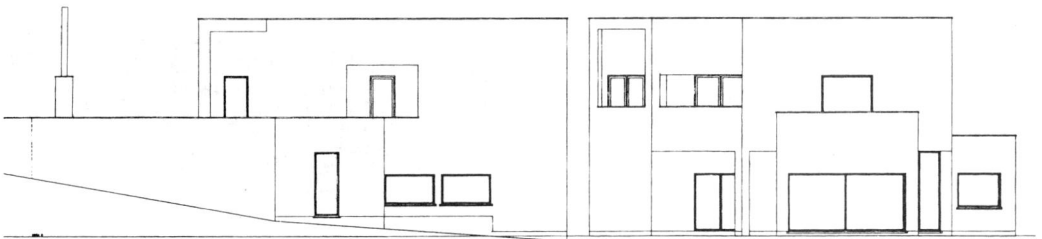

西立面   东立面

165

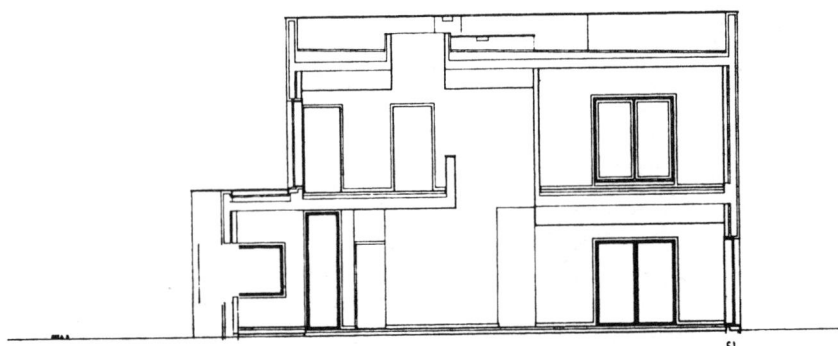
横向剖面

从山下远眺建筑

东面外观

东北外观

西南外观

在车库屋顶看建筑

起居室室内

二层过厅

从餐厅看二层过厅

楼梯细部

11. 卡洛斯·拉莫斯展览馆
(Carlos Ramos Pavilion)

葡萄牙，波尔图（Oporto），1985～1986

　　这座展览馆坐落于一座俯瞰杜罗河的花园内，它包括一座别墅和附属建筑（后来转变为建筑系的一部分）。展馆位于花园的远端，其梯形形式与现存建筑、道路、墙体和其他建筑元素，花园内的植物景观建立了形式上的联系。

　　通过大面积的玻璃窗，三个互相联系的研究空间向一个内部天井和外部花园开敞。研究室之间的视线交流在建筑的三个侧翼之间建立了统一感。大面积的窗户运用了纤细的钢框架和不锈钢支柱。封闭的外形确保这些空间不受高速公路的干扰。在建筑较远的转角处，入口门厅收束了一条穿过花园的道路，表明了其与相邻场地中的新建筑之间的联系。

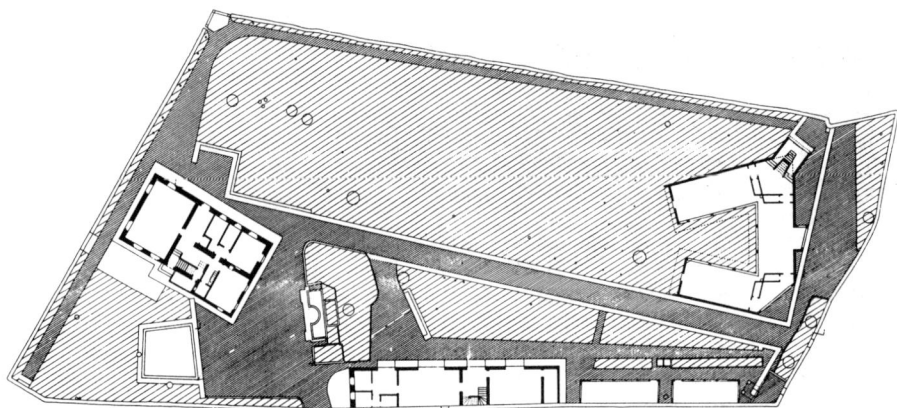

总平面

草图

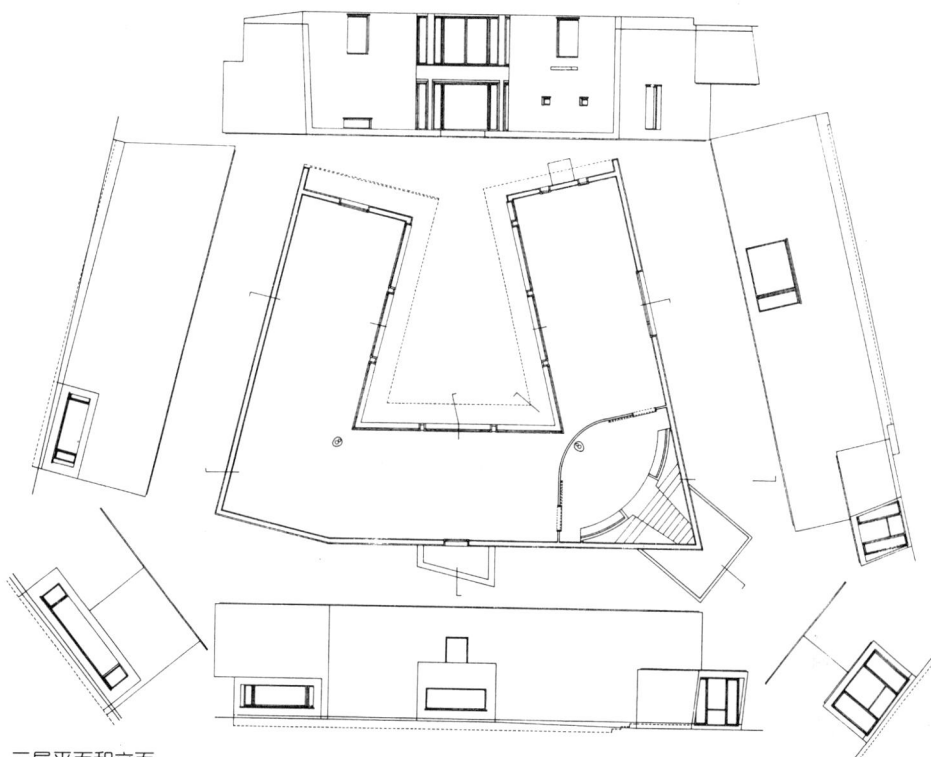

二层平面和立面

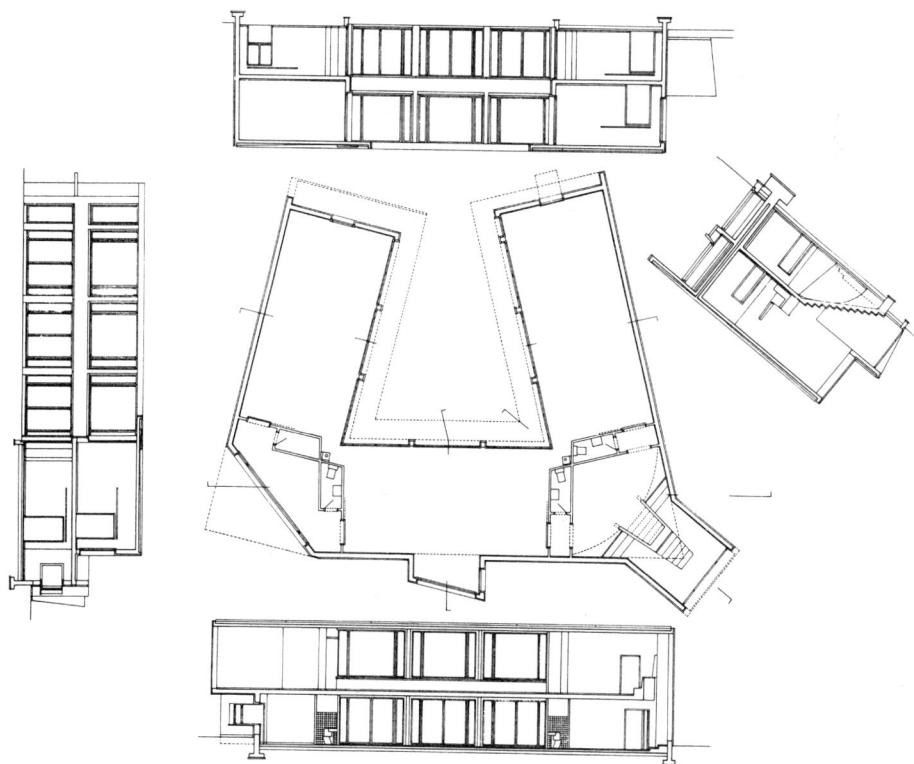

首层平面和剖面

外观之一

外观之二

从花园看卡洛斯·拉莫斯展馆

内院

入口

12. 凡·德·温尼公园两座住宅和商店

(Two Houses in van der Venne Park)

荷兰，海牙 (Hague)，1986~1988

在紧邻Schiderswijk城市发展计划的一个开敞的三角形地块上，两栋住宅、商店和一个公园设置于一座地下车库之上。这座建筑公园入口的标志，并在开放空间和周围的街区肌理之间建立了实体和视觉上的联系。这两座住宅和商店与公园相互联系，一栋作为公园的服务设施，另一栋在自行车商店上提供了居住空间。公共服务性和商业性的空间形成一个统一的建筑基础，部分下沉，通过一个升起的斜坡进入。建筑形式为直角正交的理性构成与曲面的有机构成相结合，并将白色石灰粉刷和红砖等材料精心组织，与当地传统建筑在形式语言和材料运用上建立了紧密联系，将变形的传统和荷兰现代主义集合于一个作品之中。

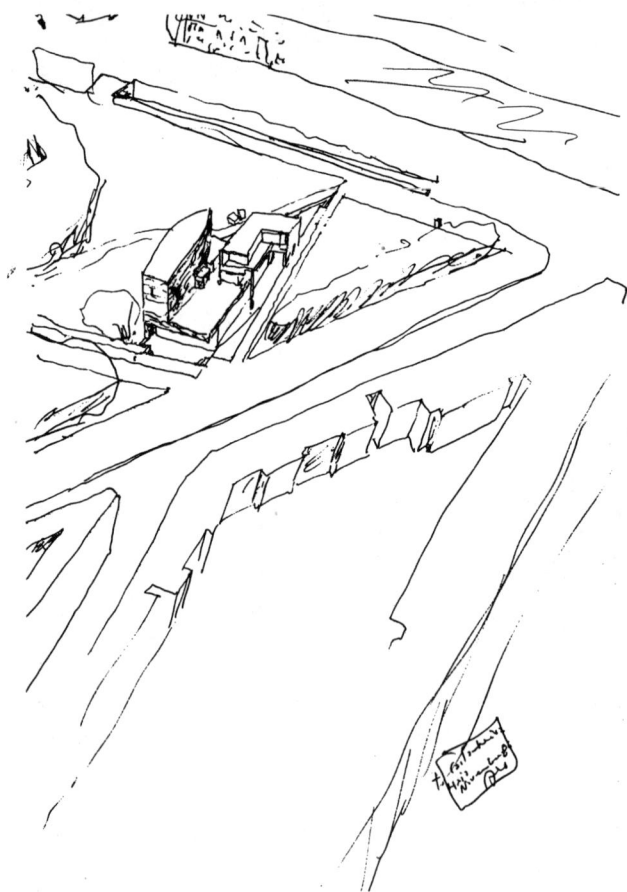

草图

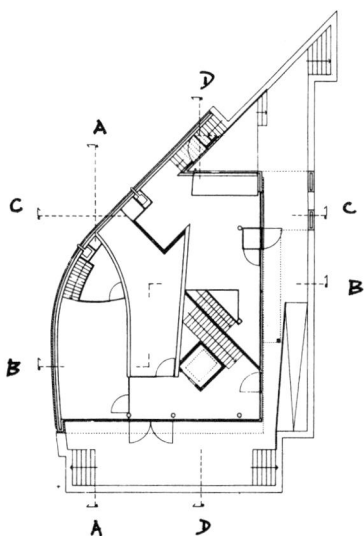

首层平面

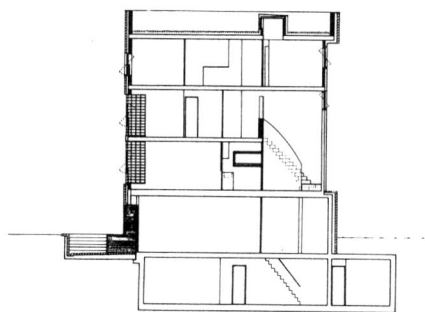

A-A 剖面

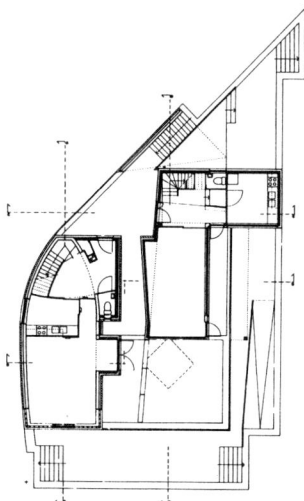

二层平面

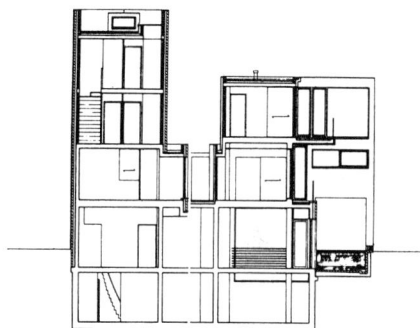

B-B 剖面

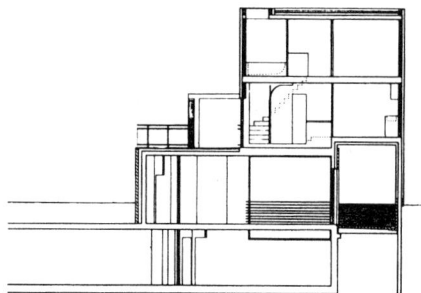

C-C 剖面

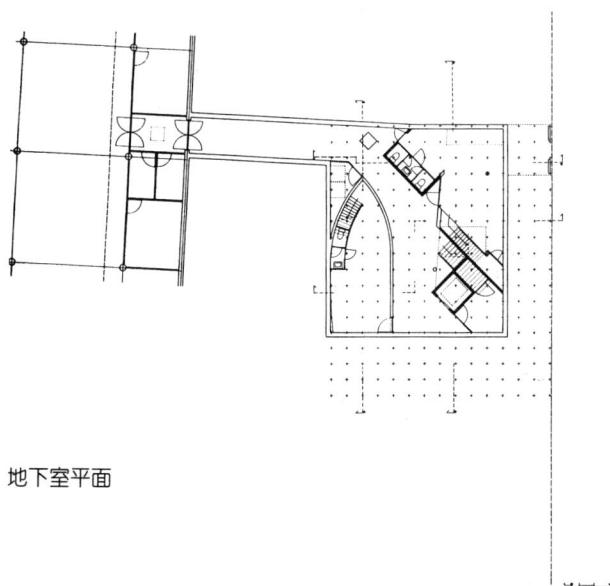

地下室平面

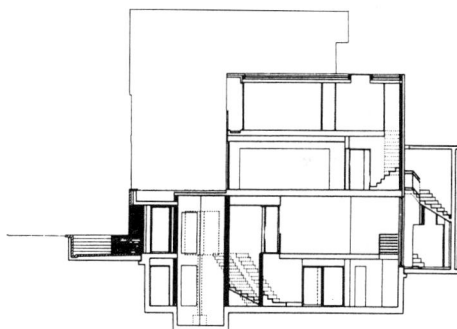

D-D 剖面

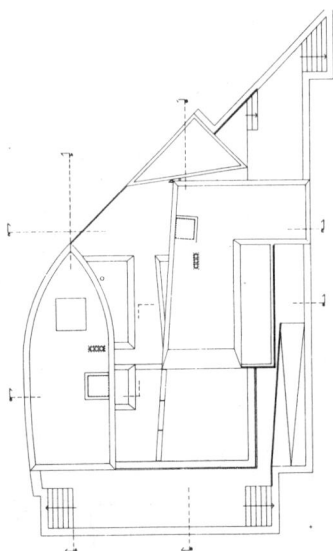

屋顶平面

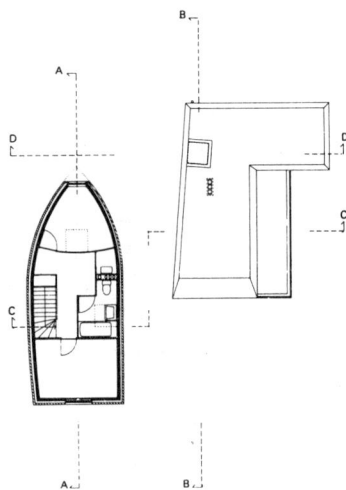

四层平面

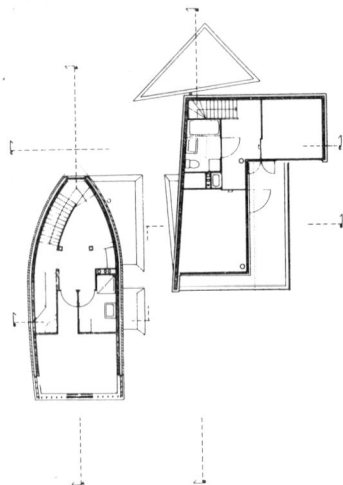

三层平面

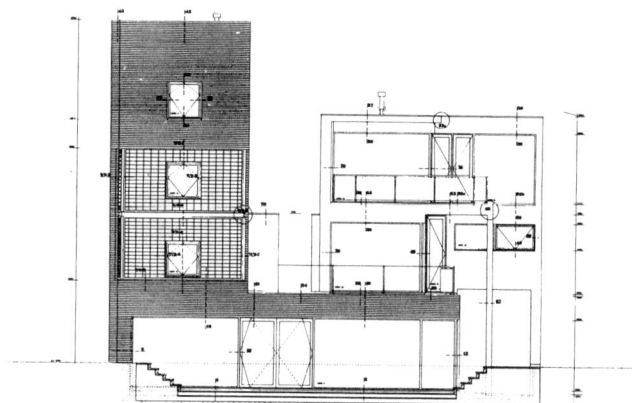

西南立面

外观之一

外观之二

外观之三

室内的天窗

13. 塞图巴尔教师培训学校

(Teachers' Training College In Setúbal)

葡萄牙，塞图巴尔（Setúbal），1986～1994

　　该学院位于城市的外围边界，拥有树木葱郁的美丽风景。该建筑的设计主题在于将两个不同尺度的院落背靠背地排列在一起，而一个公共性的门厅联系两个内院并提供进入学院的入口。具有连续柱廊的教室侧翼与进入各个区域的入口中庭围合一个较大的内院。圆形剧场、音乐室、体育馆紧接着西北立面，通过一个纵向的展廊与门厅相连。从侧翼环绕门厅的图书馆和餐厅形成了第二个内院。与周围的农田相比较，该内院具有轻微的抬升。其他的建筑体量包括运动设施和一个会客室，构成了与主体建筑相互分离的单独体量。

　　为了适应于各种活动不同尺度的要求和在整体上调节各种复杂的空间关系，形成了变化多样的丰富体量，而强烈的院落形式使多样性的体量得以相互连接和统一。这种设计策略在建筑和场所景观中创造了具有广泛范围的公共空间。

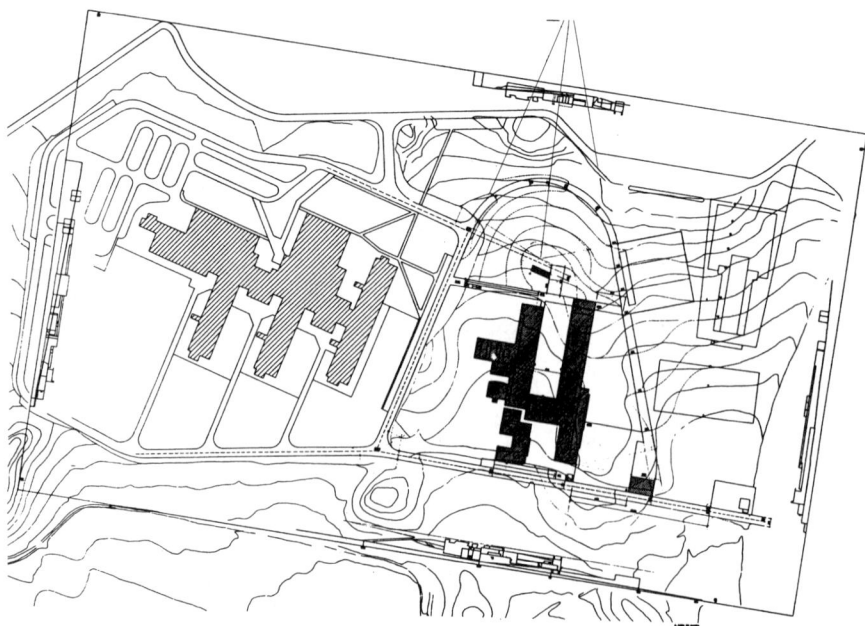

总平面

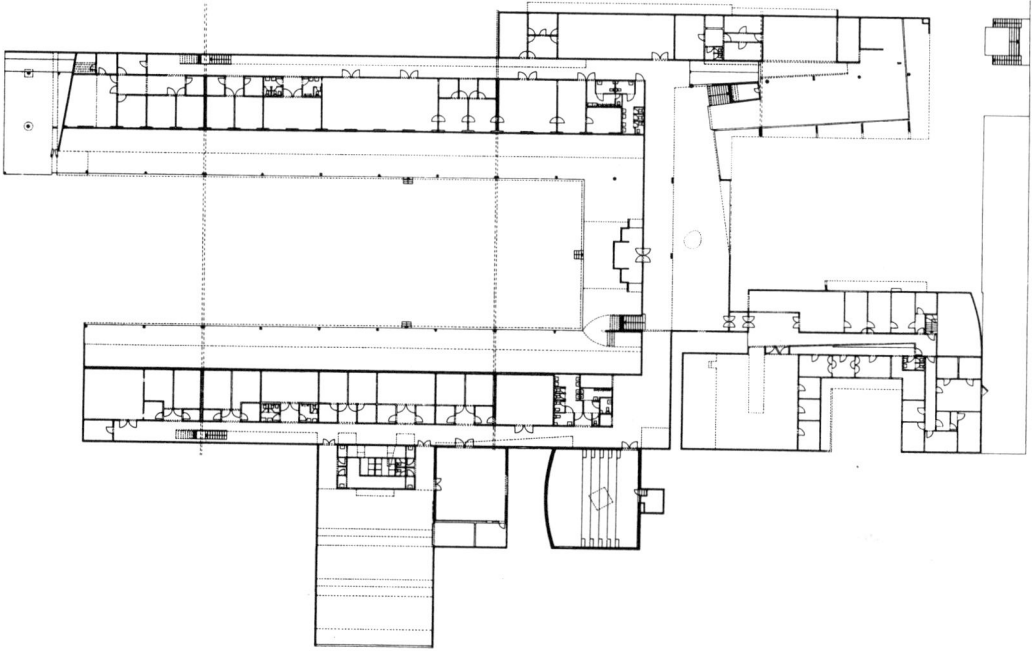

首层平面

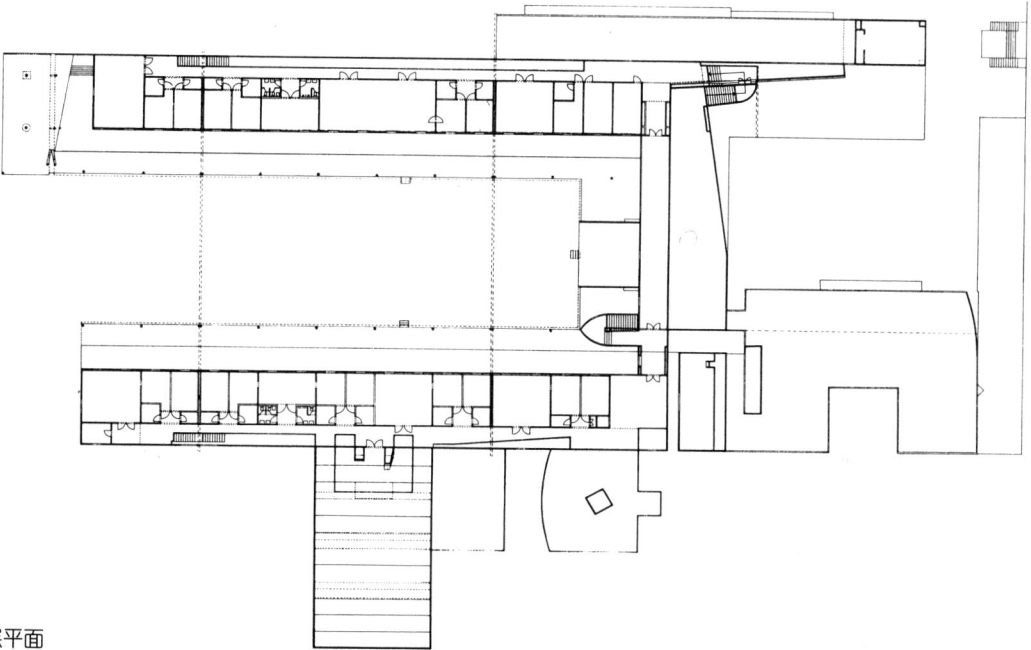

二层平面

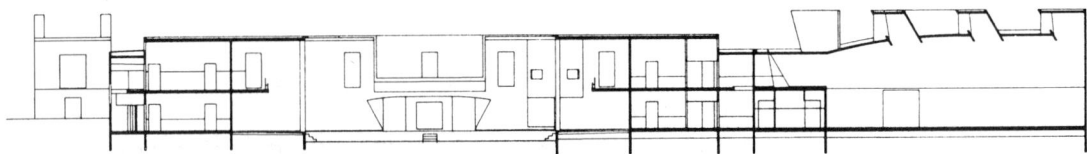

剖过体育馆的横向剖面

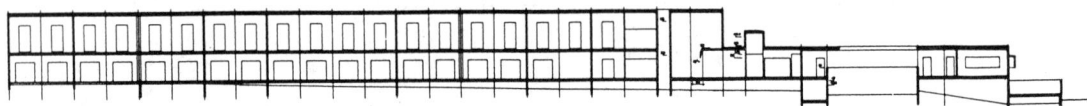

剖过图书室的纵向剖面

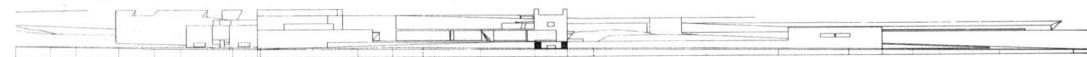

西南立面

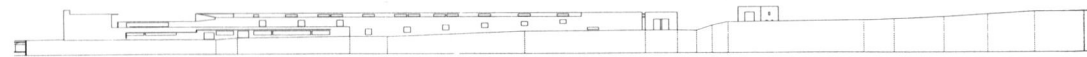

东南立面

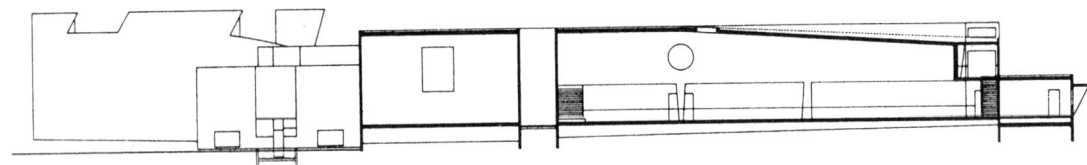

剖过门厅的剖面

门厅室内楼梯详图

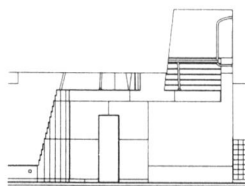

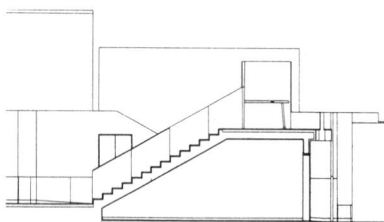

背立面　　　　　　　纵向剖面

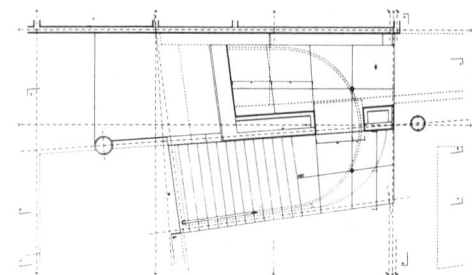

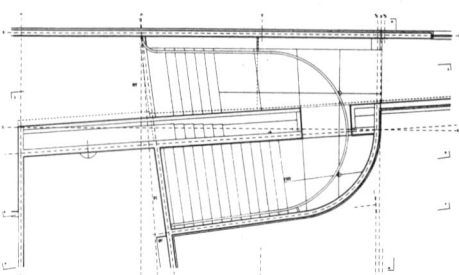

底层平面　　　　　　二层平面

沿道路外观

教室侧翼围合的内院

入口内院

西北外观

柱廊之一

柱廊之二

柱廊之三

柱廊之四

从门厅看餐厅

入口门厅室内

体育馆外观

体育馆室内

184

14. 波尔图大学建筑学院
(School of Architecture, University of Oporto)

葡萄牙，波尔图 (Oporto)，1986~1995

　　波尔图大学建筑学院占据了一个地势较高的台地,用地在北面以一条高速公路作为边界,向南则俯瞰杜罗河河口。波沃阿公园及其中的别墅和安东尼奥·卡洛斯·西扎展馆 (Carlos Ramos Pavilion) 的围墙界定了场地的东边边界。这一项目服务于500名大学生,建筑体量被分为南北两翼,形成了被抬高的三角形的微观校园环境。建筑北翼由行政空间、礼堂、半圆形展廊和一个图书馆构成,其连续的形式使建筑与相邻的高速公路相互隔离。而南翼为4座相互独立的建筑,包括学生的研究室和在一层的教授办公室。这些建筑体量(包括为以后扩建的第五座研究室而设置的建筑基座)的精心布置创造了朝向杜罗河的连续开启,形成了整个建筑综合体的南面边界,同时还保持了三角形校园环境所应有的空间密度。这些体量在高度上各不相同,在整个综合体的基座中通过中心开敞空间地面之下3米的纵向展廊相互联系。两翼在西端汇聚,形成了综合体的主入口。

　　这一项目还包括沿南面边界的道路设计和整个场地范围内的景观设计。空间的设置在现有场地内以地形学的观念进行操作,最小土方量的需求和小规模的干预清晰的表明了新建建筑系馆与波沃阿公园中的别墅和安东尼奥·卡洛斯·西扎展馆等原有建筑之间的密切关系。

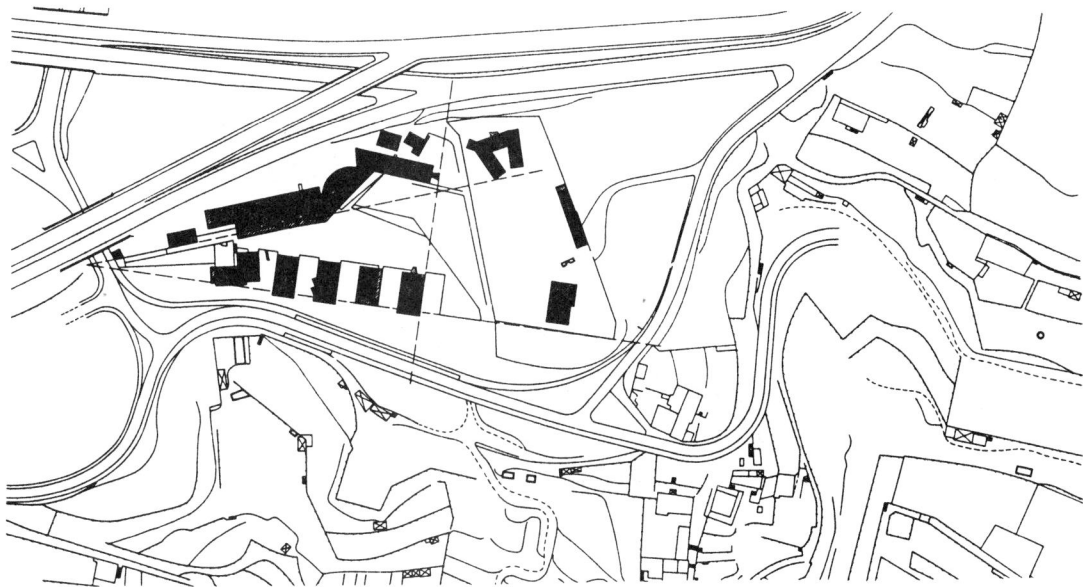

总平面

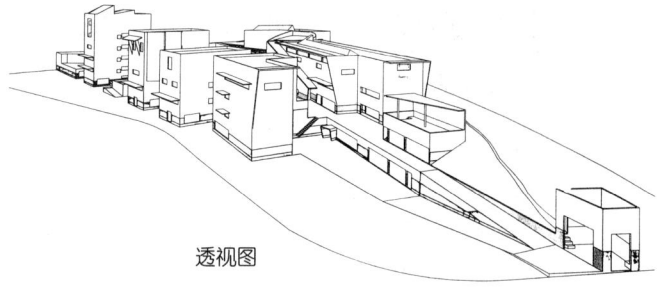

透视图

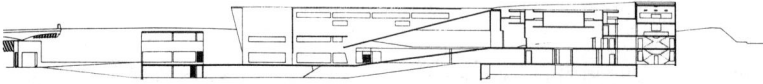

坡道的剖面

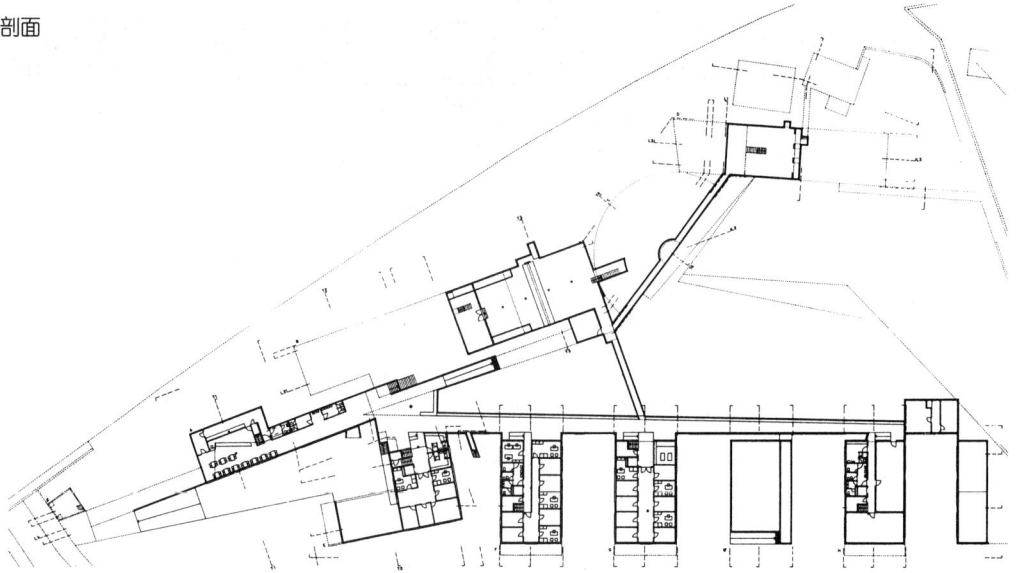

首层平面

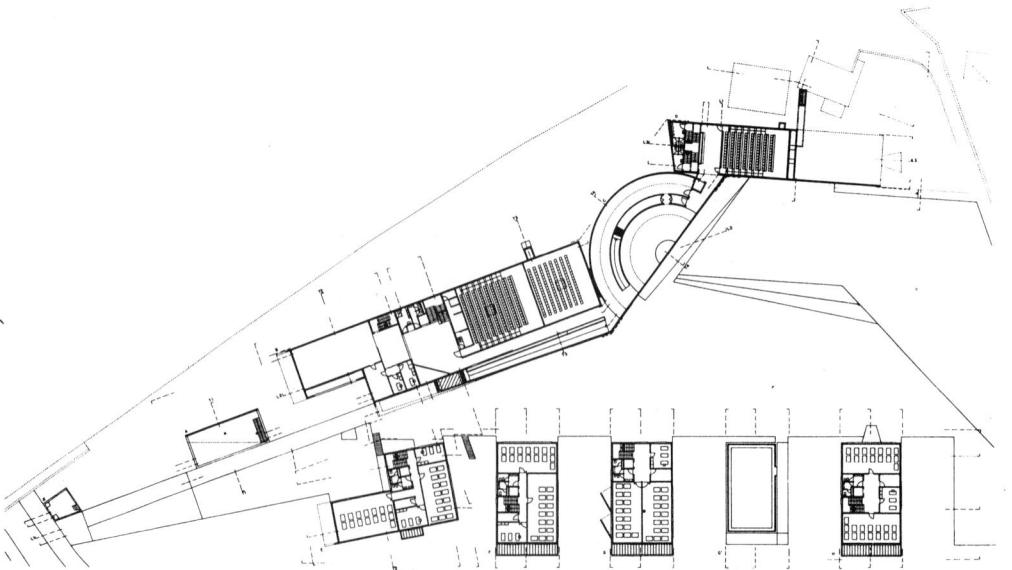

二层平面

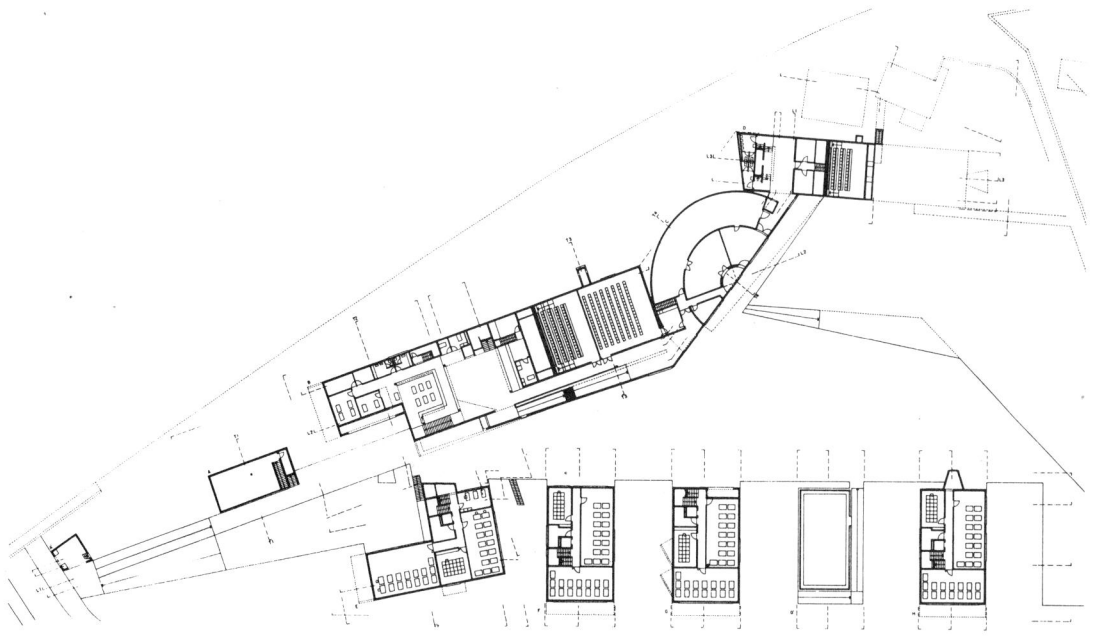
三层平面

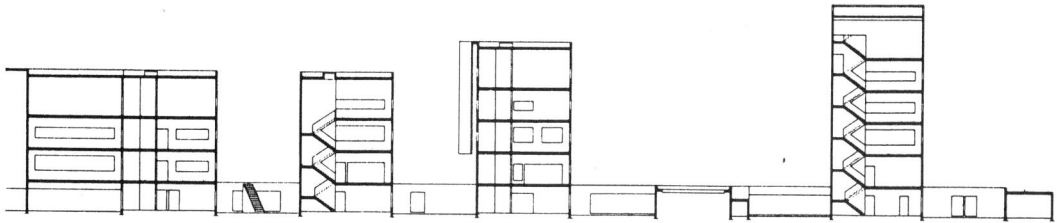
研究室纵向剖面

研究室剖面及侧立面之一

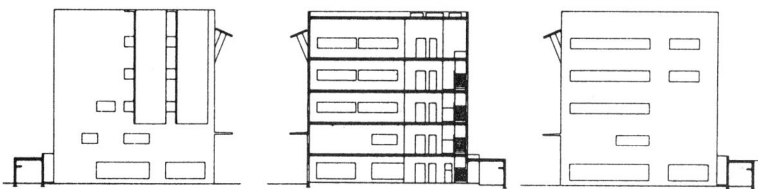
研究室剖面及侧立面之二

187

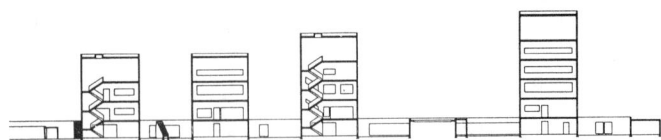

纵向剖面

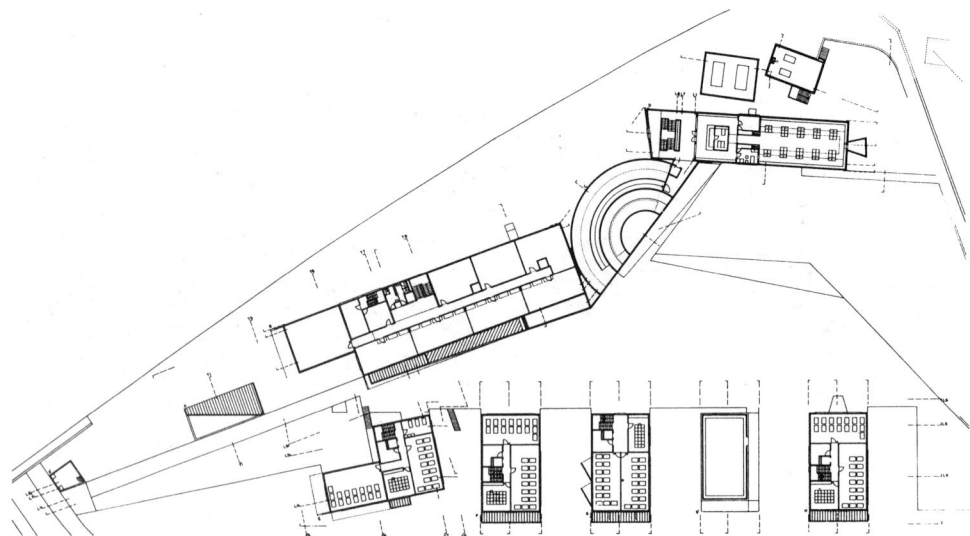

四层平面

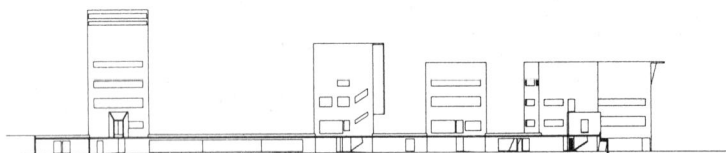

建筑南翼面向内院的北立面

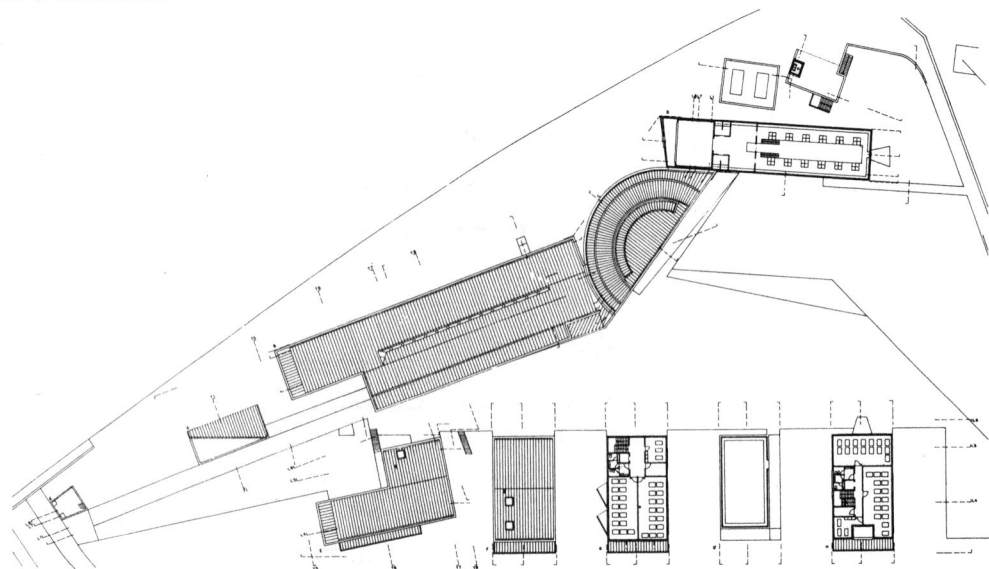

五层平面

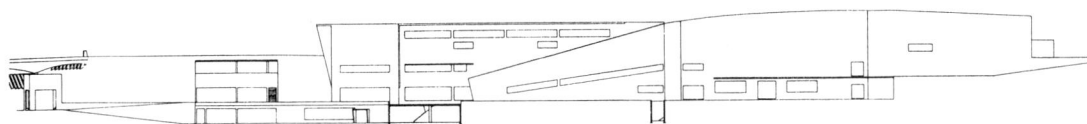

建筑北翼南向剖面

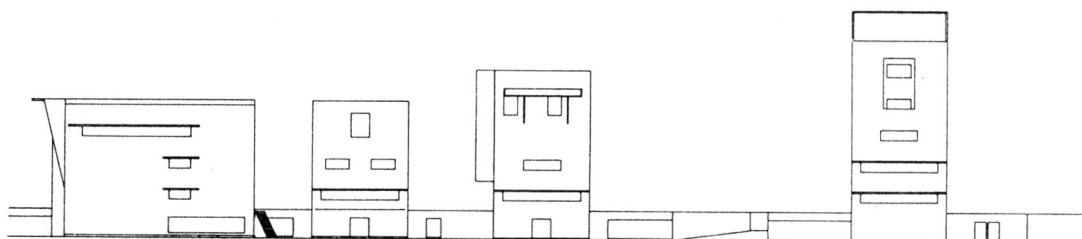

建筑南翼南立面

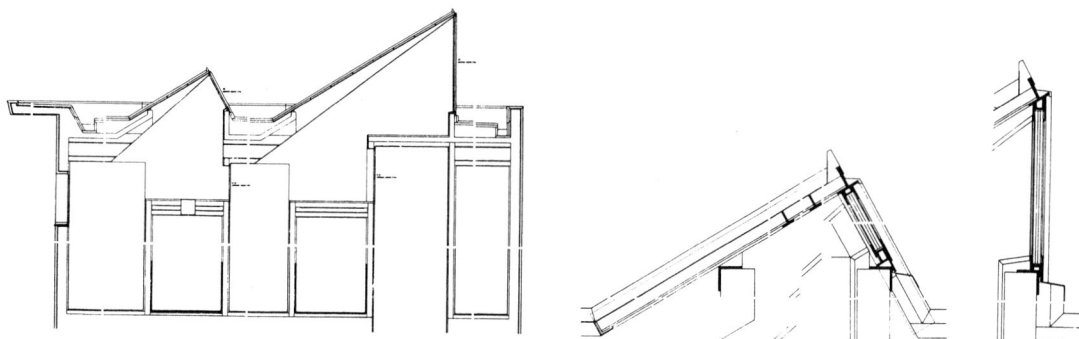

研究室天窗细部

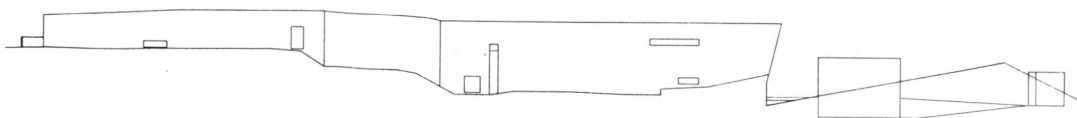

北翼北立面

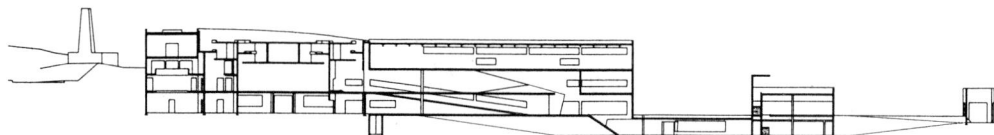

北翼纵向剖面

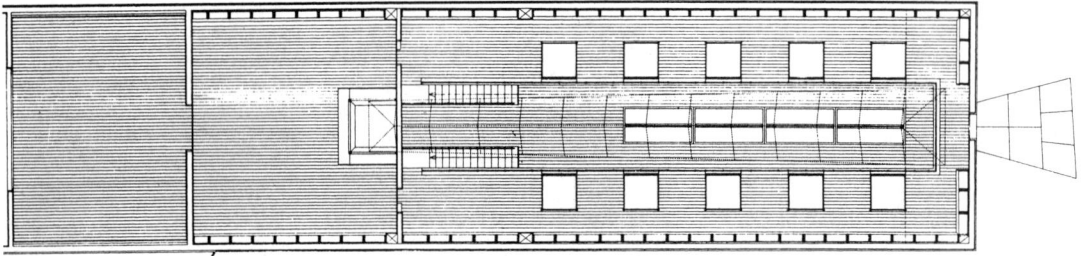

图书馆二层平面

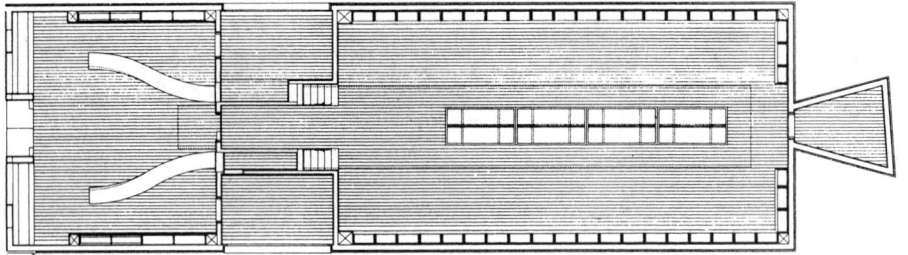

图书馆底层平面

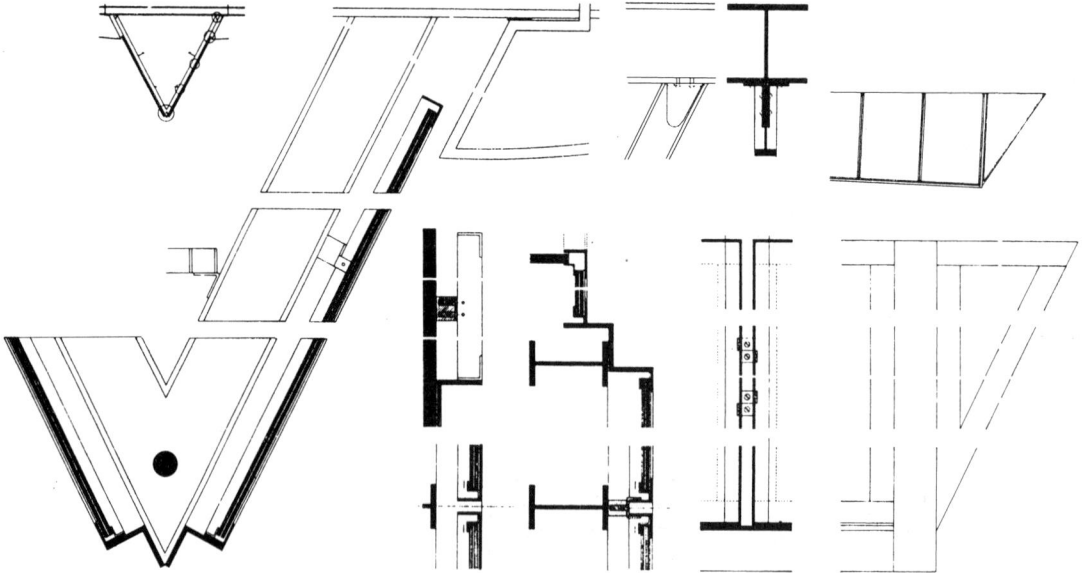

图书馆天窗细部

从杜罗河上远望波尔图大学建筑学院

波尔图大学建筑学院研究室外观

波尔图大学建筑学院沿公路外观

波尔图大学建筑学院行政管理用房外观

波尔图大学建筑学院行政管理用房外观

波尔图大学建筑学院从东面看内院

波尔图大学建筑学院内院

波尔图大学建筑学院内院

波尔图大学建筑学院从走道看内院

波尔图大学建筑学院餐厅前面的走道

波尔图大学建筑学院行政管理用房内坡道

波尔图大学建筑学院行政管理用房内坡道

波尔图大学建筑学院展廊

波尔图大学建筑学院展廊

波尔图大学建筑学院研究室室内

波尔图大学建筑学院研究室室内

波尔图大学建筑学院图书室室内

波尔图大学建筑学院图书室天窗

波尔图大学建筑学院图书室天窗

波尔图大学建筑学院室内的座椅

波尔图大学建筑学院室内落地窗

波尔图大学建筑学院图书室门厅内的楼梯

15. 加利西亚现代艺术中心
(Galician Centre of Contemporary Art)

西班牙，圣地亚哥·德·孔波斯特拉（Santigo de Compostela），1988~1994

　　这座博物馆紧邻圣·多明戈·波纳瓦（Santo Domingo de Bonaval）修道院的用地。博物馆的入口和圣·多明戈·波纳瓦教堂的入口接近，而封闭的建筑形式重新界定了花园的边界，这个花园经过重新修缮而成为博物馆的一个组成部分。持续上升的花园和平台在新建筑的形式秩序中具有重要影响力。新建筑面向街道设置了连续的坡道，与周围地形和谐一致。这种城市及建筑设计的技巧限定了一个新的空间，它使原有的建筑形态得以延续，并与新的发展相结合，为一个已经凋敝的地区赋予了新的秩序。

　　平面紧凑的建筑由两个线性体量构成：一个平行于Valle-Incln大街，另一个平行于波纳瓦公墓，并与圣·多明戈·波纳瓦教堂的正面形成21°夹角，这两个体量的相互穿插形成了一个贯穿整个建筑高度的三角形中庭，通过这一中庭可进入展厅空间，然后通过画廊及坡道逐渐接近屋顶的雕塑展示平台，在那里可以俯瞰修道院和孔波斯特拉的城市全貌。

　　与封闭的花岗石覆面的建筑外观形成鲜明对比的是，明亮的内部空间以白色大理石和石灰粉刷饰面（主要运用在中庭和交通空间）；而展厅则使用暖色调的橡木地板。上层的展廊通过中庭的天窗采光，散射光线的悬挂装置可以防止艺术品受到直射阳光的侵蚀，人工照明隐藏于吊顶内，以提供间接光线。

　　这座艺术中心是西扎最重要的代表作品之一，是其设计观念和具体手法的集成。

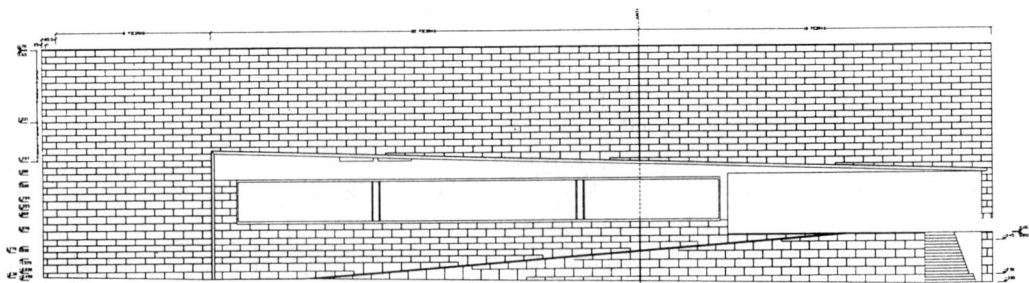

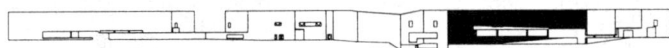

西南立面大理石铺面细部

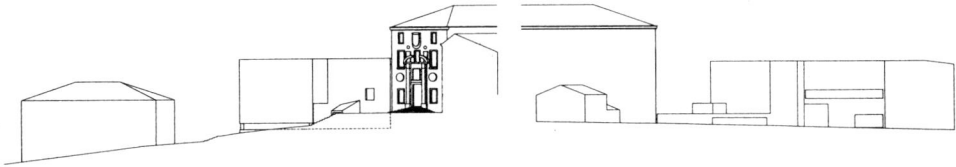

东南立面

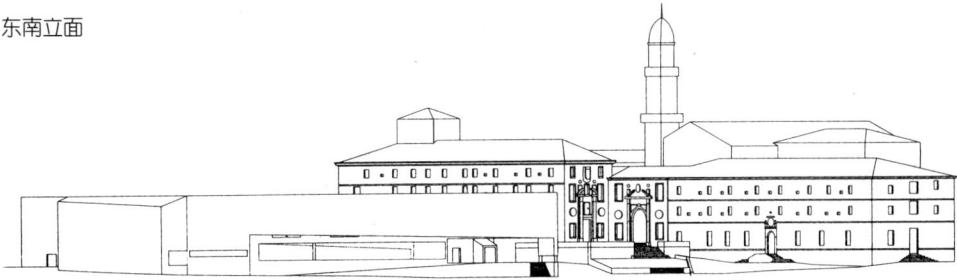

西南立面

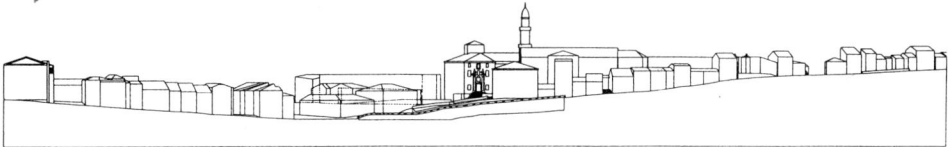

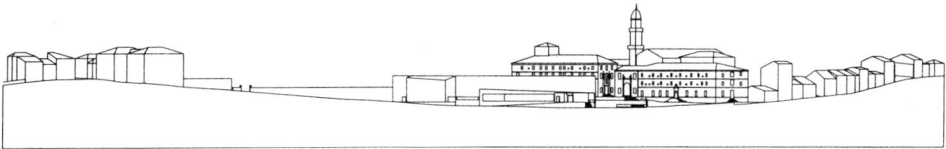

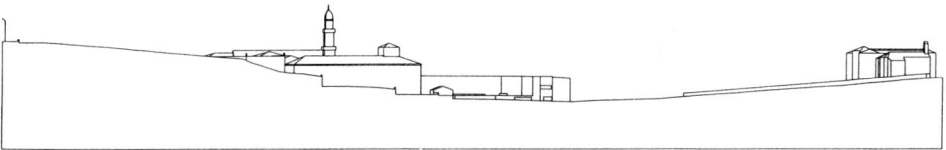

总体立面

197

总平面
1.加利西亚现代艺术中心；2.圣·多明戈修道院；3.圣·多明戈·德·博纳瓦尔花园

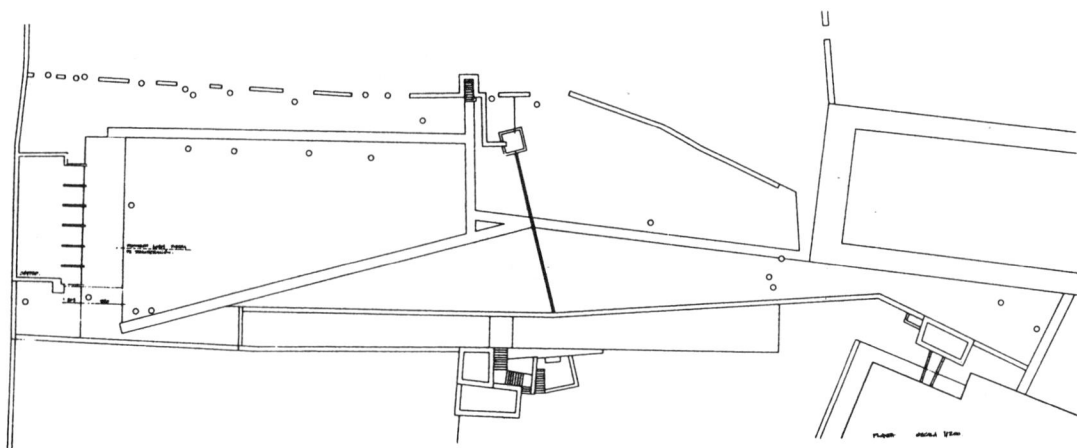

圣·多明戈·德·博纳瓦尔花园平面

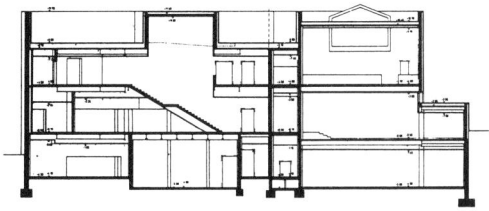

会场休息厅的横向剖面

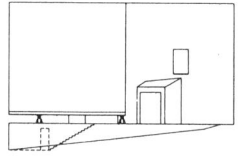

主入口踏步东南立面

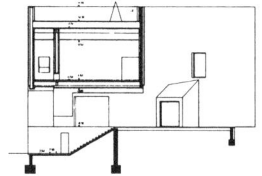

主入口踏步的横向剖面

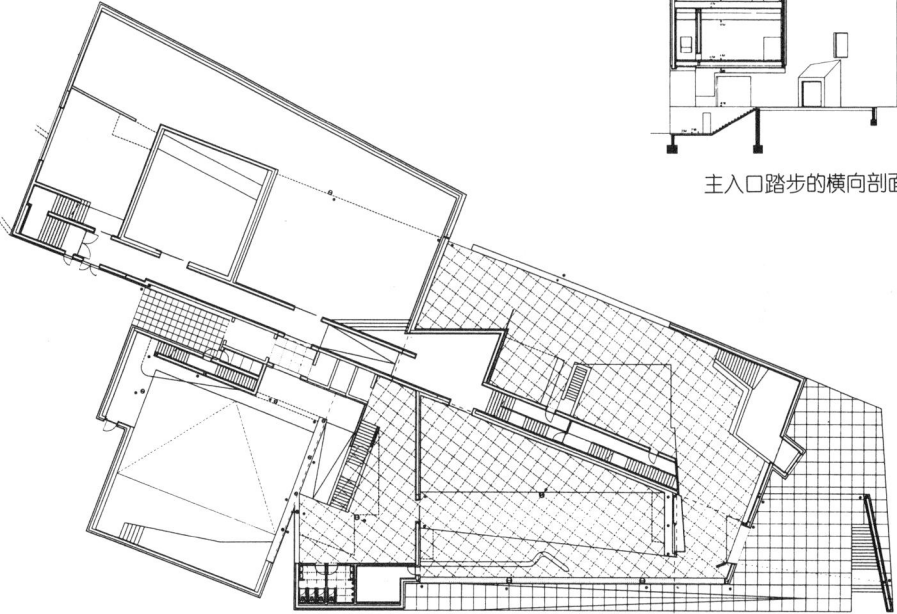

首层平面

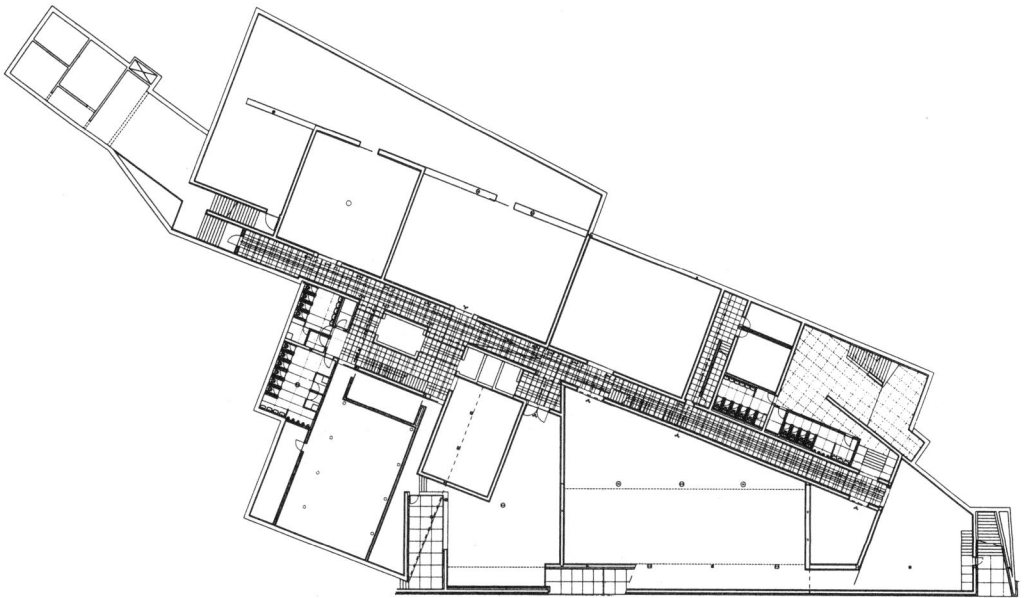

地下层平面

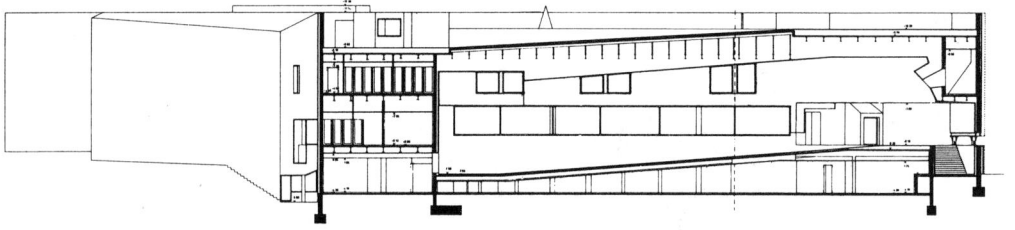

室外坡道的纵向剖面之一

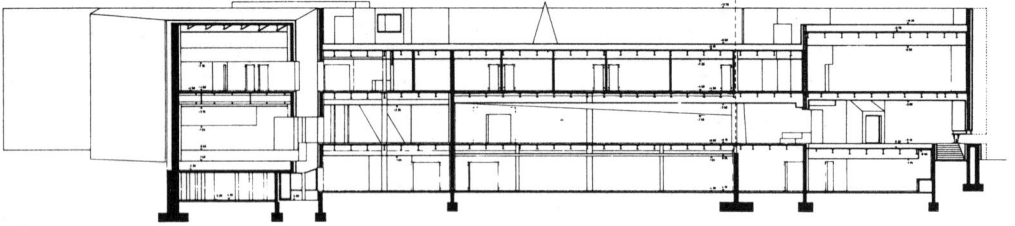

室外坡道的纵向剖面之二

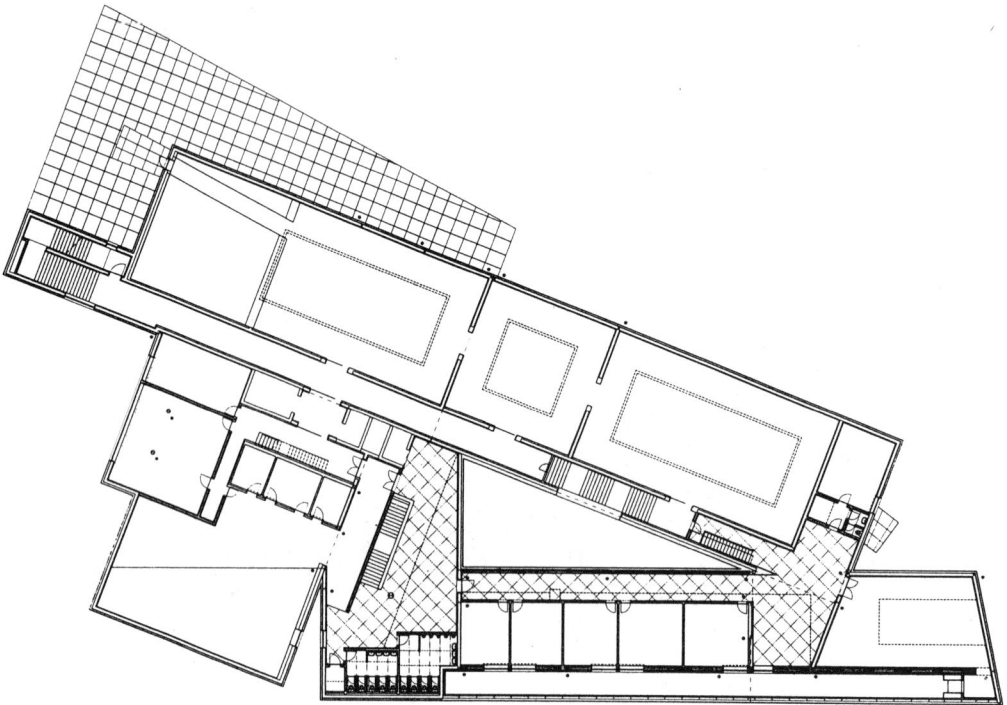

二层平面

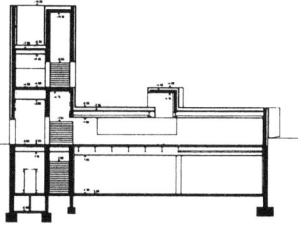

北面楼梯的剖面

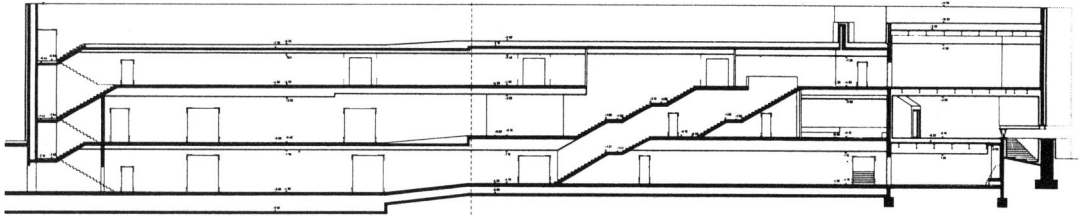

内部主楼梯的纵向剖面

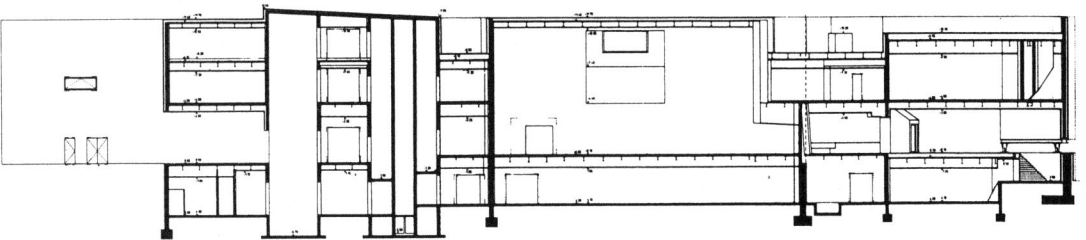

接待厅的纵向剖面

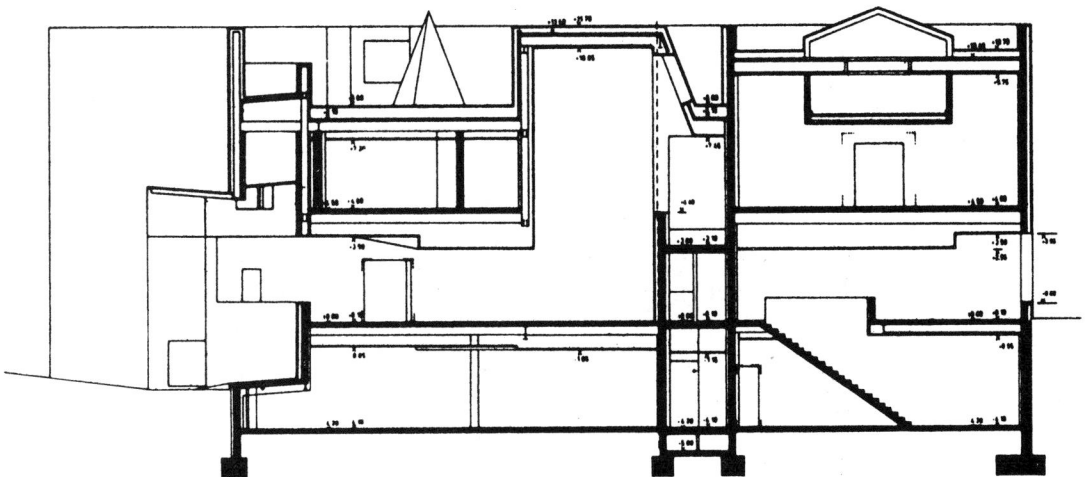

接待区的横向剖面

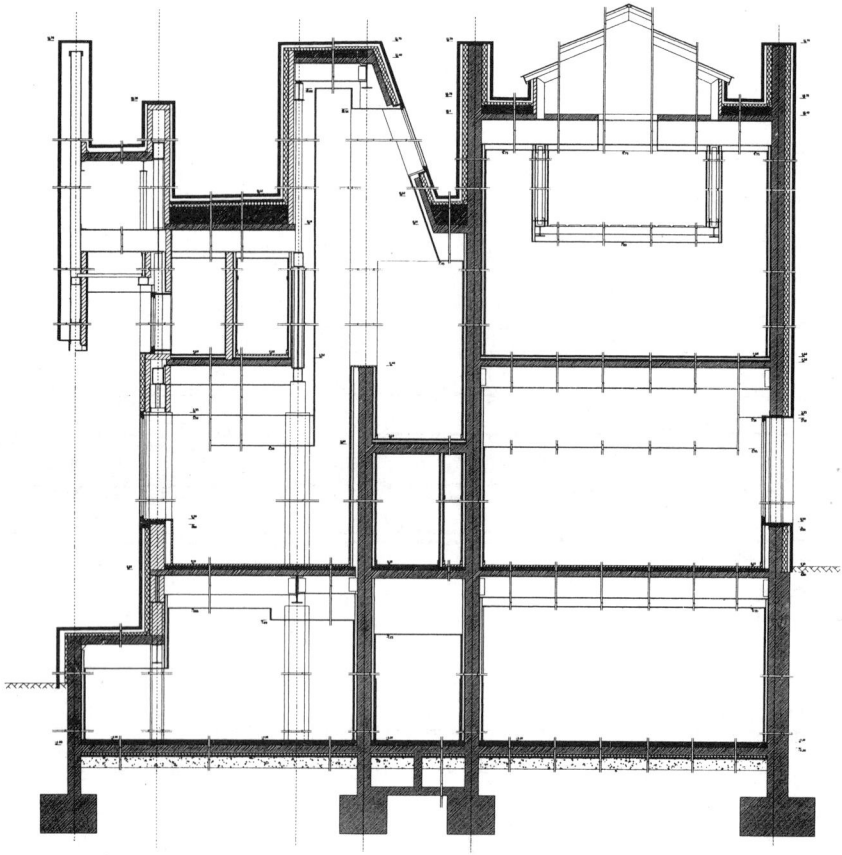

横向剖面细部

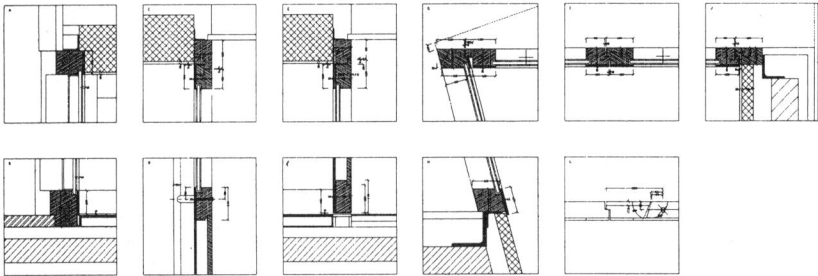

主入口大门

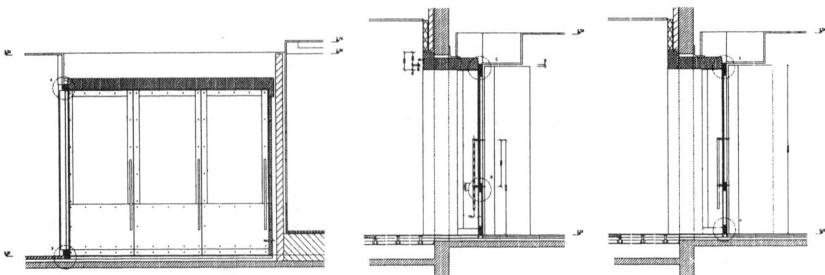

室外立面   D-D 剖面   C-C 剖面

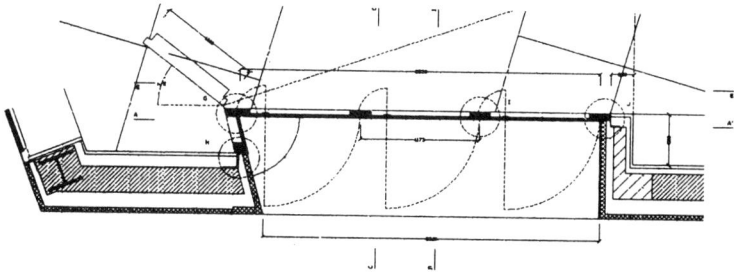

平面

室内立面

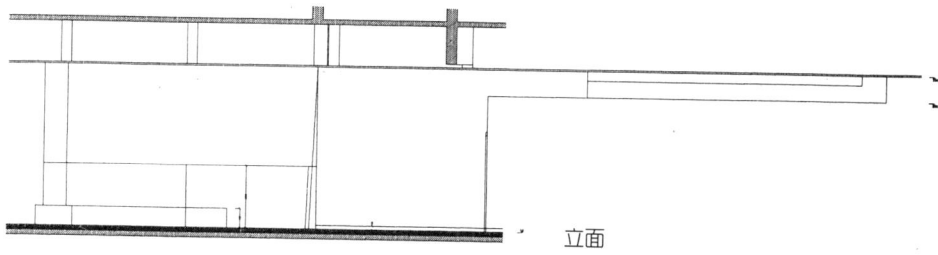

立面

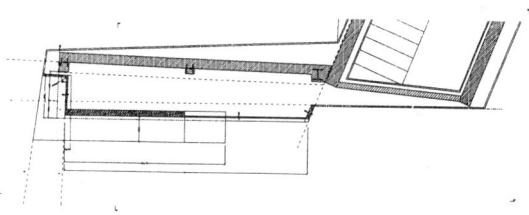

平面

主入口门厅内的
座椅细部

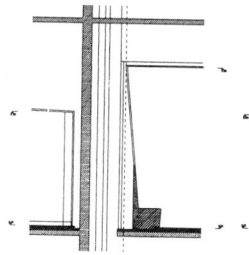

剖面

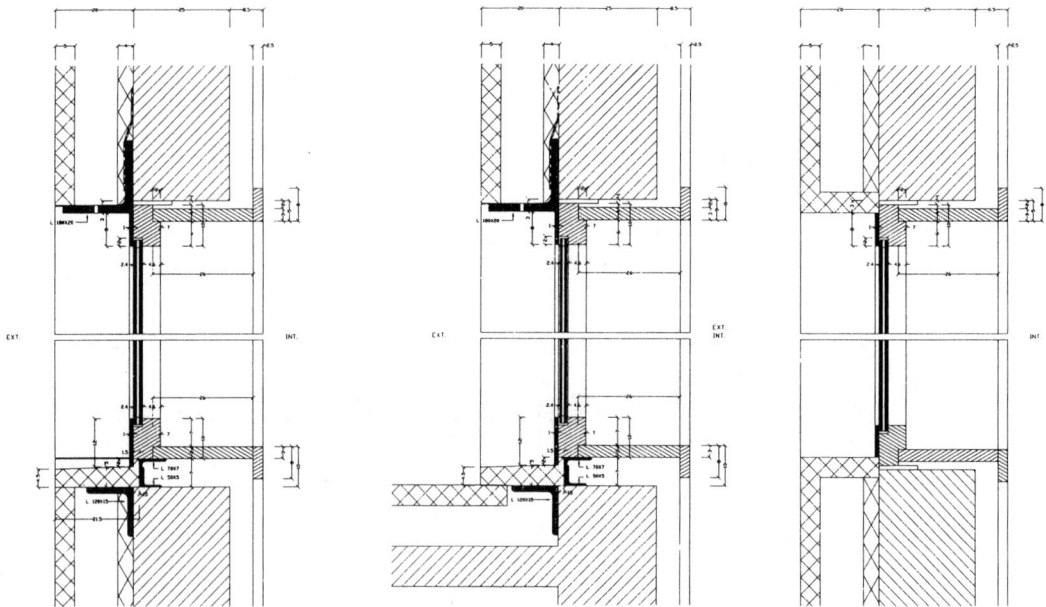

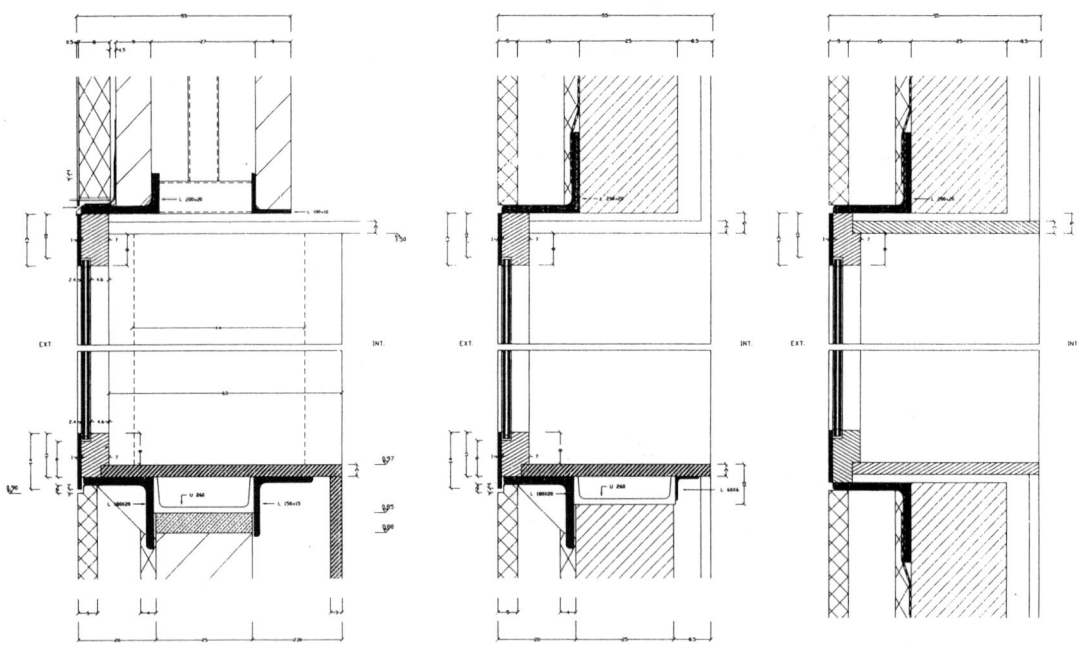

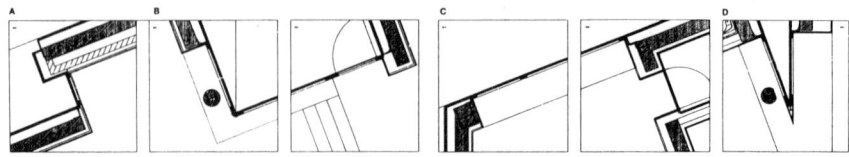

外部开启及洞口构造细部

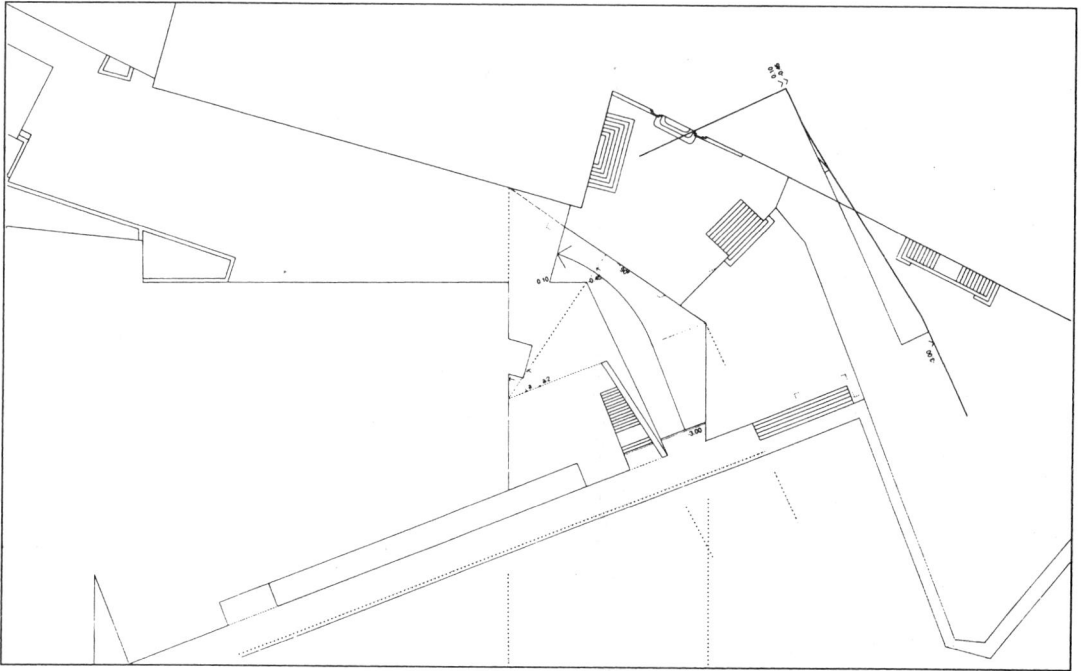

花园原有平面

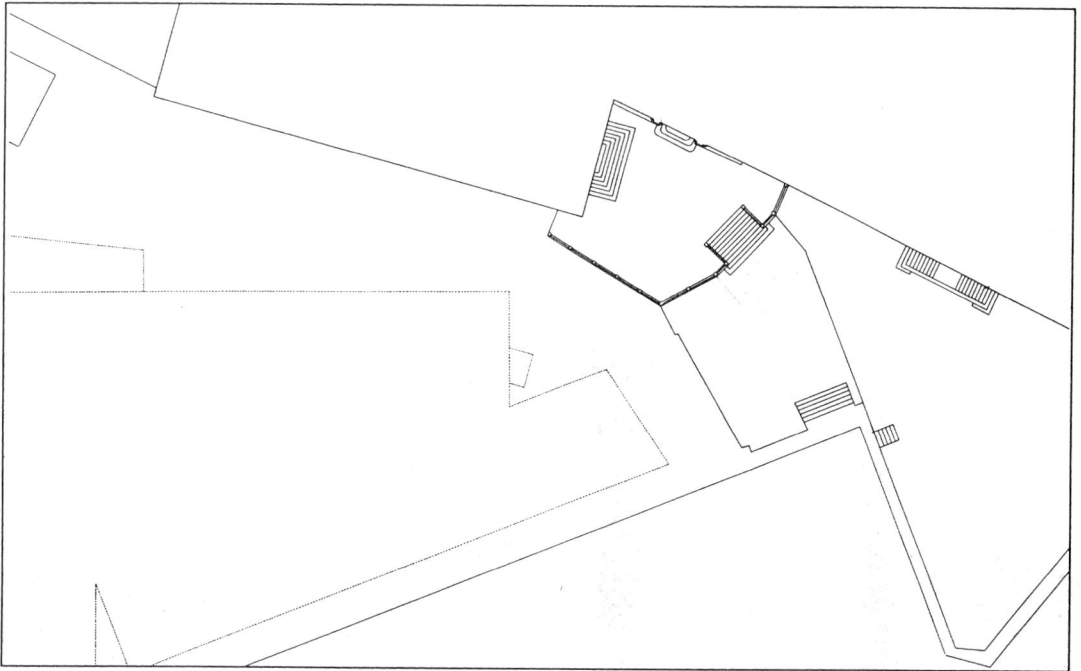

花园新建平面

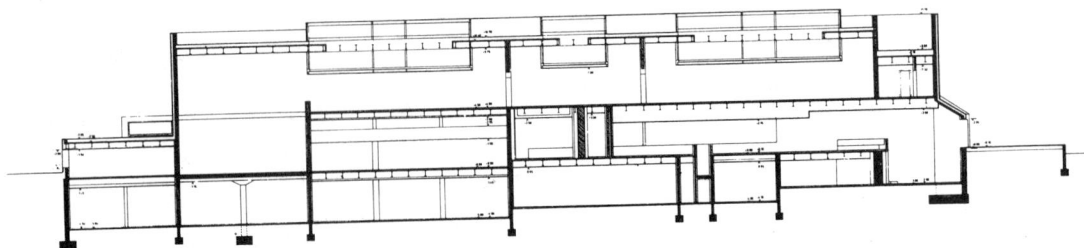

展厅和咖啡吧的纵向剖面

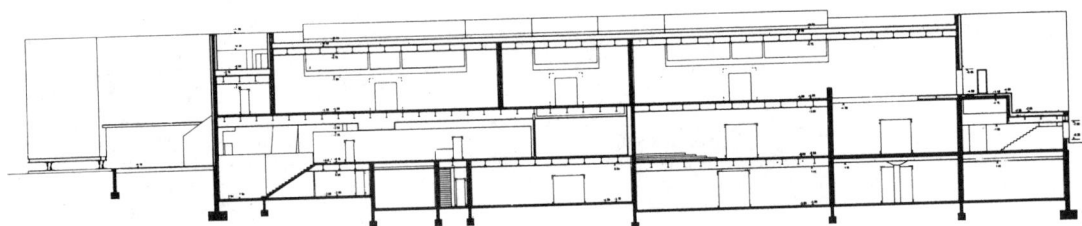

书店和咖啡吧的纵向剖面

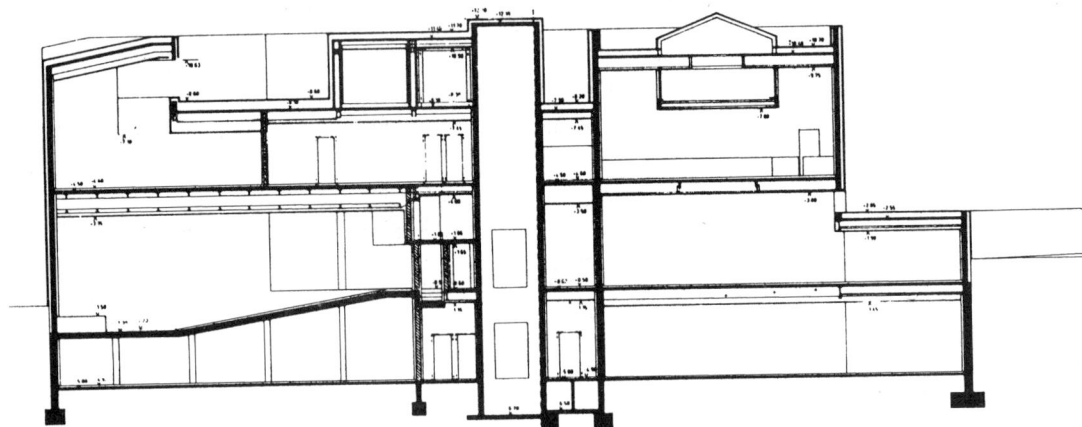

会场和阅览室的横向剖面

鸟瞰

从花园远望加利西亚现代艺术中心

外观之一

外观之二

沿街外观

沿街坡道

沿街入口门廊

主入口

入口门厅

主楼梯空间之一

主楼梯空间之二

展厅室内

从展厅看中庭天窗

从门厅通向书店和咖啡吧的走道

咖啡吧室内

过渡空间

展廊的天花

从底层会场看中厅

底层临时展厅

通向二层阅览室的大厅

走道局部之一

临时展厅和永久展厅之间的空间之一

临时展厅和永久展厅之间的空间之二

地下层展厅入口

走道局部之二

16. 阿威罗大学水塔
(Water Tower, University of Aveiro)

葡萄牙，阿威罗（Aveiro），1988~1989

　　这座服务于大学校园的水塔是西扎与一位结构工程师合作设计的。两个要素支撑了立方体的水箱：一片15cm厚的垂直墙体和一个可以由此进入储水箱的圆柱体支撑。片状墙体和圆柱体通过两条不锈钢带相联系。这座钢筋混凝土的构筑物伫立于一片浅浅的水池之中。

外观

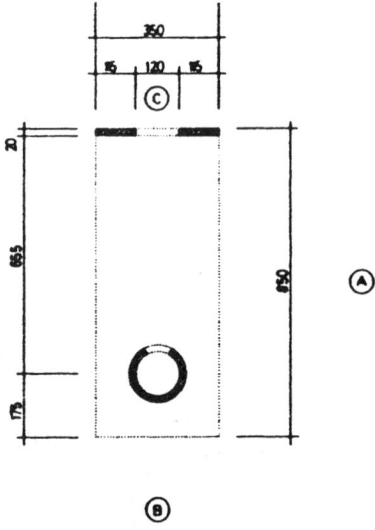

平面

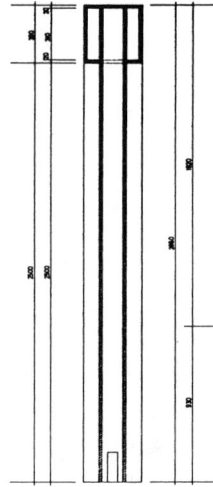

剖面

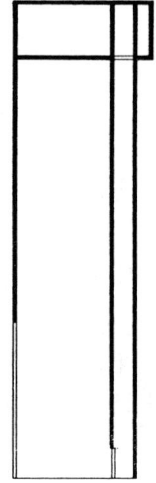

剖面

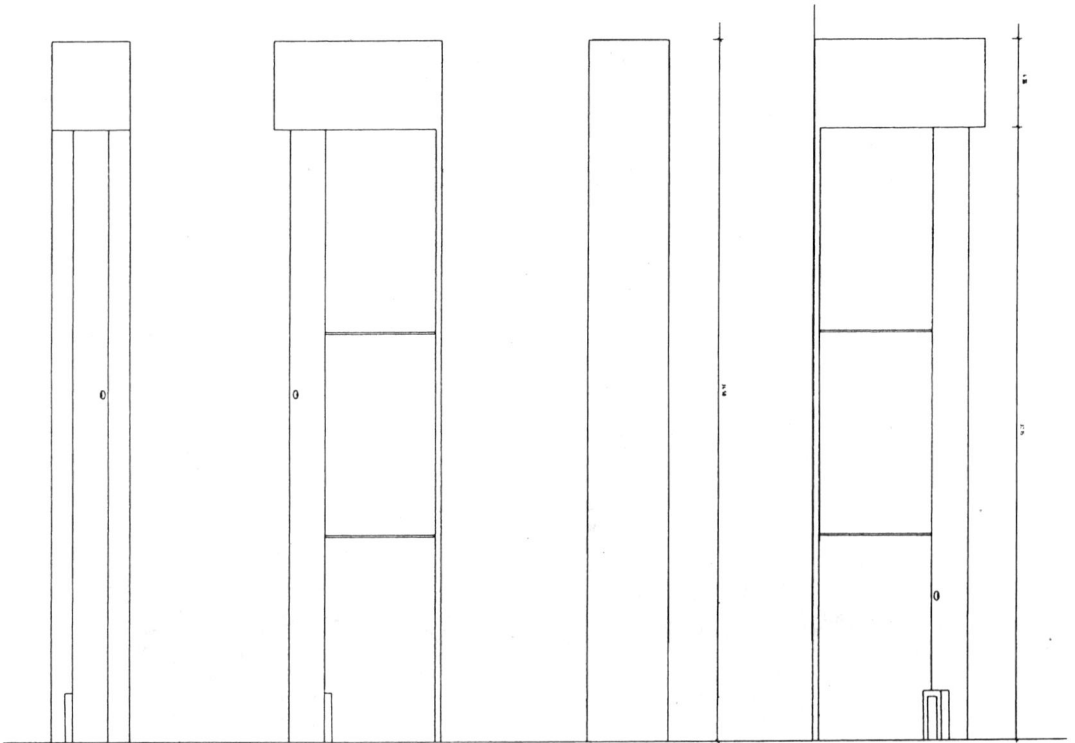

立面

17. 阿威罗大学图书馆
(Aveiro University Library)

葡萄牙，阿威罗（Aveiro），1988~1995

　　这座图书馆在位于城市边界的大学新校园中扮演了极为重要的角色。图书馆的公共主入口设置于一层标高处。基本设计模数是阅览桌的尺寸，在每一楼层都由书架单元限定出一个半自主的空间。这些空间通过侧面的横向开启和来自于弧形顶棚的圆锥形屋顶采光井的漫射光线采光。服务性空间和书库设置于建筑的底层，而独立的研究室位于北部的体量内。

　　一片连续的弧墙是西立面的主要特征，它表现了建筑的钢筋混凝土结构。在三层高度的水平开启保证了阅览座位与外部广阔辽远的沼泽地之间的视线联系。

　　在每一楼层，所有的电气和空调设备都隐藏于建筑的周边，使天花保持整洁，并保证了竖向中庭空间和顶层双曲顶棚的空间连续性。

总平面

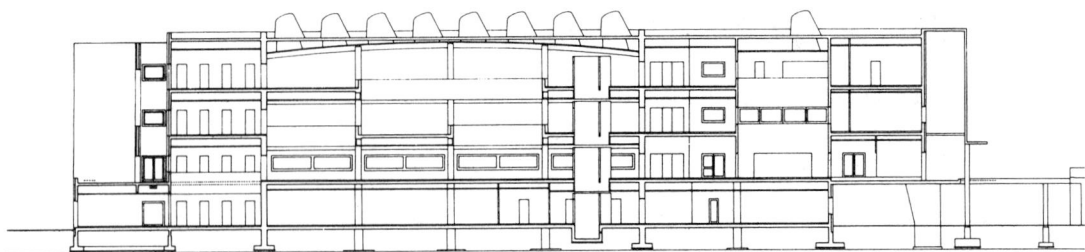

沿中心轴线的纵向剖面（向东北方向看）

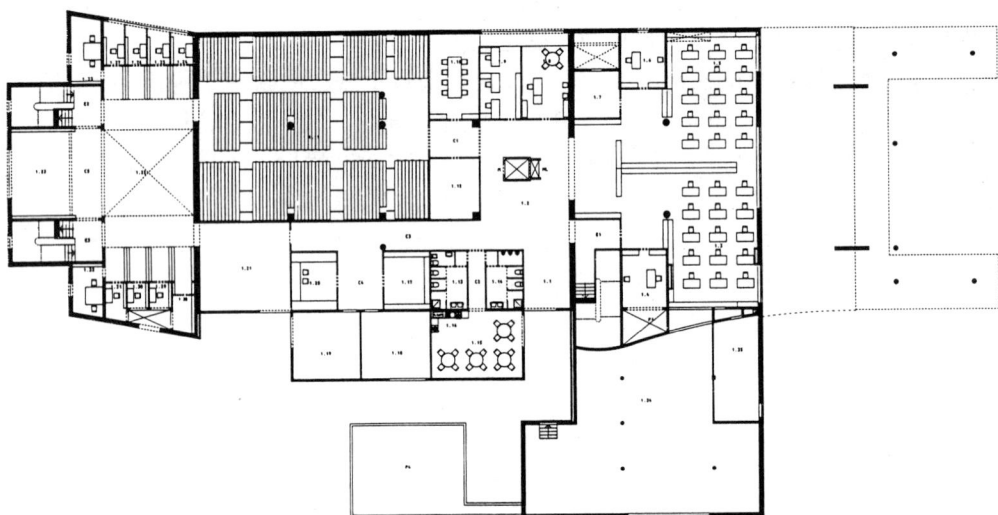

底层平面（档案室、办公室）

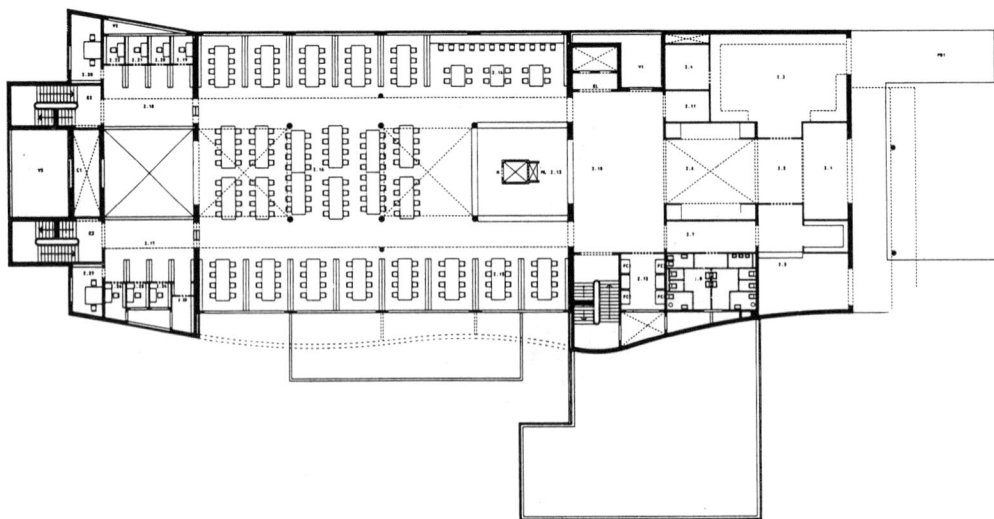

二层平面（公共入口层）

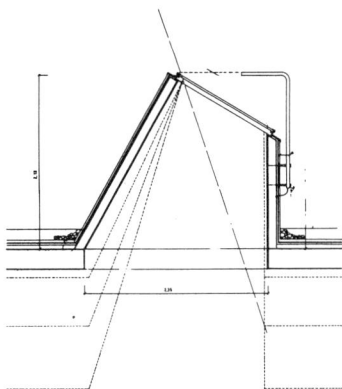

天窗剖面

天窗细部 a

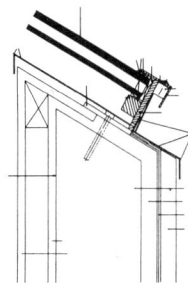

天窗细部 b

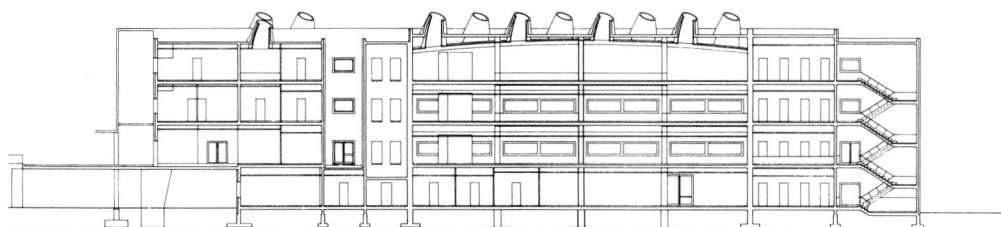

楼梯的纵向剖面（向西南方向看）

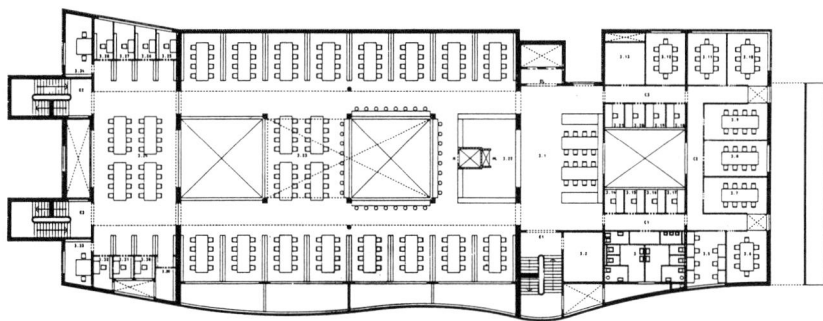

三层平面

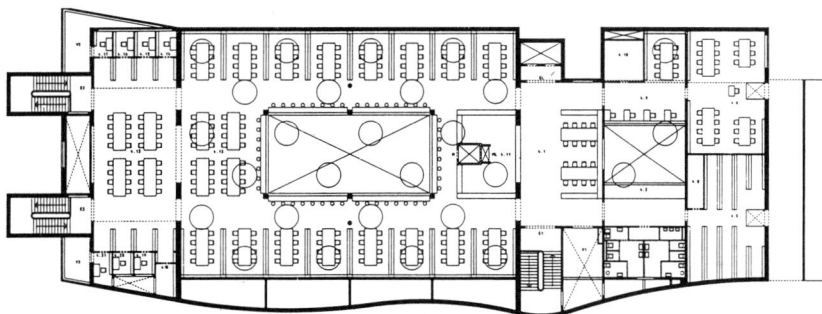

四层平面

217

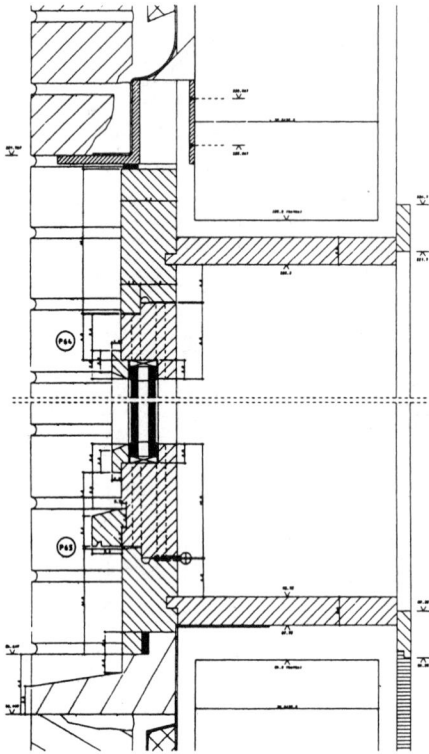

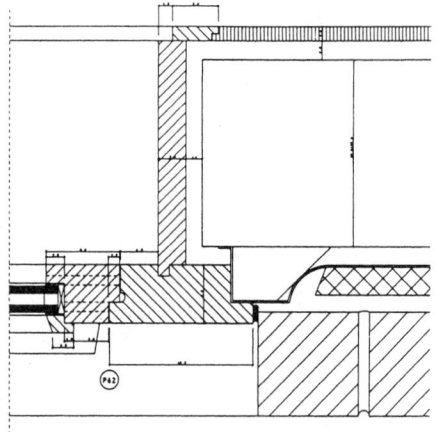

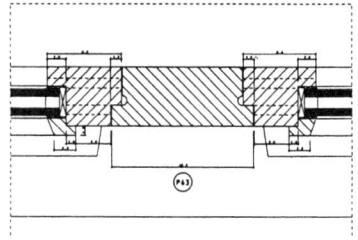

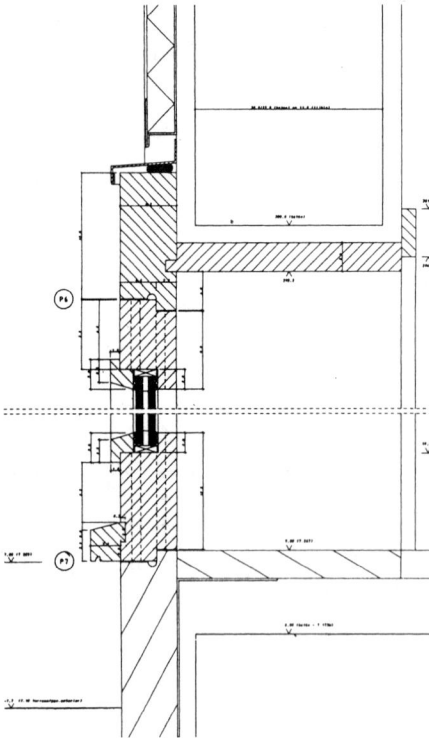

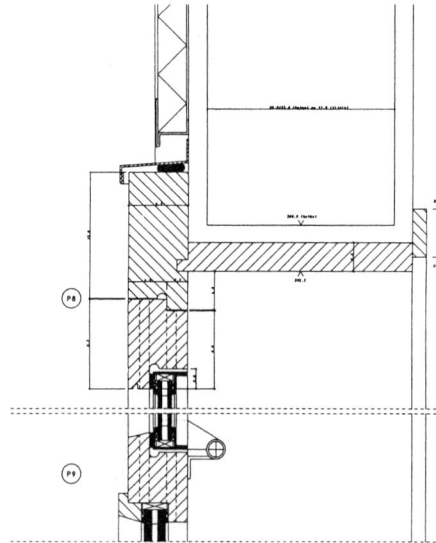

外墙细部

从南面远望阿威罗大学图书馆

南面外观

西面外观

北面外观

东南外观

西北外观

主入口

不同材料的交接之一

不同材料的交接之二

底层阅览室室内之一

底层阅览室室内之二

顶层阅览室室内

贯穿空间之一

贯穿空间之二

18. 齐奥多街区重建
(Chiado District Reconstruction)

葡萄牙，里斯本（Lisbon），1988～

　　作为在较低的街区和高处的小山之间的过渡，齐奥多街区构成了城市中历史上最重要的公共和商业区。坐落于阿尔梅达大街（CarmoNova do Almada）和加勒特大街（Rua Garrett）的交叉路口附近的17座建筑中的大部分在1988年的大火中被烧毁。除了齐奥多商店（the Armazems do Chiado）和格兰德拉百货公司（the Grandella Department Store）之外，在这一地区的其他建筑都呈现出庞巴尔（Pombalino）时代（1699～1782）的风格，建筑外观十分简朴。重建规划试图重新诠释这种立面的秩序系统并引入钢筋混凝土的结构骨架。电梯和楼梯的流线系统充分考虑了商业、办公和居住等不同功能的空间分配。通过削减重建建筑的进深，尽可能多地创造新的公共开放空间。按照这一设计策略，在A街区创造了通过通道与周围街道相联系的内部庭院。而在B街区，一座拱形的楼梯和通道通向连续的平台，在齐奥多街区和较高的区域之间重新建立起联系。在C街区，格兰德拉百货公司被复原，以提供一个多功能的商业中心，它包括停车场、商店和办公室等多种功能。紧邻的齐奥多商店被改建为一座旅馆。新的设计还开通了一条新的街道（Rua da Baixa），将齐奥多街区与较低的区域连接起来。一座新的地铁站进一步加强了这一重建地区与城市之间的联系。

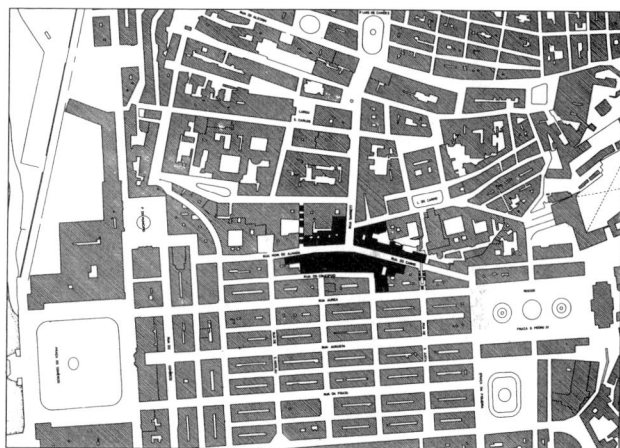

齐奥多街区重建总平面图示之一

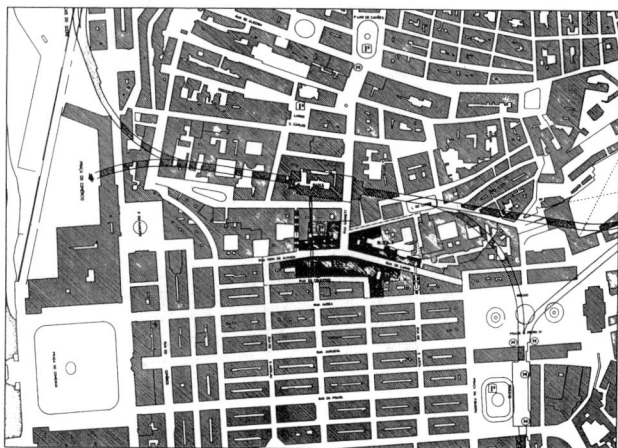

齐奥多街区重建总平面图示之二

齐奥多街区重建透视

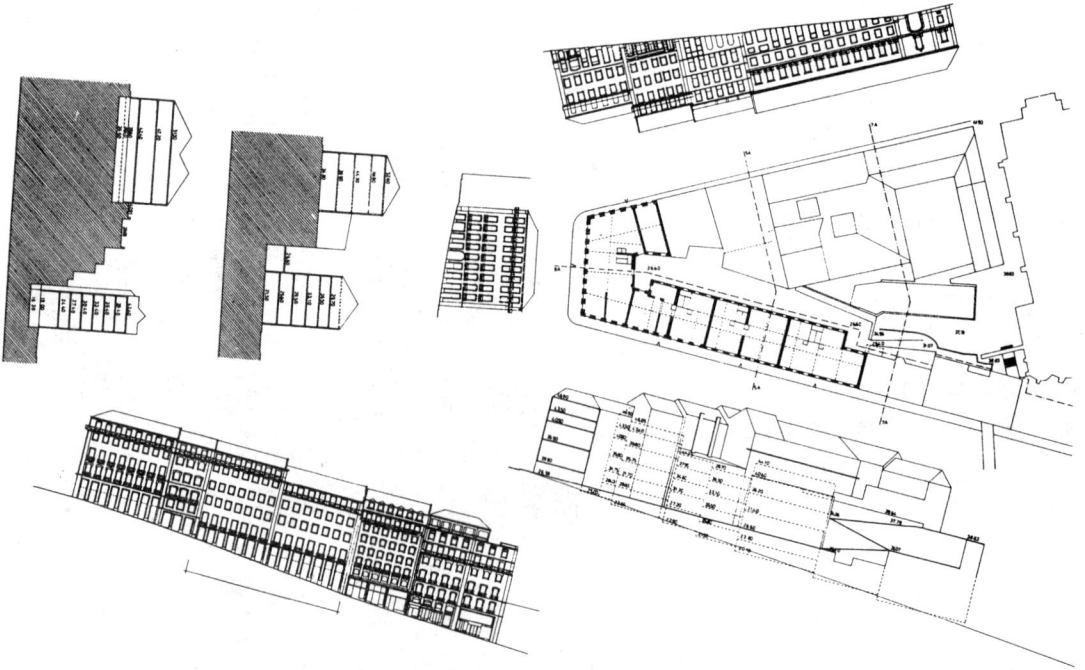

B区平面、立面、剖面

沿街立面之一

沿街立面之二

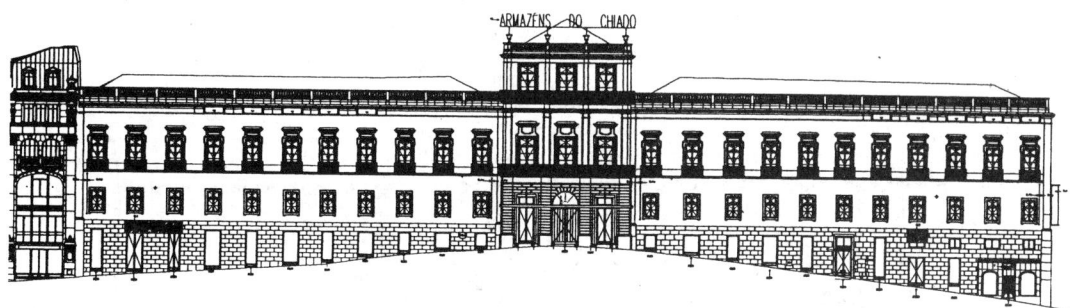

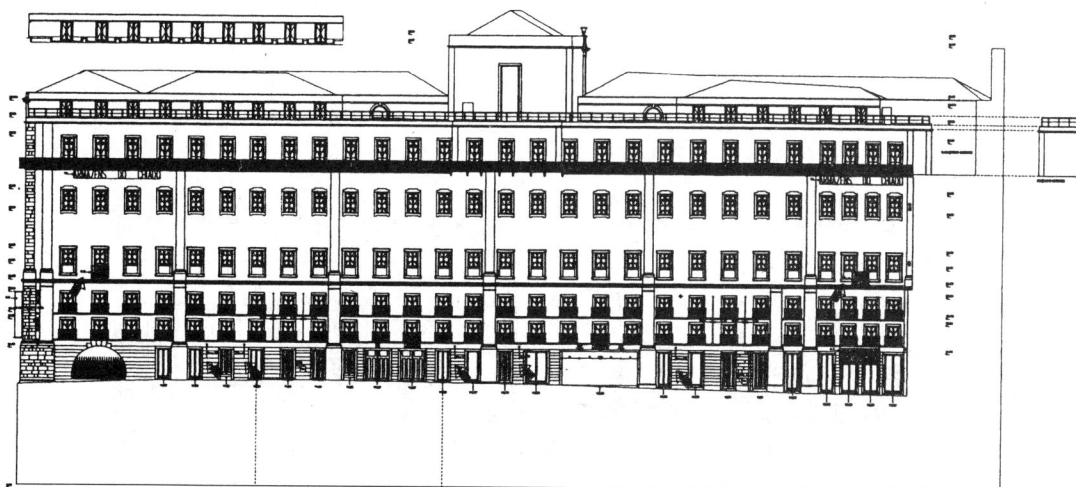

齐奥多街区商店立面

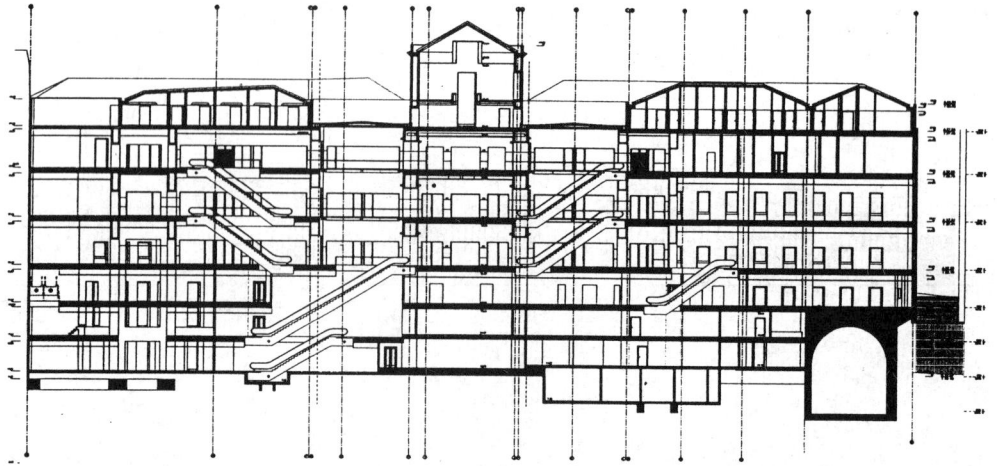

齐奥多街区商店剖面

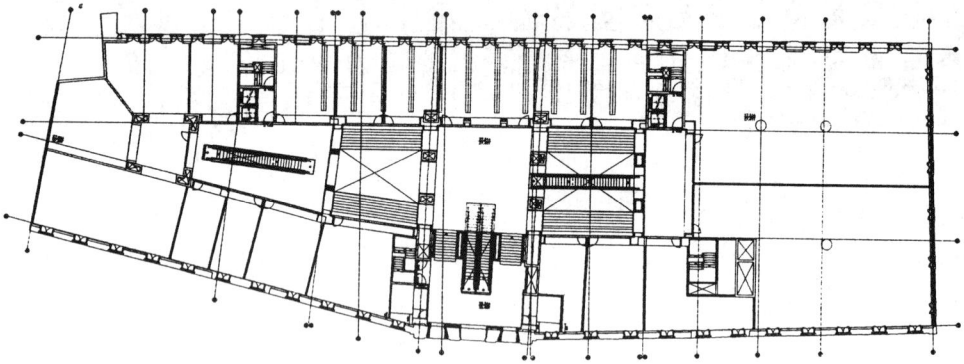

齐奥多街区商店平面

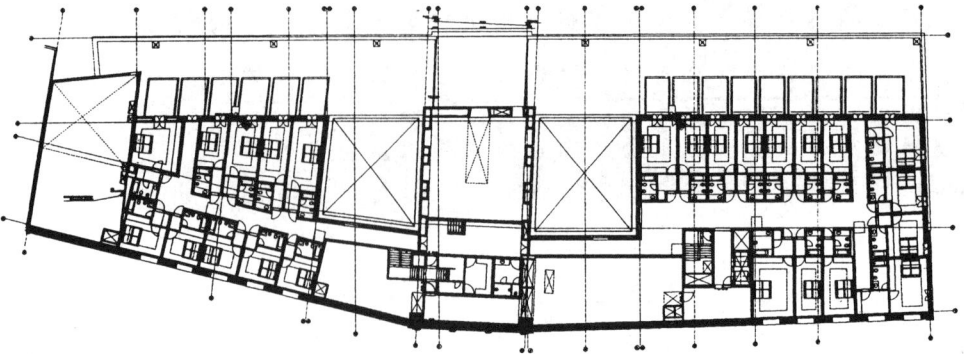

齐奥多街区商店平面

阿尔梅达大街沿街建筑外观

内部街景

重建地铁内部通道

重建地铁入口

19. 巴塞罗那奥运村气象中心
(Metereological Centre in the Olympic Village)

西班牙，巴塞罗那（Barcelona），1989～1992

　　该气象中心位于奥林匹克村内港口的东北角，为一个圆柱形的混凝土体量，屹立于巴塞罗那城区和大海之间，简洁有力的建筑形象成为场所中的重要标志。

　　该建筑共有6层，平面呈圆形，直径33m，中间有直径9m的中庭。下部3层被切去一部分，以利于人行道和车行道的连续。建筑底层下沉，从坡道进入，在奥运会之后将成为服务于海港区的信息中心。

　　这个气象中心的内部空间被划分为几个区域：围绕中庭空间的是天气预报区和通讯区，外围则是日常工作区和警戒区。核心和外围之间的楼梯建立起垂直交通。上部几层有沿外层圆周布置的楼梯通向屋顶平台，在屋顶平台设有雷达，在此还可远眺海港、奥林匹克村和巴塞罗那城全景。建筑的基座坐落在砂子中，运用了粗糙的混凝土，而上部运用了做工精巧的白色云石贴面，整个建筑就像一座被部分挖掘的圆形古堡。

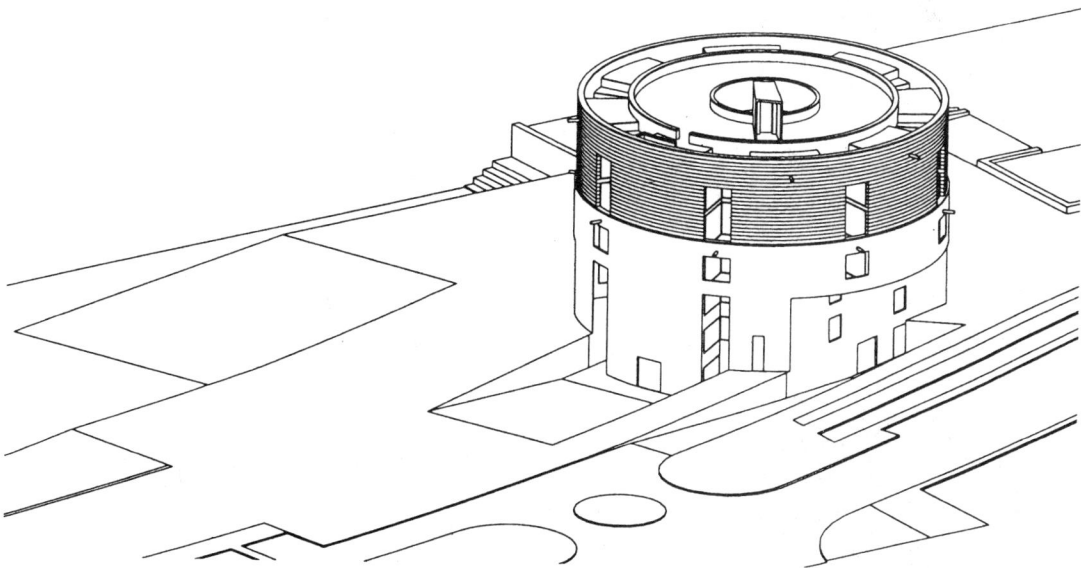

轴测图

草图

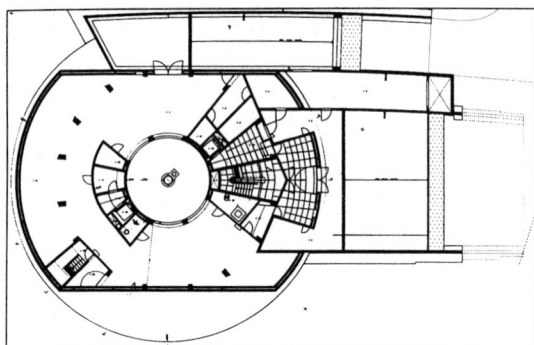

地下层平面

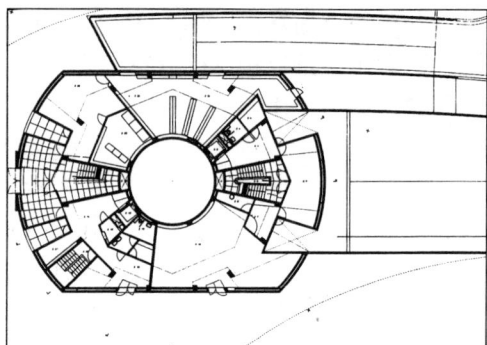

首层平面

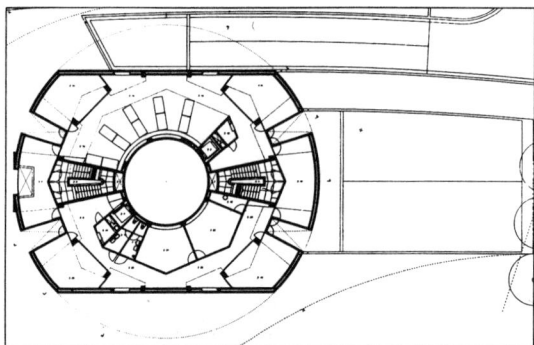

二层平面

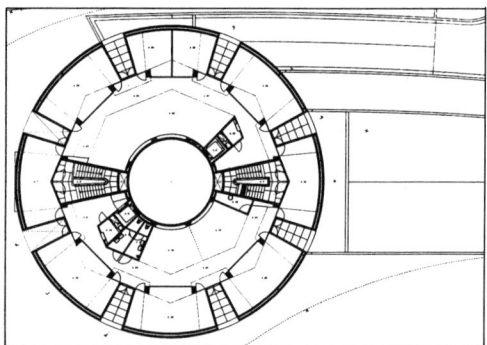

三层平面

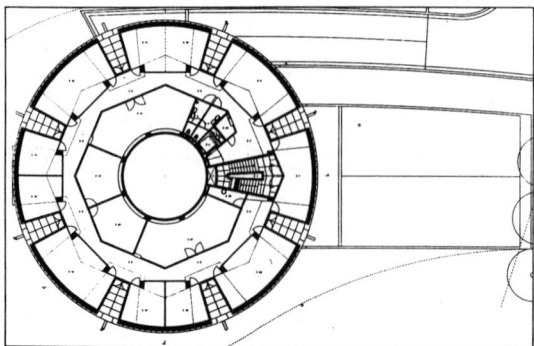

四层平面

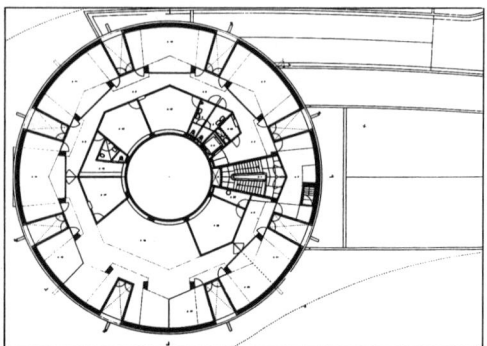

五层平面

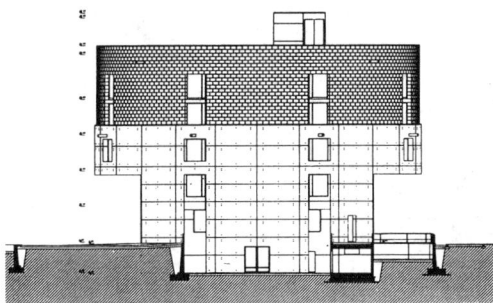

东北立面

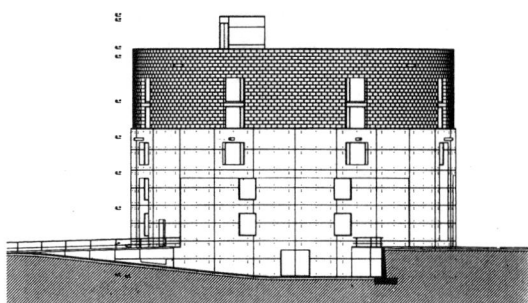

西北立面

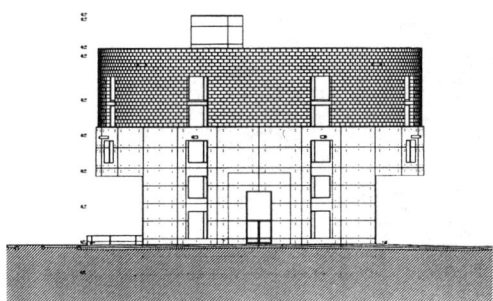

西南立面

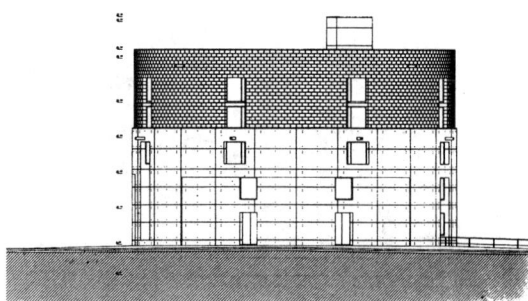

东南立面

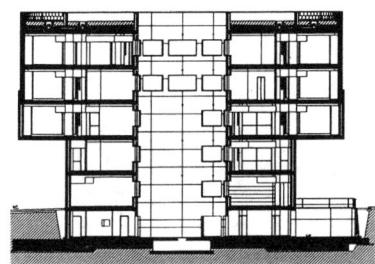

剖面

从海湾远望巴塞罗那奥运村气象中心

外观之一

外观之二

外观之三

外观局部

车库入口

室内天窗

20. 福尔诺斯教区中心
(Church in Marco de Canavezes)

葡萄牙，1990~1997

　　为乡村教区而建的这一天主教教堂包括三座两层的建筑：A.圣玛丽亚圣堂和殡仪礼拜堂；B.礼堂和主日学校；C.牧师住宅。新建筑与原有环境相呼应，并在教堂大门处形成一个礼仪性的空间。圣堂是一个简洁的30m长的正殿，主入口在正殿东南端。圣坛位于正殿向内的凸面转角处，略高于正殿的地面高度，共有400个座位。西北侧厚重的弧墙在顶棚高度被撕开，形成三个巨大的开启，为室内提供照明。东南面的墙体设有一个水平伸展的长窗，而在圣坛后面泻入的光线照亮了下面的殡仪礼拜堂。

　　洗礼池占据了正面最重要的位置。主体体量和其他体量中的休息室作为日常使用的出入口，这里还设有通向钟楼的楼梯，一个辅助性的矩形体量位于正殿的一侧，其中包含圣坛侧面的圣器贮藏室、档案室和忏悔室等空间，一部楼梯和电梯将这些空间与下部的殡仪礼拜堂相联系。

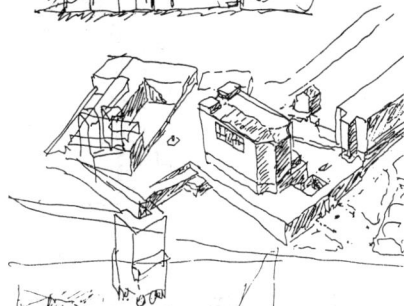

草图

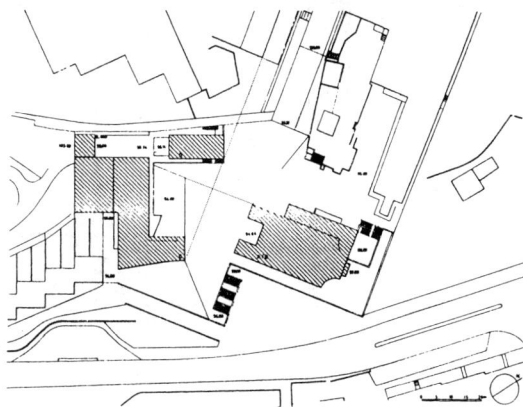

总平面

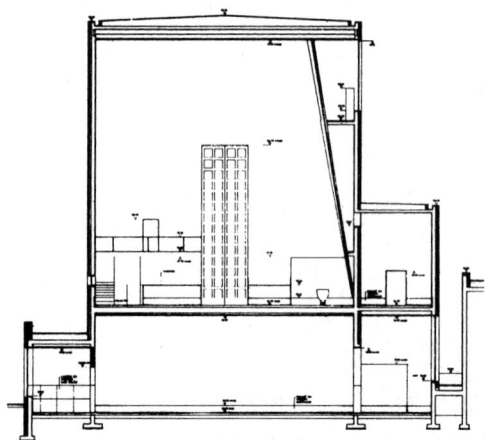

朝向主入口的横向剖面

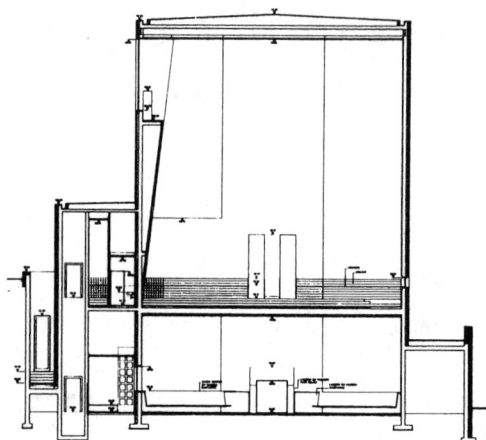

朝向祭坛的横向剖面

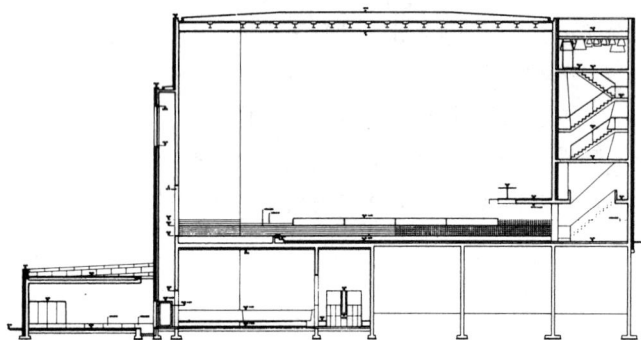

钟塔的纵向剖面

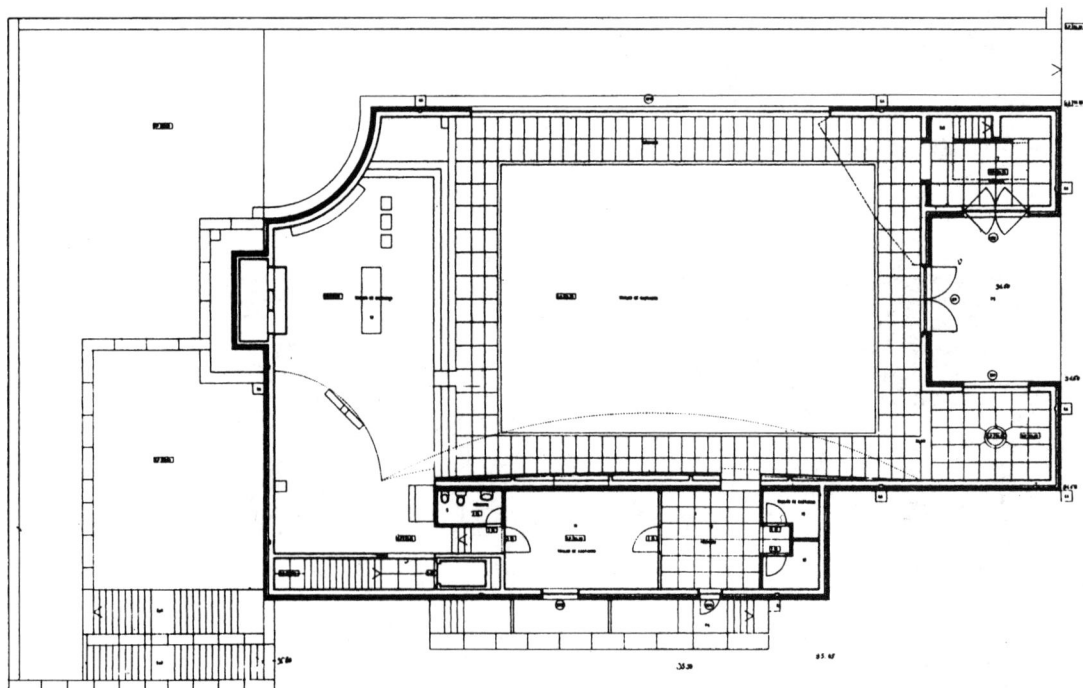

首层平面

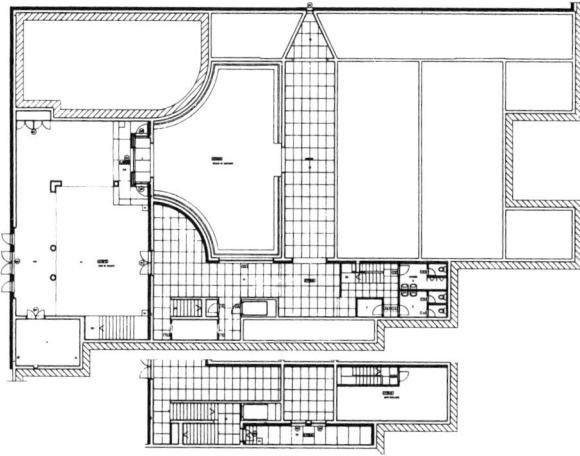

更低标高平面和侧翼夹层平面

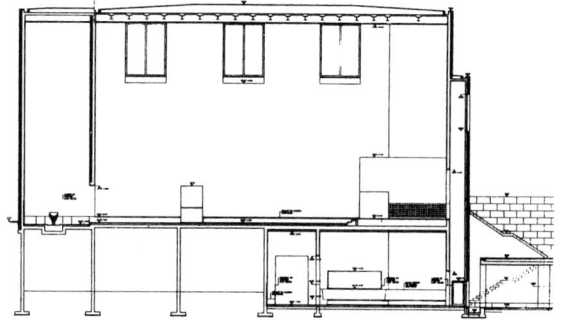

西侧光井的纵向剖面

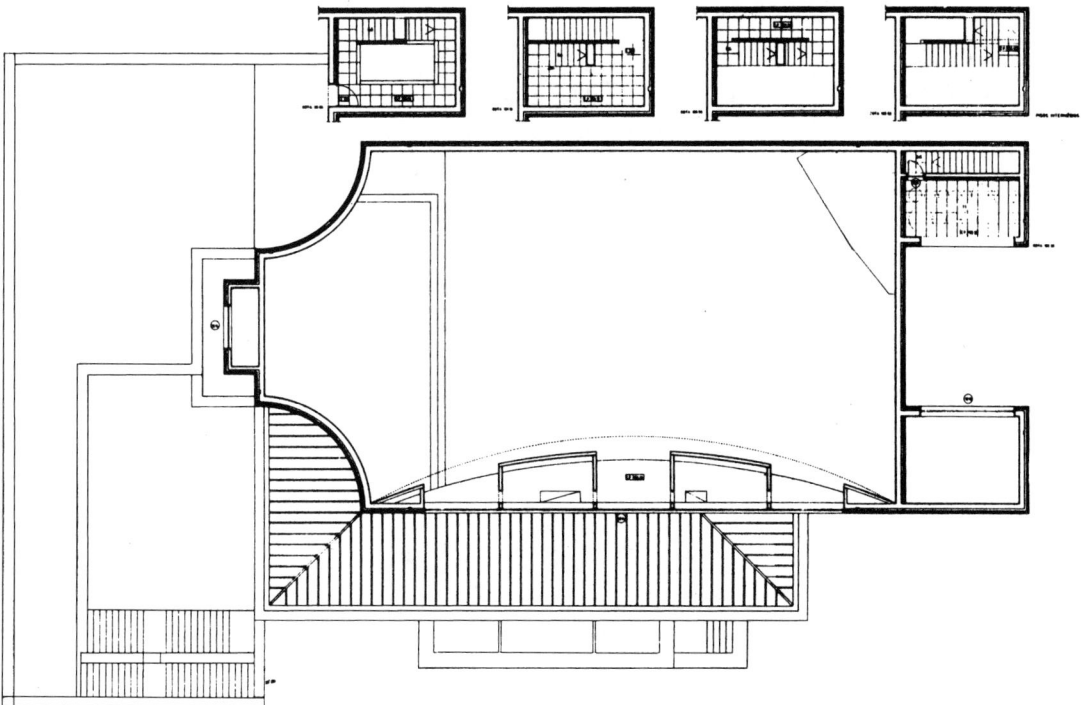

更高标高平面和钟塔平面

235

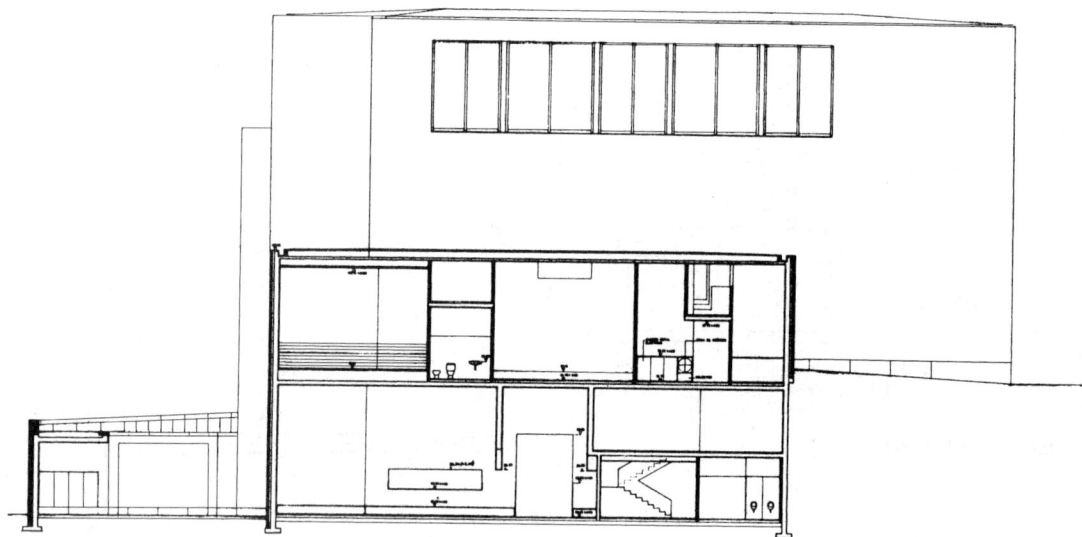

侧翼的纵向剖面

鸟瞰

东北外观

入口正立面

东南外观

东南沿街外观

西南外观

圣堂室内之一

圣堂室内之二

圣堂内的高侧窗

内院之一

内院之二

室内通道

21. 凯拉米克公寓和办公建筑

(Céramique-apartment and Office Building)

荷兰，马斯特里克特（Maastricht），1990～1998

该项目建立了凯拉米克的居住单元和具有历史感的维克（Wyck）街区之间的相互联系。为了反映环境中的限定因素和提供新旧城区之间的视觉延续性，该项目被分为三个独立的建筑体量：位于凯拉米克大道弧线转角的6号街区和位于阿克斯特拉特（Akerstraat）的7、8号街区，还有一座塔楼。这三个独立的建筑体量都具有各自的特征。场地的高差在场地边缘通过楼梯、坡道和抬升的步行广场被加以利用。

在6号街区，建筑底层设有商店，二至六层为公寓。建筑的正面顺应街道的形态呈柔和的弧线形。顶层的立面是连续的，下面几层的立面以块面为主要特征。建筑正立面、敞廊和沿街商店共同创造了戏剧性的立面效果。在阿克斯特拉特一侧，一条45°的延伸线使对面建筑和周围建筑的尺度得以协调。西北立面呈弧形，且不加修饰，不论在设计语言还是在材料运用方面都十分平实。建筑以红砖建造，还少量运用了白色框架和金属栏杆。

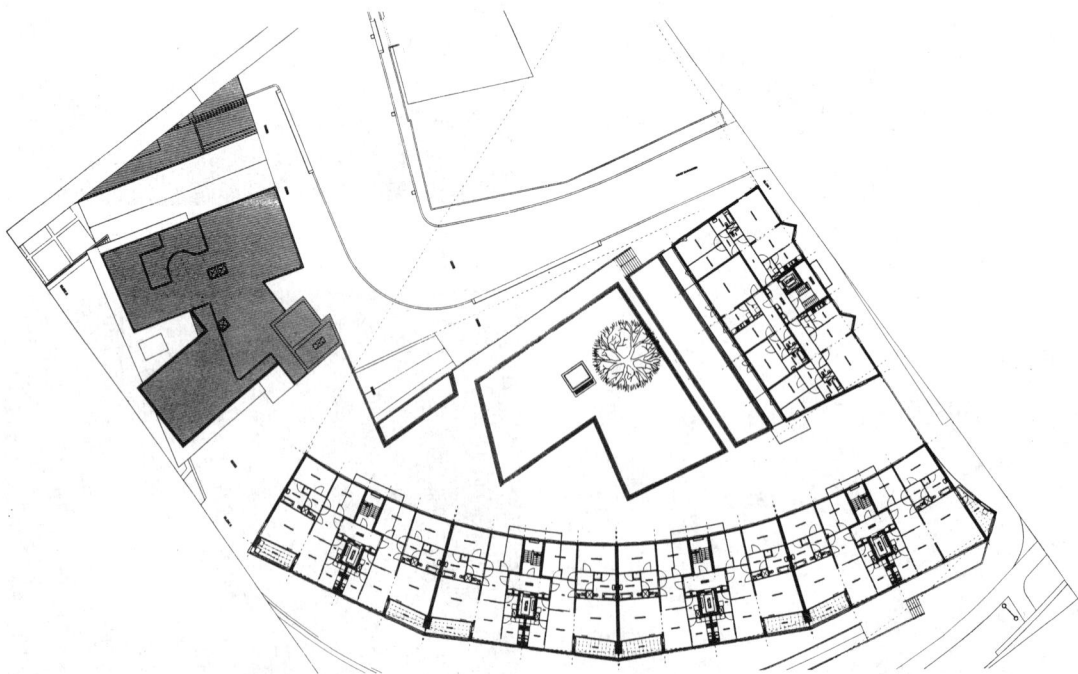

标准层平面

240

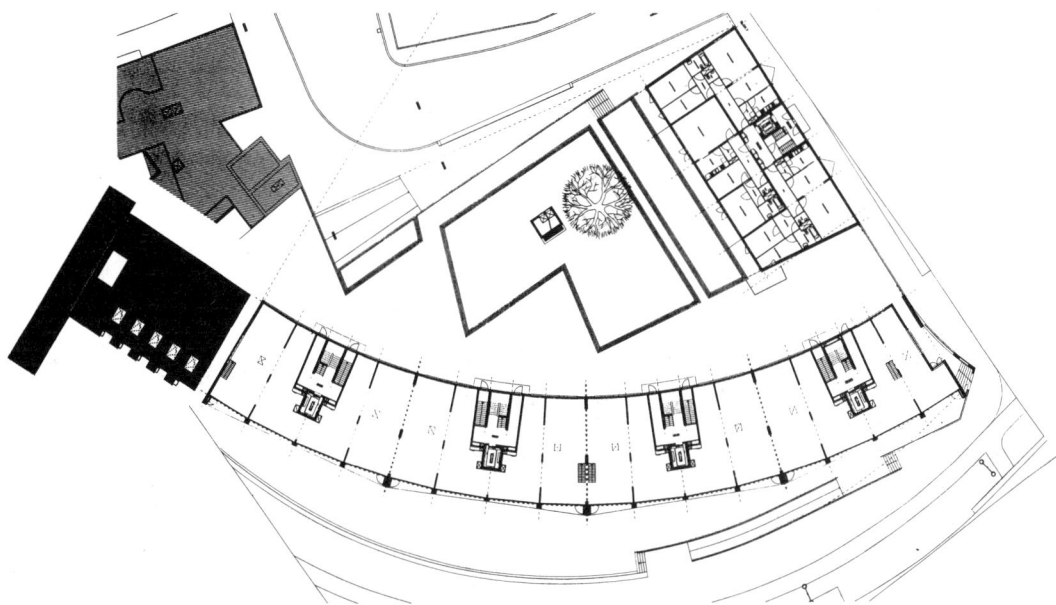

底层平面

沿街立面（东）

沿街外观之一

沿街外观之二

北面外观

沿街外观之三

沿内院外观

内院

22. 维特拉家具厂厂房
(Production Building For Vitra)

德国，魏尔 (Weil am Rhein)，1991~1994

　　这座厂房是维特拉家具厂的一部分。这家著名的家具制造厂委托许多著名的建筑大师设计了各式各样的工业建筑和办公综合体。该项目包括一座独立的厂房和一个装卸码头。装卸码头通过拱门下的通道与毗邻的由尼古拉斯·格雷姆肖 (Nicolas Grimshaw) 设计的厂房相连接。

　　在9000m²的生产车间内，设计者插入了两座独立的小型建筑：一个是服务于工人的以混凝土砌块建造的小屋；另一个是由柱子支撑的钢和玻璃的结构，以提供计算机自动控制所需的空间。员工的房间设置于建筑东南角面向天井的夹层空间中。

　　建筑外墙表面用质地粗糙的红砖覆面，以富于韵律感的开窗打破其单调感。钢制的排水沟呼应了在基座和檐口处的材料，一个钢结构的天棚将新建建筑与相邻的厂房相互连接。这个极富动态的拱形雨篷悬挂于悬挑的钢骨架上，可以用四条悬索调节高度，以保证在恶劣的天气下能够装卸货物。

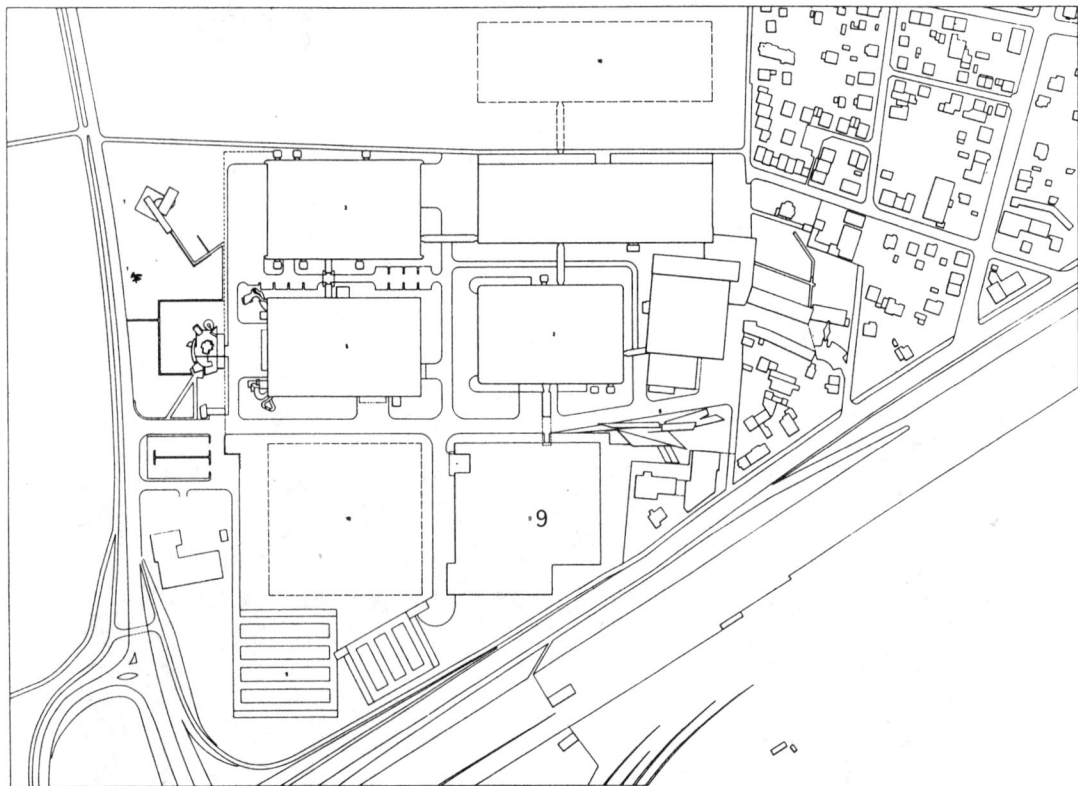

维特拉家具厂厂房总平面（图中9号为西扎的作品）

东南立面

西北立面

西南立面

东北立面

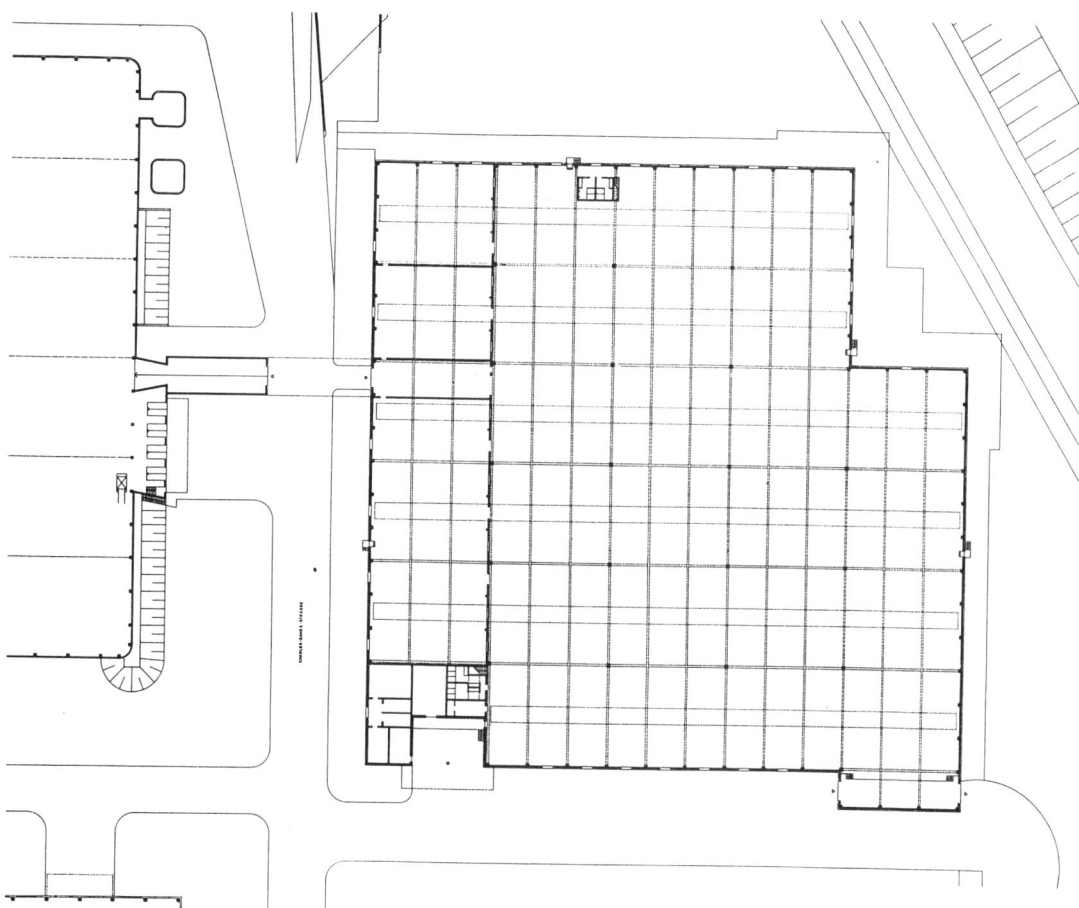

平面

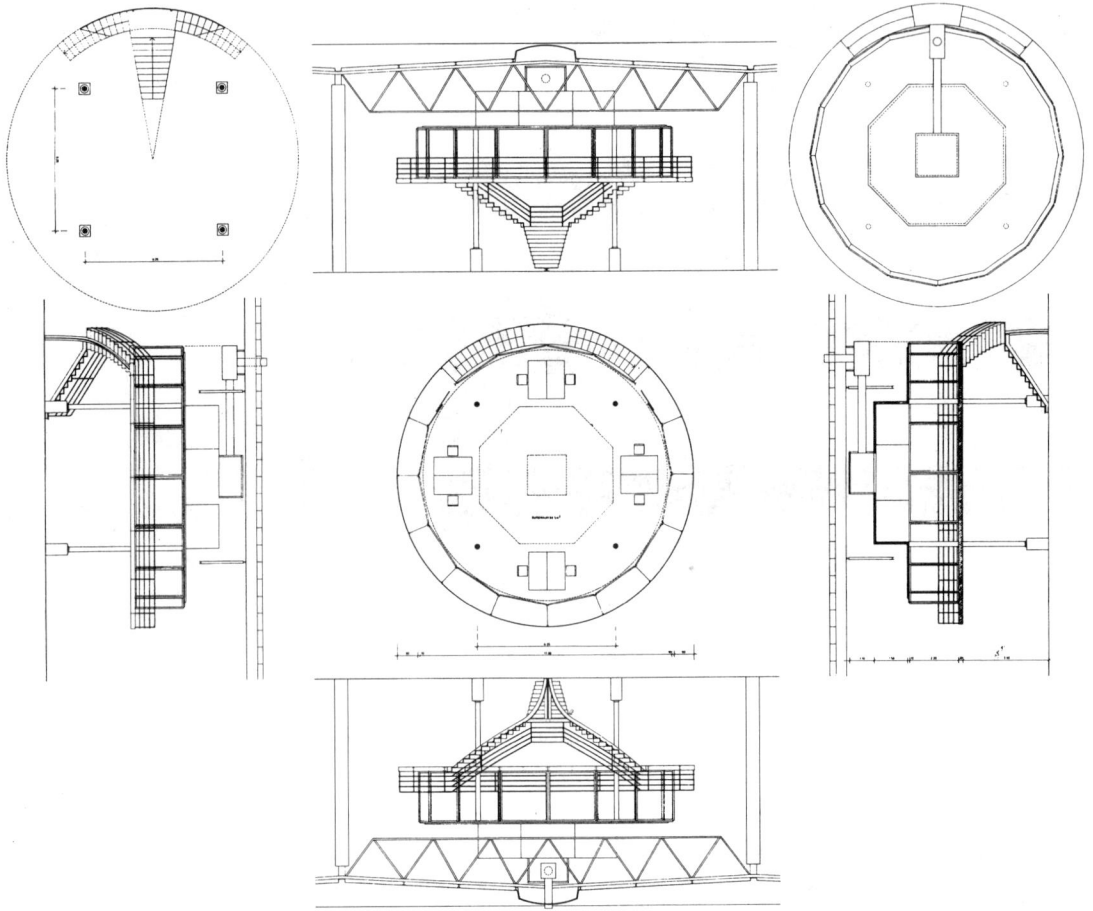

自动控制所平面和立面

首层平面	立面	屋顶平面
立面	二层平面	立面
	立面	

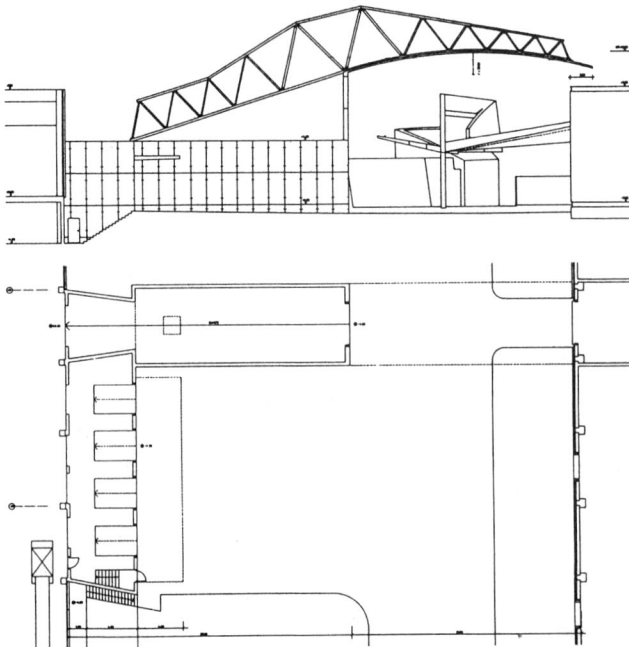

装卸码头和雨篷平面和立面

外观之一

外观之二

入口雨篷

自动控制办公室外观

服务于工人的小屋

外墙细部

23. 博阿维斯塔居住综合体
(Boavista Residential Complex)

葡萄牙，波尔图（Oporto），1991~1998

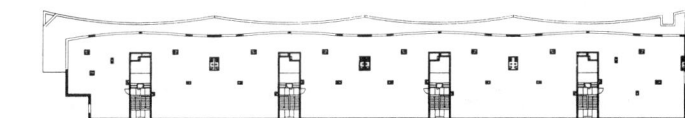
屋顶平台平面

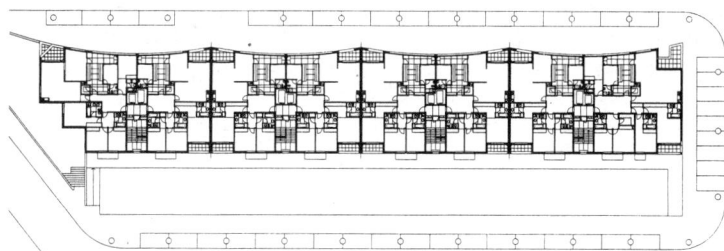
标准层平面

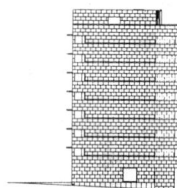
东立面

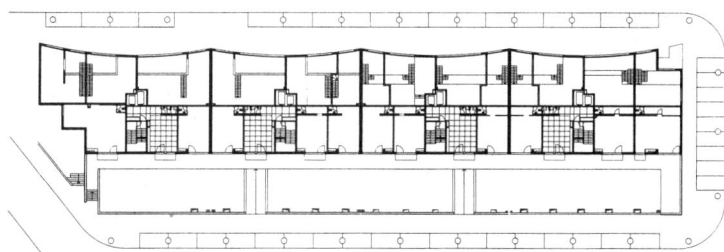
二层平面

西立面

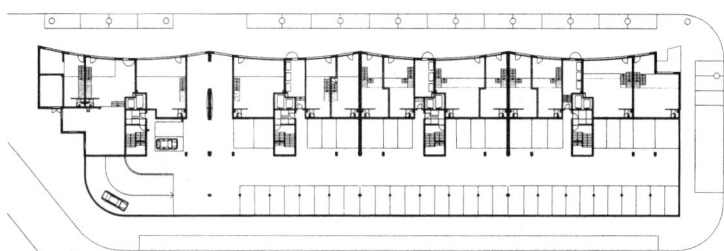
半地下室平面

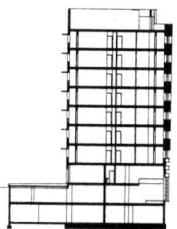
横向剖面

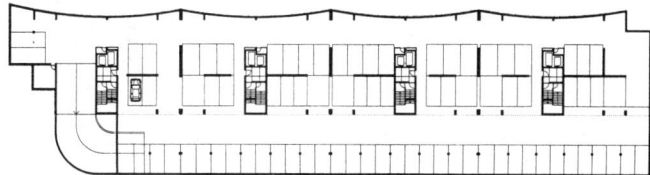
地下室平面

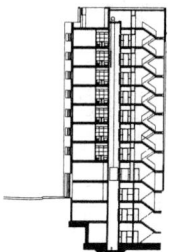
横向剖面

博阿维斯塔居住综合体

包括博阿维斯塔居住综合体在内的居住街区位于用地北端,用于商业和服务业的建筑则设置于场地南面,二者之间形成了一个巨大的公共广场。作为设计的关键要素,这一广场形成了位于不同高度的空间:较低标高的空间相对开放,与博阿维斯塔大道直接相连,并且有成行的树木;而较高的区域在北端和西端被第三幢建筑所封闭,覆盖着两个地下停车场。两个不同标高的空间通过步行坡道和楼梯相连。

　　场地从南到北的微弱倾斜和面对博阿维斯塔大道的内部斜坡使地下室可以专门作为停车场来使用。人们只有经过南侧的大道才可进入建筑综合体,这样可以减少博阿维斯塔大道的交通流量。目前,那里只有一个建成的尺寸为104m×18m矩形建筑,共9层,东西朝向,底层为商店。夹层式的停车场利用了两条道路之间的坡度,而建筑就建在这一斜坡上。

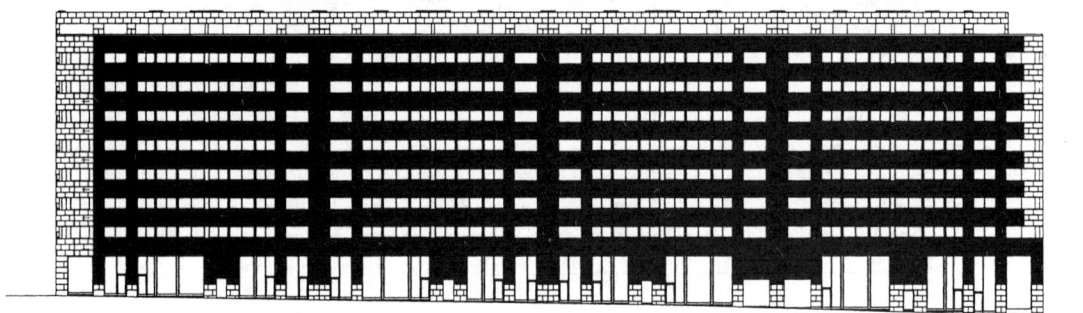

正立面

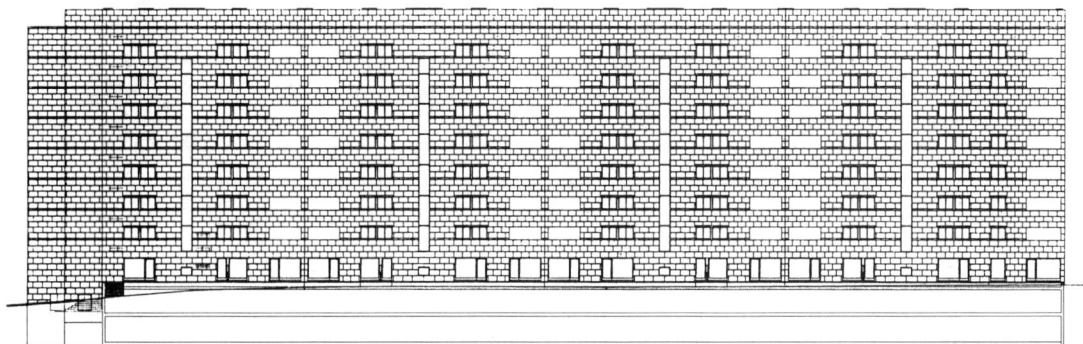

背立面

博阿维斯塔居住综合体东南外观

博阿维斯塔居住综合体东北外观

博阿维斯塔居住综合体西北外观

博阿维斯塔居住综合体南立面局部

博阿维斯塔居住综合体北立面局部

24. 塞拉维斯基金会（Serralves Foundation），波尔图当代艺术馆

葡萄牙，波尔图（Oporto），1991～1999

新的波尔图当代艺术馆位于塞拉维斯公园（Quinta de Serraves）内，这一地块中有花园、树林和被草地环绕的居住建筑。原有建筑在过去的10年间主要用作展示空间。艺术馆具有一个新的独立核心，并将包含原有建筑中的许多功能。新建建筑占据了原先果园和菜园的土地，而果园和菜园则被移到邻近的其他地方。

选择这个特殊的场地来建造艺术馆是因为它接近主要道路，可以确保便利的公共交通，并且树龄较长的大树不多，可以最大限度地避免砍伐树木。

建筑以一条南北向的轴线作为设计的框架，这条轴线采用了在菜园中原有道路的走向。从形态学的角度看，建筑具有一个主体体量，并从主体向南伸出不对称的两翼，在两翼之间形成内院和一个朝北的"L"形体量，在公共入口区域和它自身之间形成了另一个内院。

建筑外墙以石材和粉刷饰面。这些墙体的顶部保持连续的水平高度，而基座则随地形的变化进行相应的调整。地形从北到南降低近9m，坡度约5.3%。艺术馆的主入口是外墙上的一个开启，位于地块的最高处，从这个开启可直接进入内院，从地下车库上升的楼梯、电梯和来自于各个花园的道路共同汇聚在这个内院之中。展廊朝内院开敞，通过一个单独的出入口进入观演大厅。

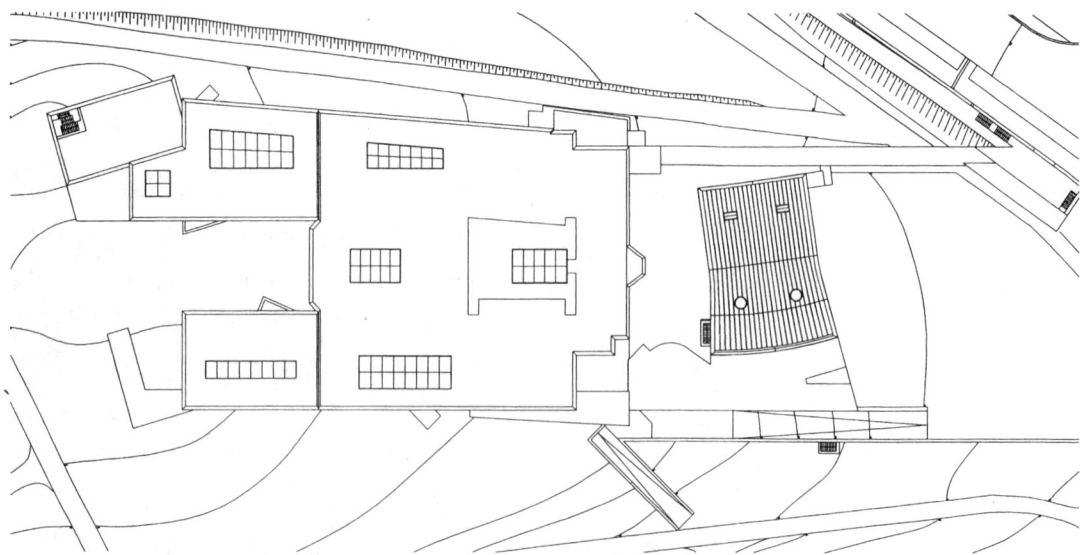

屋顶平面

252

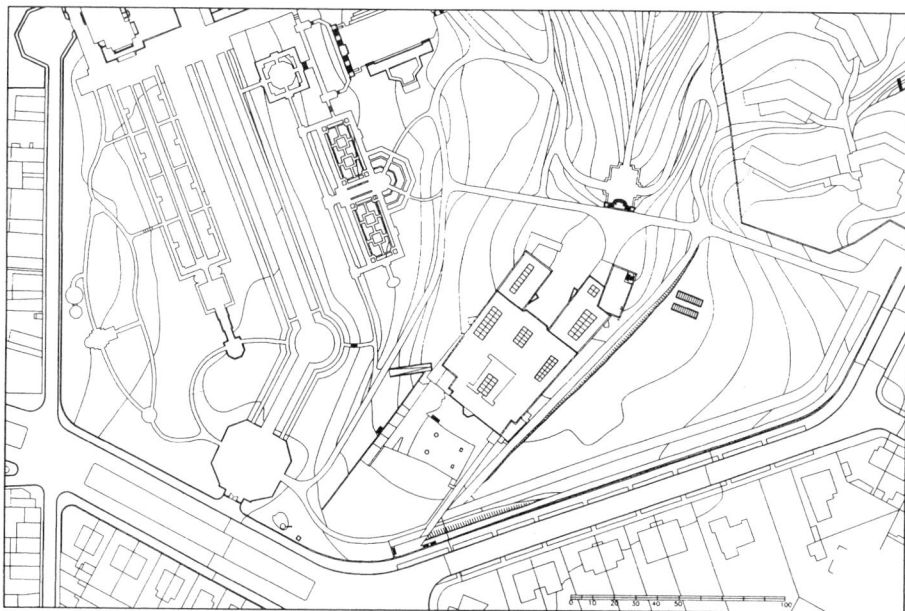

总平面

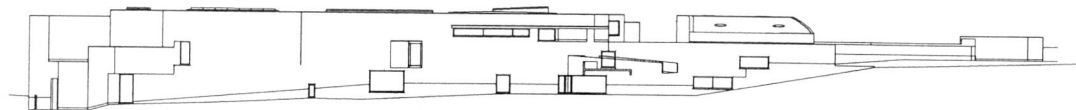

东立面

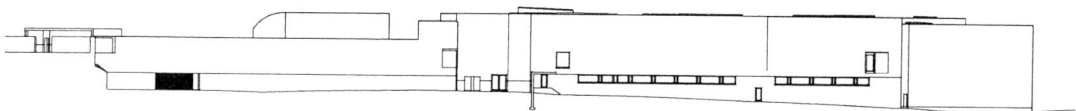

西立面

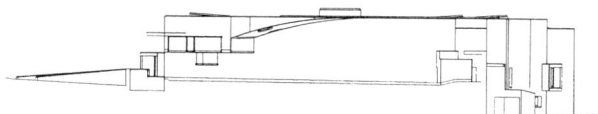

北立面

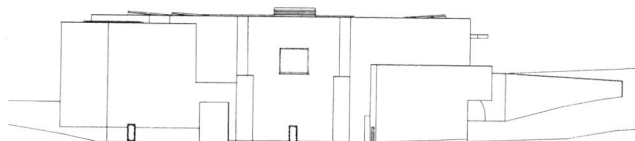

南立面

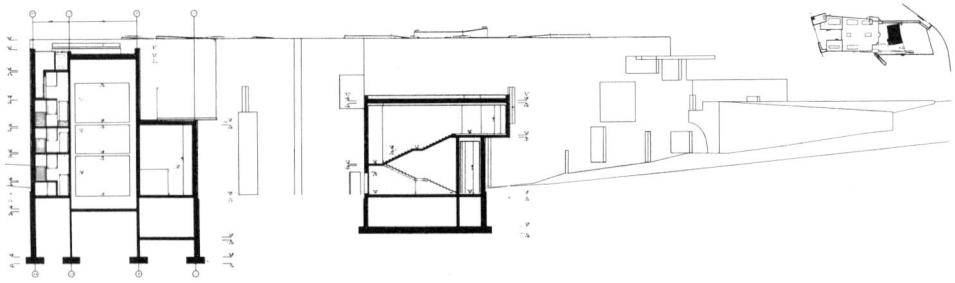

横向剖面

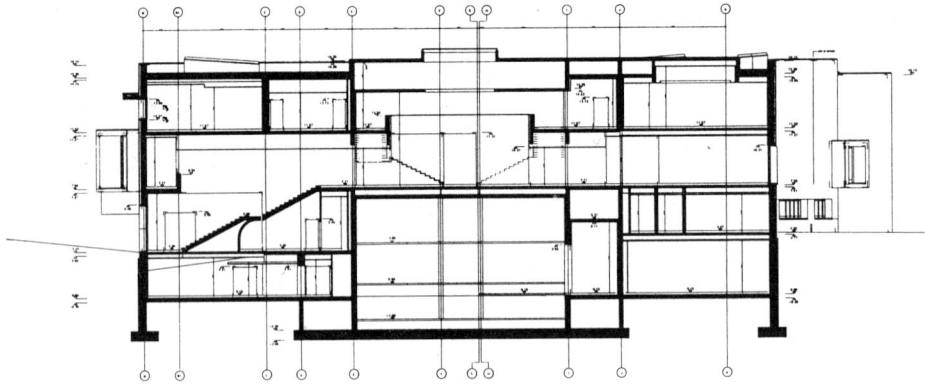

中庭的横向剖面

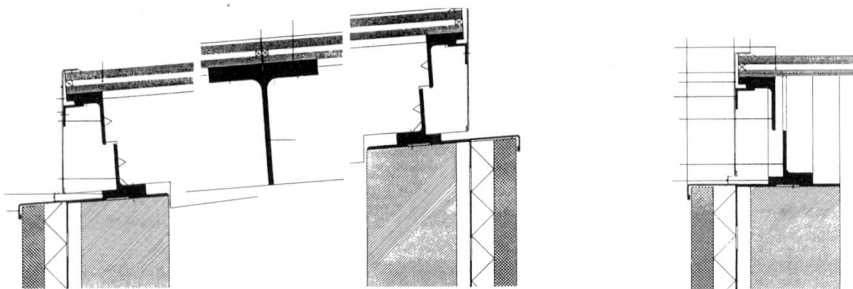

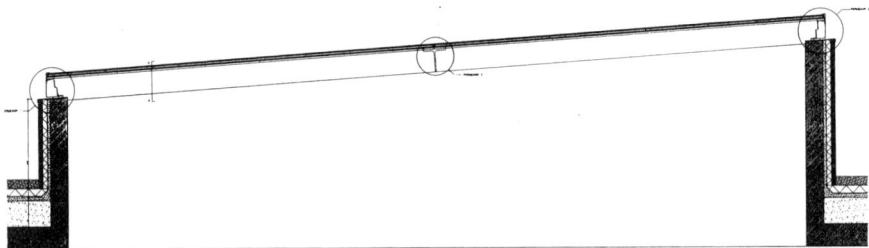

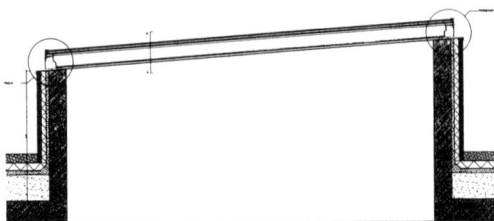

天窗构造细部

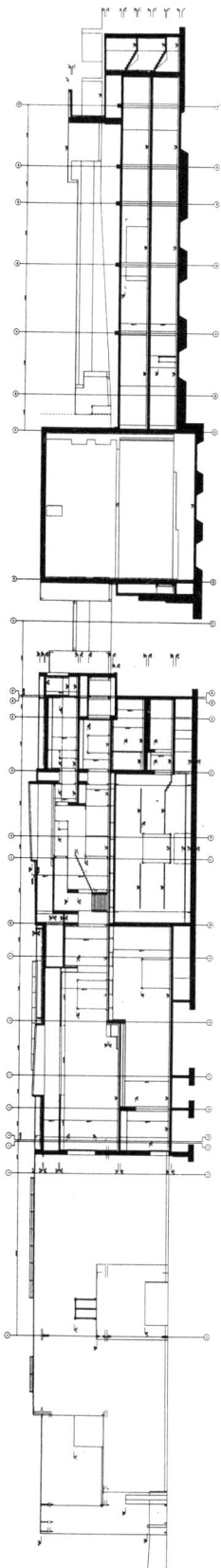

纵向剖面之一

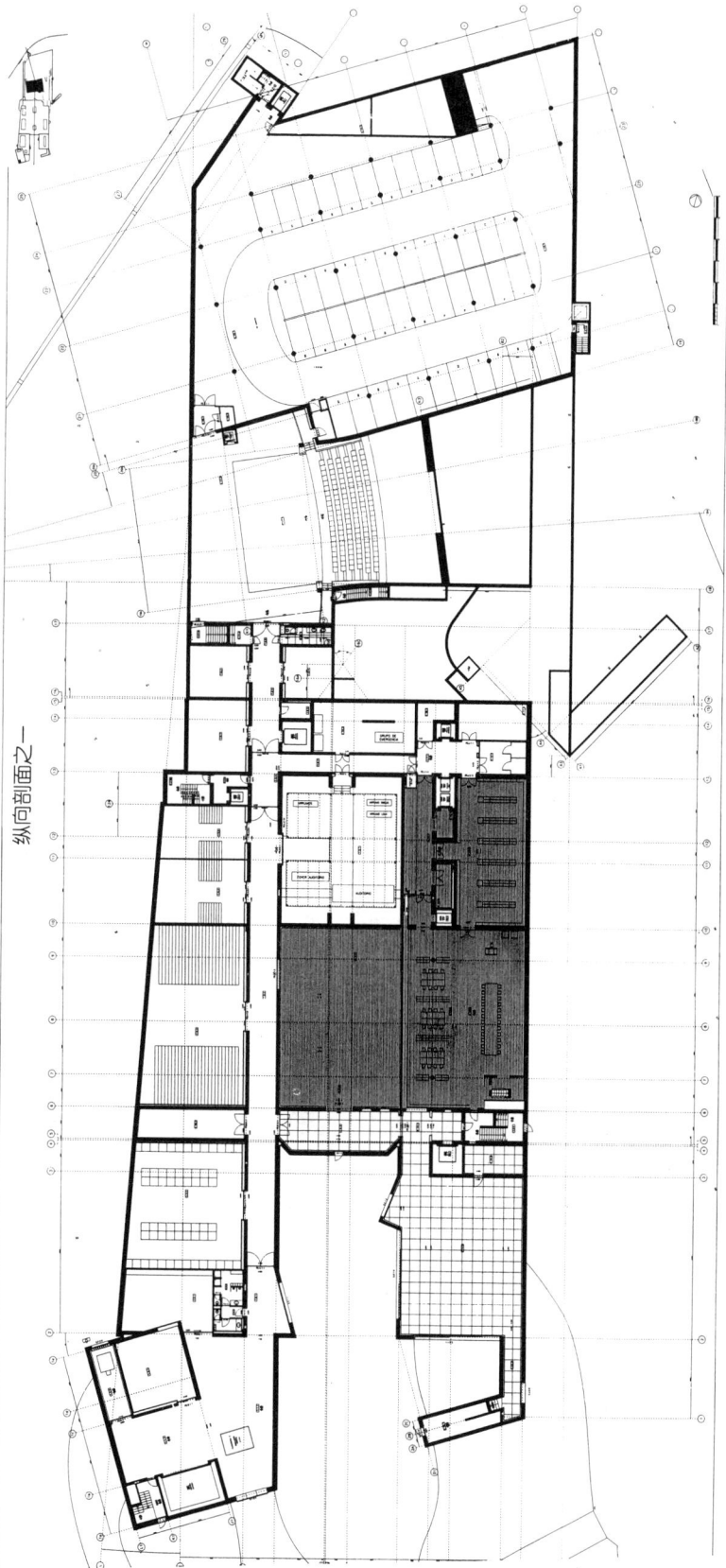

一层平面

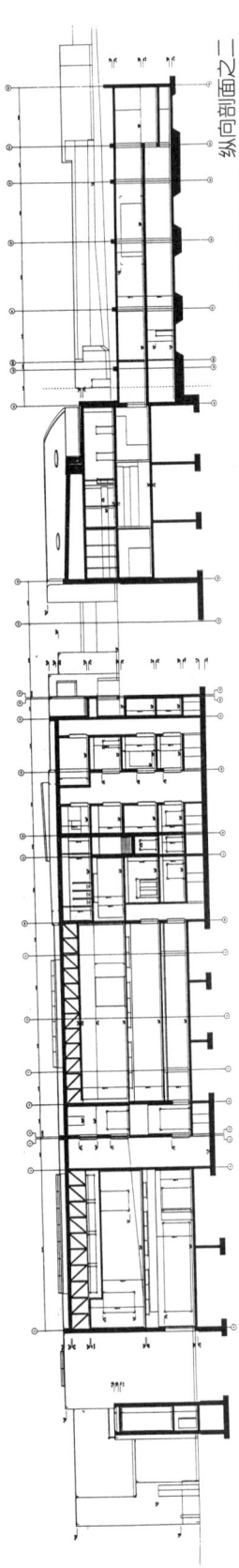

纵向剖面之二

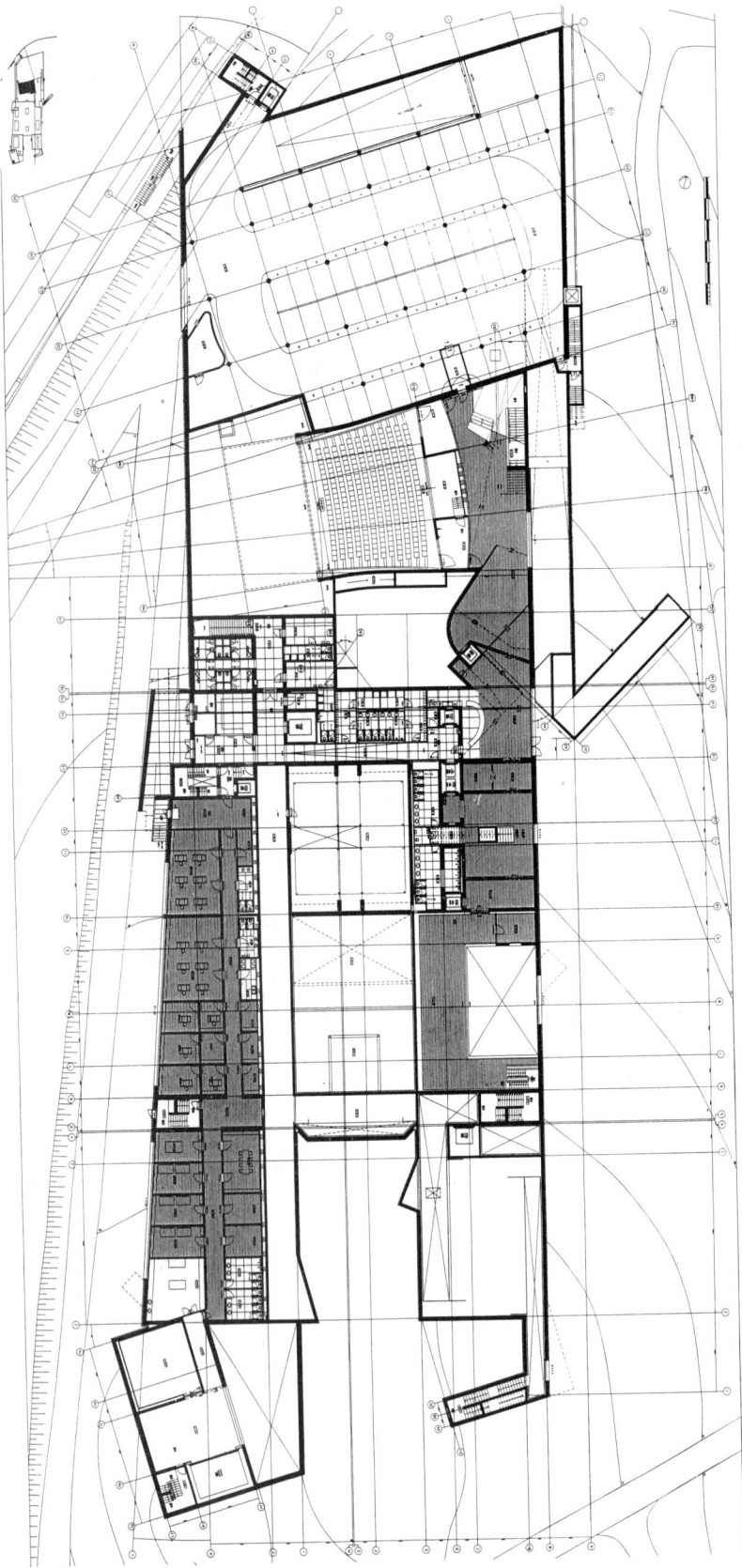

二层平面

256

纵向剖面之三

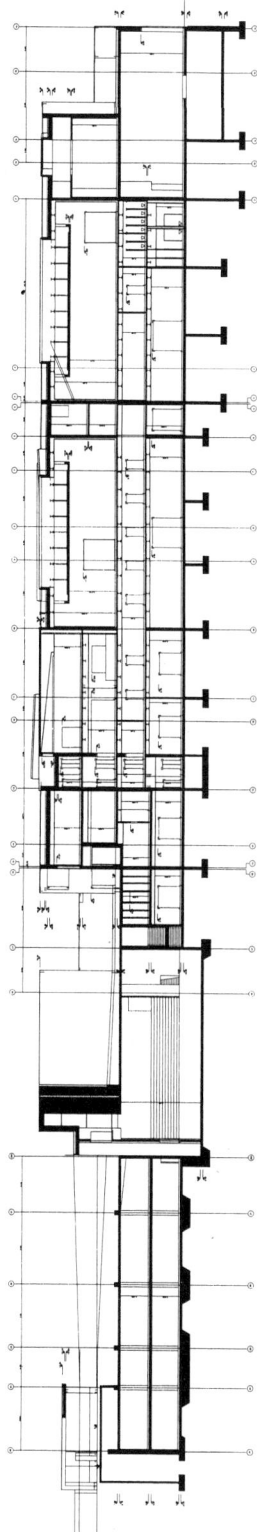

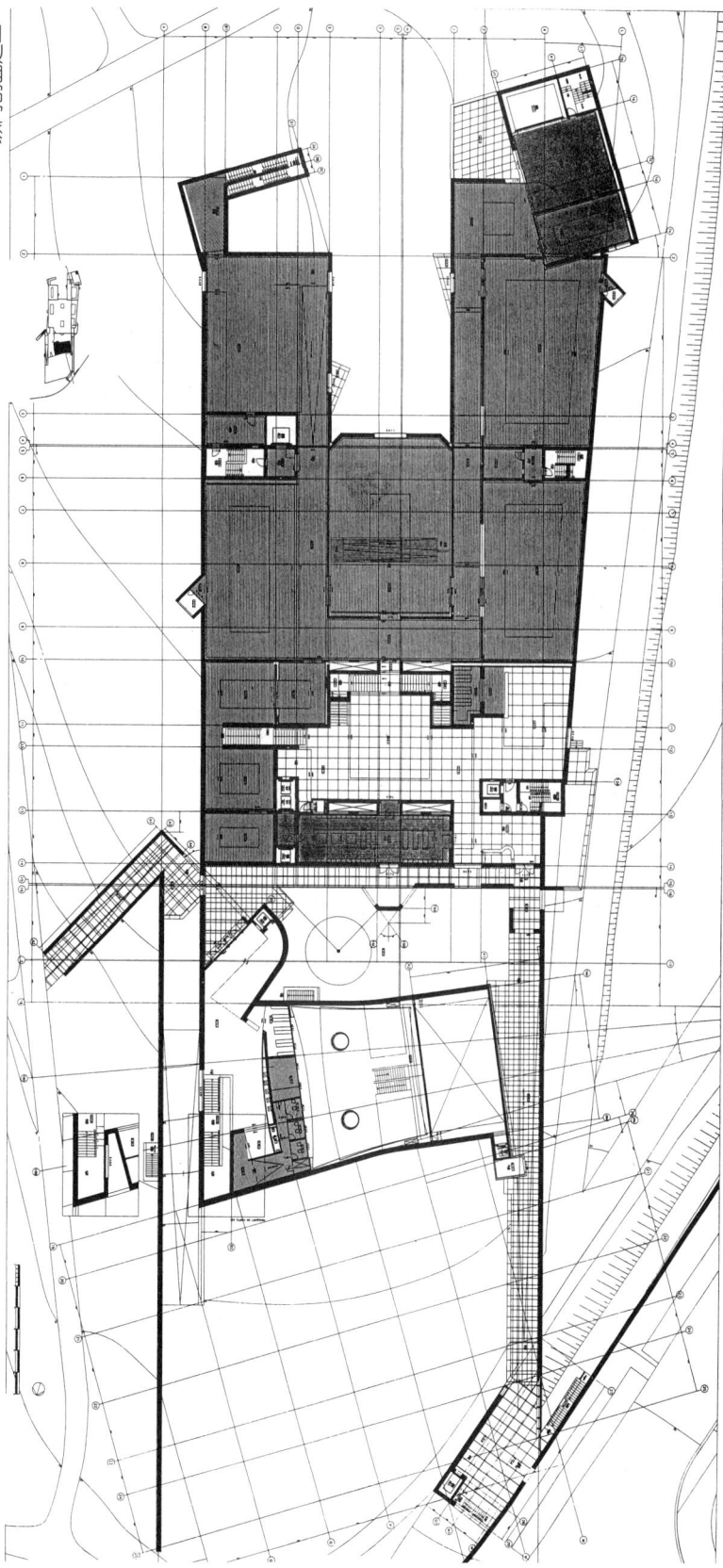

三层平面

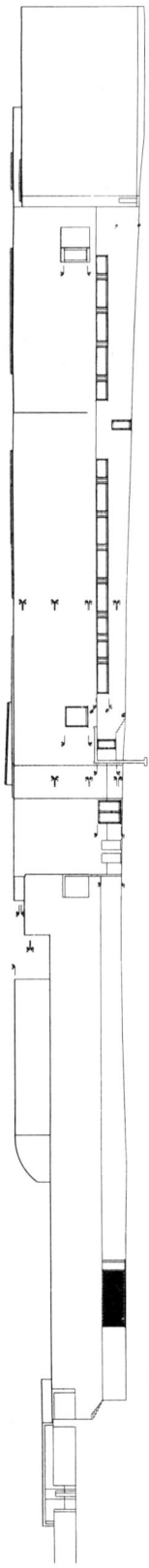

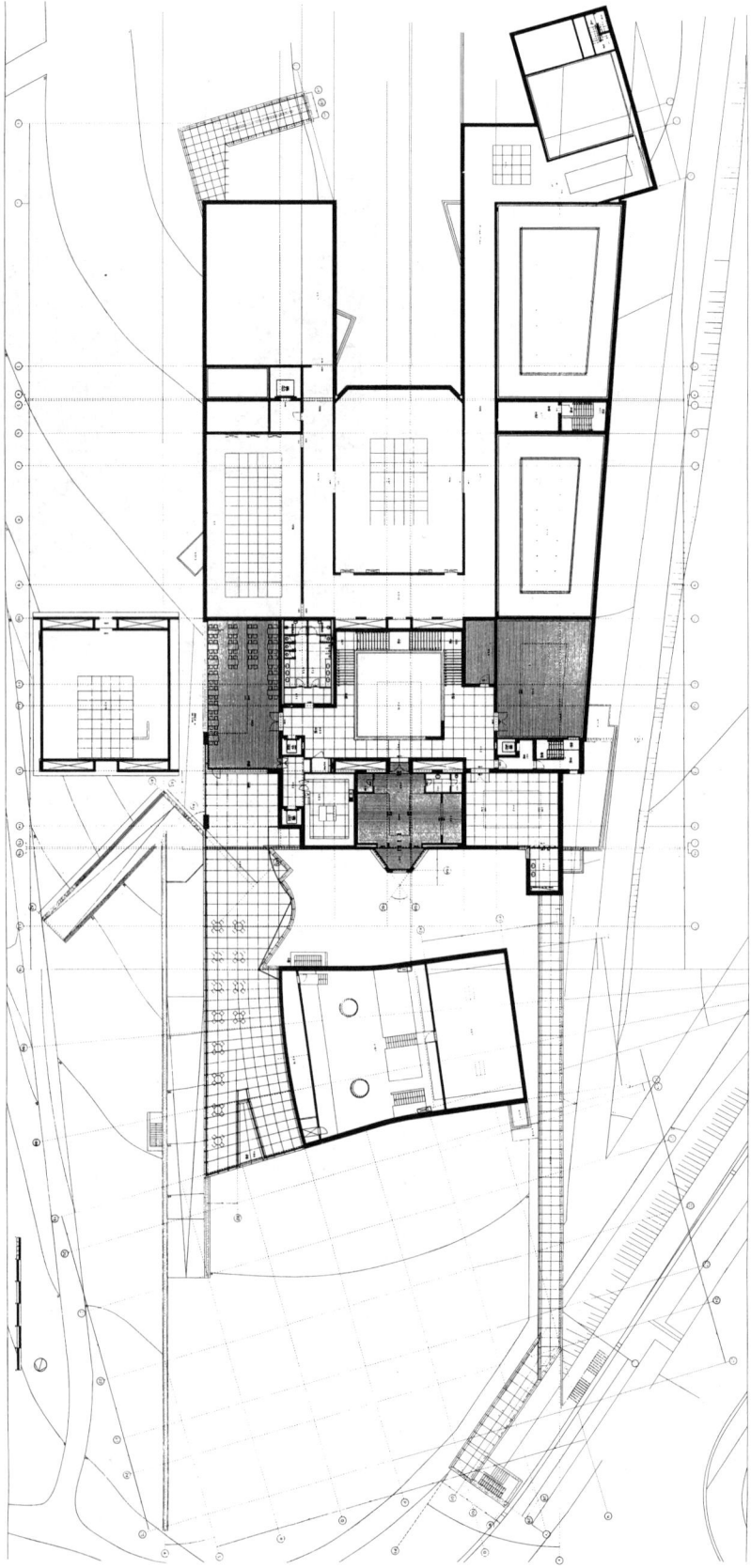

西立面

四层平面

东北外观

东南外观

南面外观

西立面局部之一

西立面局部之二

主入口

有顶的走道

报告厅入口

内院之一

内院之二

中庭

东侧的展厅

展厅室内

室内的天窗

特殊的门之一

特殊的门之二

25. 莱维格里斯大厦
(Revigres Building)

葡萄牙，阿古埃达（Agueda），1993～1997

　　该建筑与国家1号高速公路的227km处相距30m。建筑的正面与原有的行政建筑平行排列，在上层与升起的展廊相连。

　　两层的建筑采用6.40×6.40的柱网，包括相互连接的两部分。在广场上，展厅由柱子支撑。它具有一个圆锥体覆盖的逐级升高的屋顶。第二个部分是办公区，平面呈线型且进深较浅，屋顶呈轻微的弧线形式，而且具有朝东的露台。在平面上，这两个部分呈"L"形，且具有不同尺度的侧翼。

　　广场的升起部分形成接待厅和机动车的集散区域，两层高的入口门厅设置了通向二层展厅的楼梯和电梯，展厅空间被屋顶和提供光源的天窗进一步暗示和分割。

　　建筑结构由墙体、柱子和钢筋混凝土框架构成。钢框架和木框架分别用于外部和内部的窗户，并采用双层玻璃。地板为镶嵌木板，墙体采用白色石灰粉刷，墙裙高2m，以瓷砖铺面，建筑外墙的基座采用花岗岩面板。

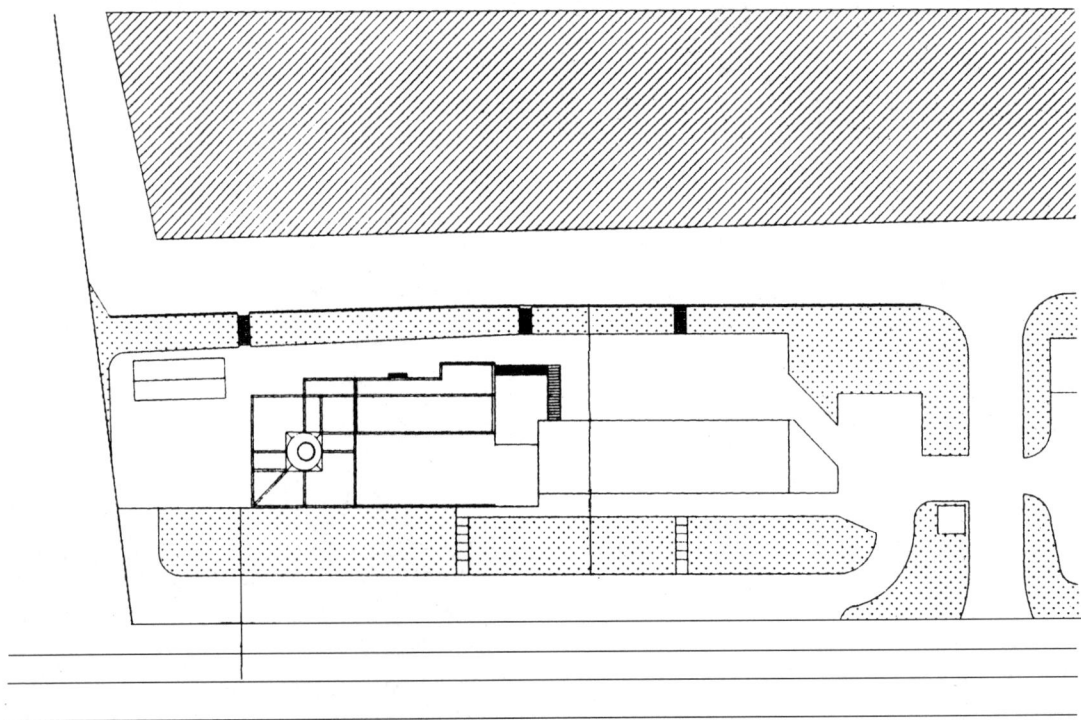

总平面

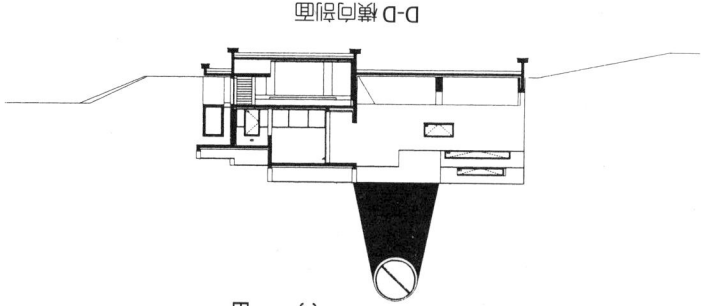

D-D 横向剖面

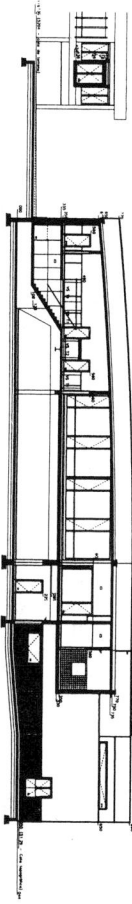

B-B 纵向剖面

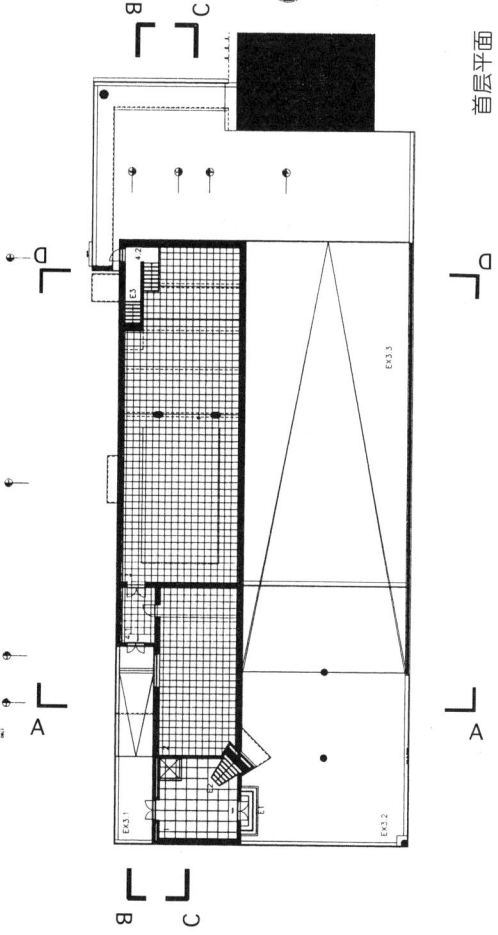

首层平面

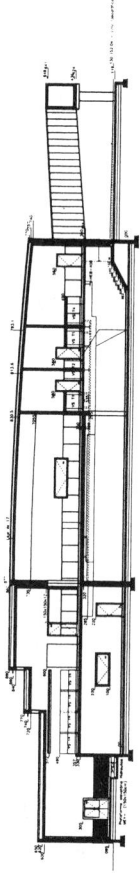

C-C 纵向剖面

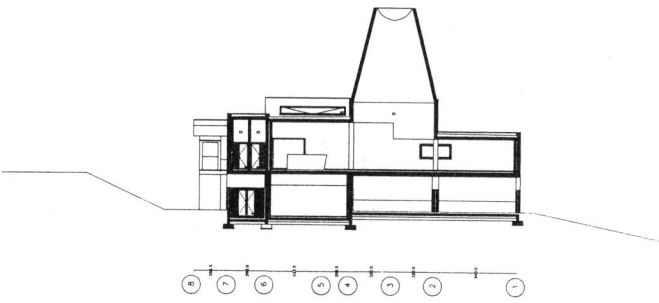

A-A 横向剖面

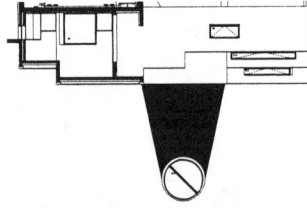

H-H 横向剖面

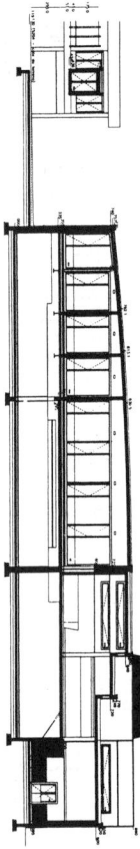

F-F 纵向剖面

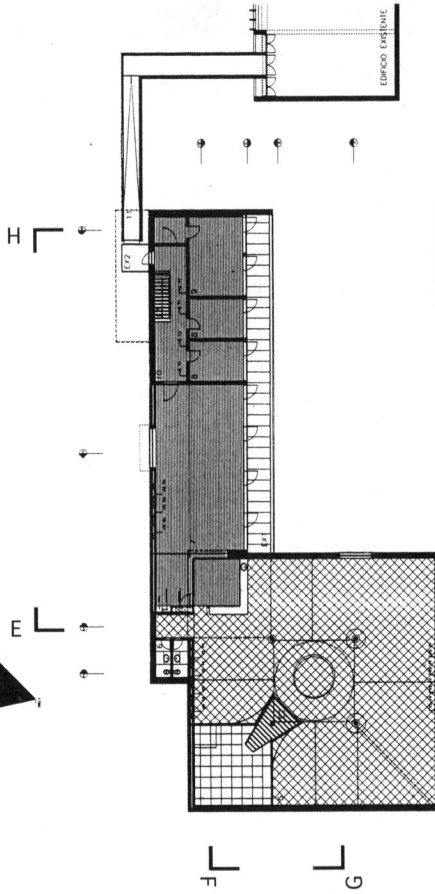

上层平面

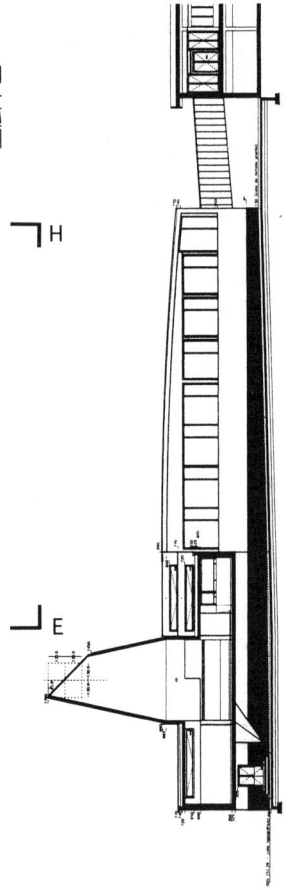

G-G 纵向剖面

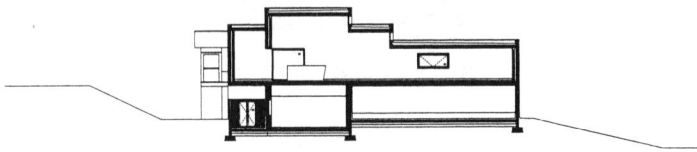

E-E 横向剖面

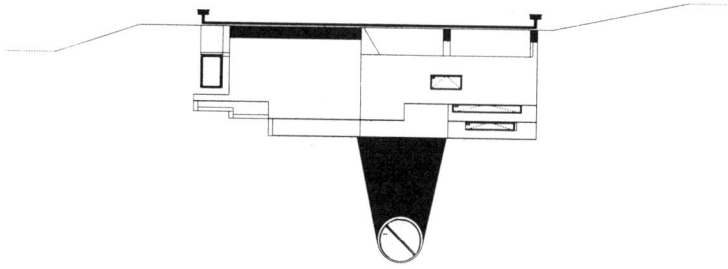

北立面

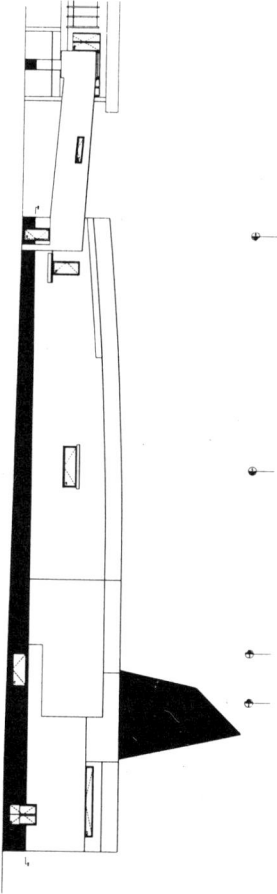

背立面（西立面）

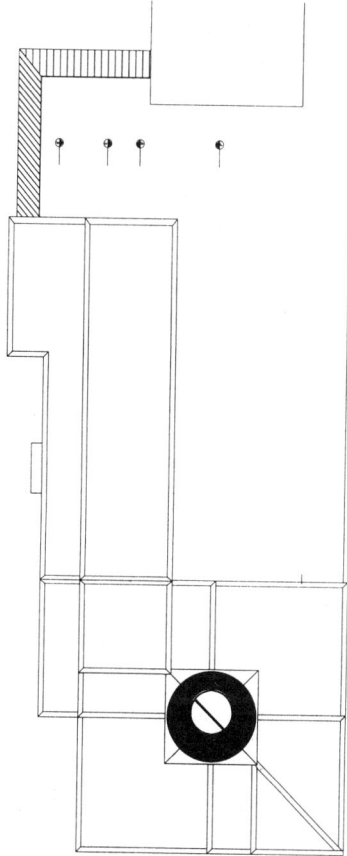

屋顶平面

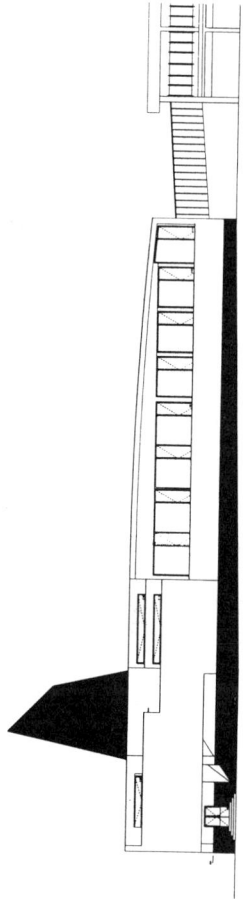

正立面（东立面）

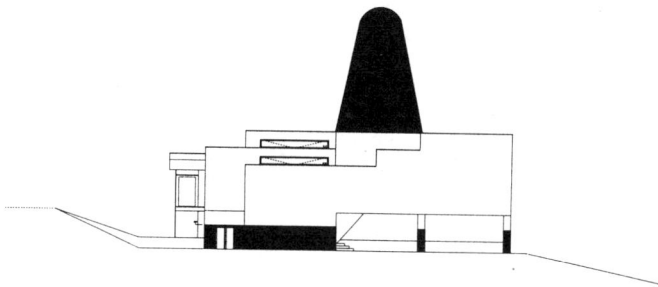

南立面

265

沿街外观之一

沿街外观之二

北面外观

沿街外观局部

西面外观局部之一

西面外观局部之二

西面外观局部之三

室内之一

室内之二

室内之三

26. 西扎建筑事务所办公楼
(Architecture Office)

葡萄牙，波尔图（Oporto），1993～1998

　　这座建筑平面呈U形，南临杜罗河河口。建筑占据了地块的中心位置，并退让邻近地块规定的距离。建筑底层被部分埋入地下，几乎覆盖了整个基地，通过两个天井采光通风。垂直交通由电梯和楼梯组成，设置于建筑的北面，连接各个楼层和室外平台。每一层的服务空间沿垂直交通的周边布置，通过具有30cm厚钢筋混凝土水平遮阳板的朝东的窗户采光通风。

　　建筑的结构主体为20cm厚的承重墙，它直接落地或设置于钢筋混凝土柱上。建筑的外墙设置聚苯乙烯泡沫隔热层，并以灰色抹灰饰面。建筑的基座部分以12cm×20cm的花岗岩板覆面。室外平台以混凝土板铺地。内部的墙体运用白色石灰粉刷和瓷砖贴面。室内大量铺设木地板，厕所等某些潮湿区域则以大理石铺地。

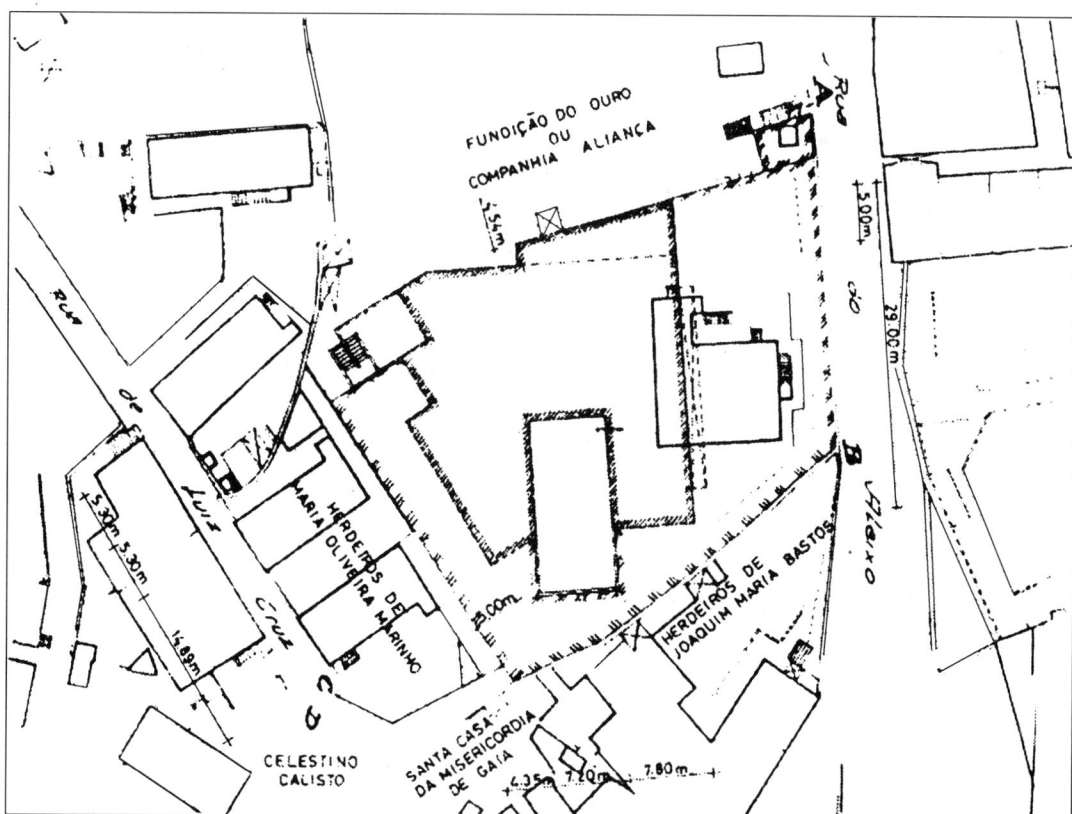

总平面

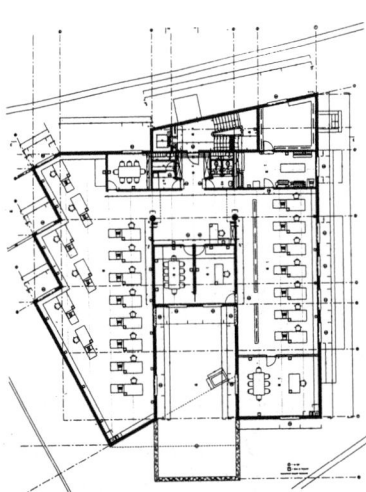

二层平面

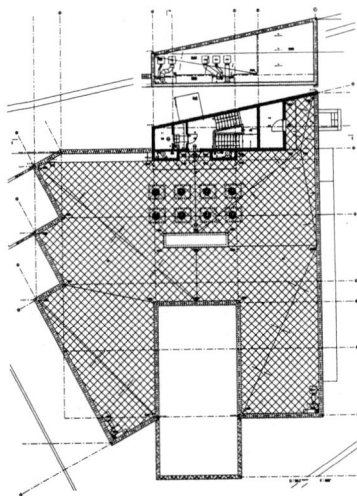

屋顶平面

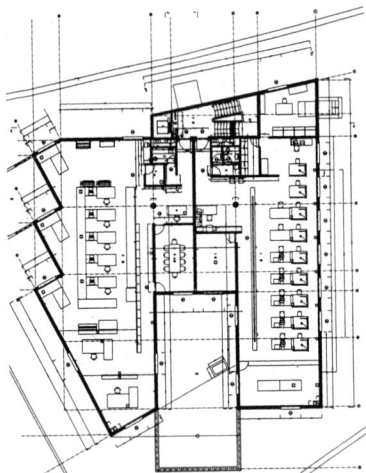

一层平面

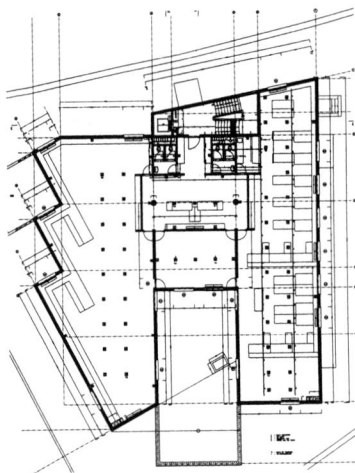

三层平面

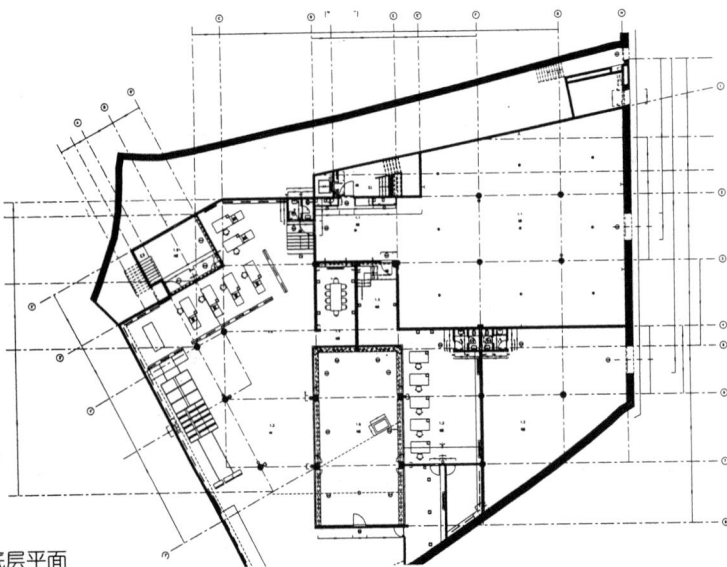

底层平面

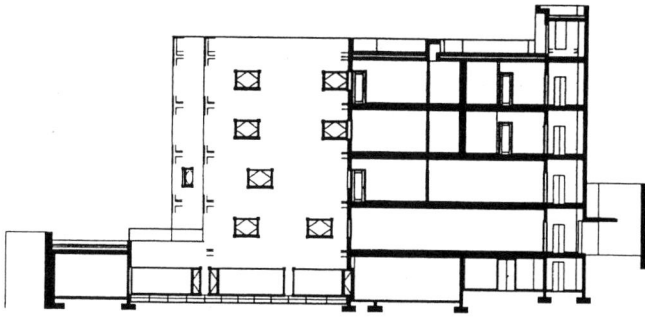

剖面之一

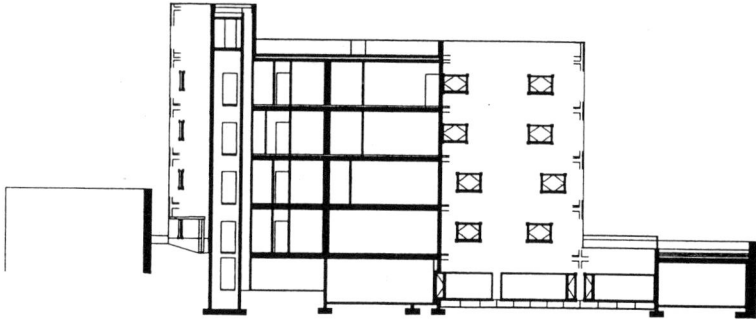

剖面之二

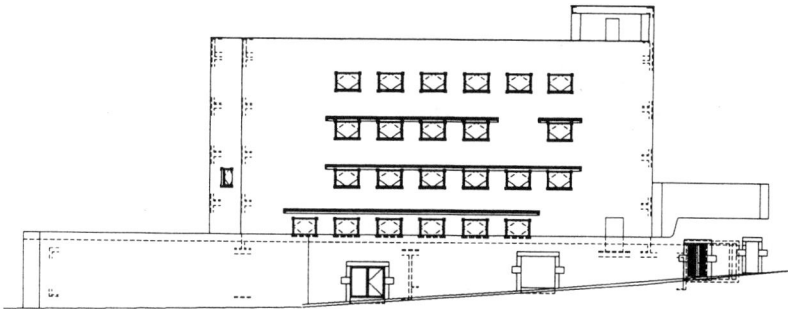

东立面

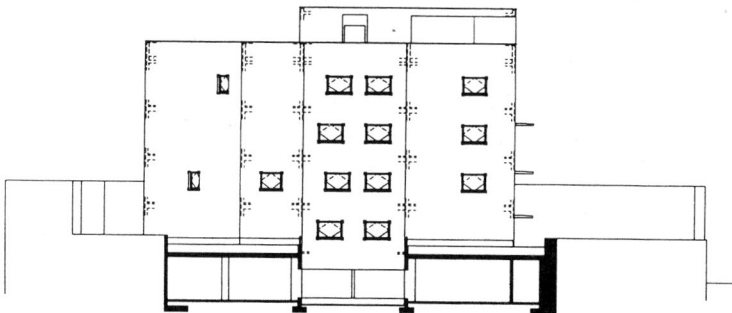

南立面

沿街外观

东面外观

南面外观

室内之一

室内之二

楼梯

设计室

27. 圣地亚哥·德·孔波斯特拉大学的 信息科学系馆
(Faculty of Information Sciences)

西班牙，加利西亚（Galicia），1993~1999

　　信息科学系馆位于在新建的大学校园内。主体沿东西向展开，回应了语言系主楼的南向布置。建筑共有3层，并设置了地下室。平面长127m，进深17.5m。屋顶的坡度与现场的地形和环境条件相适应。9个教室和教师办公室设置在顶层。报告厅呈半圆形，设有楼梯、电梯和坡道。视听研究室在最底层，紧邻视听实验室。这些空间都沿朝北的展廊布置，在教室区和视听区之间设置了中庭空间。通过展廊可以到达朝外开敞的三个垂直体量，在展廊西端的体量包含一个可容纳300人的报告厅。视听区则在东边的体量中，用于摄影和电视研究室。图书馆占据中心位置，从两层高的中庭进入，具有一个宽阔的入口柱廊，楼梯、电梯和盥洗室均沿展廊布置。

草图

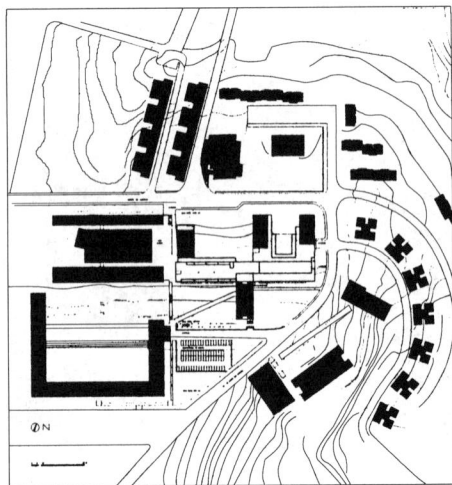

总平面

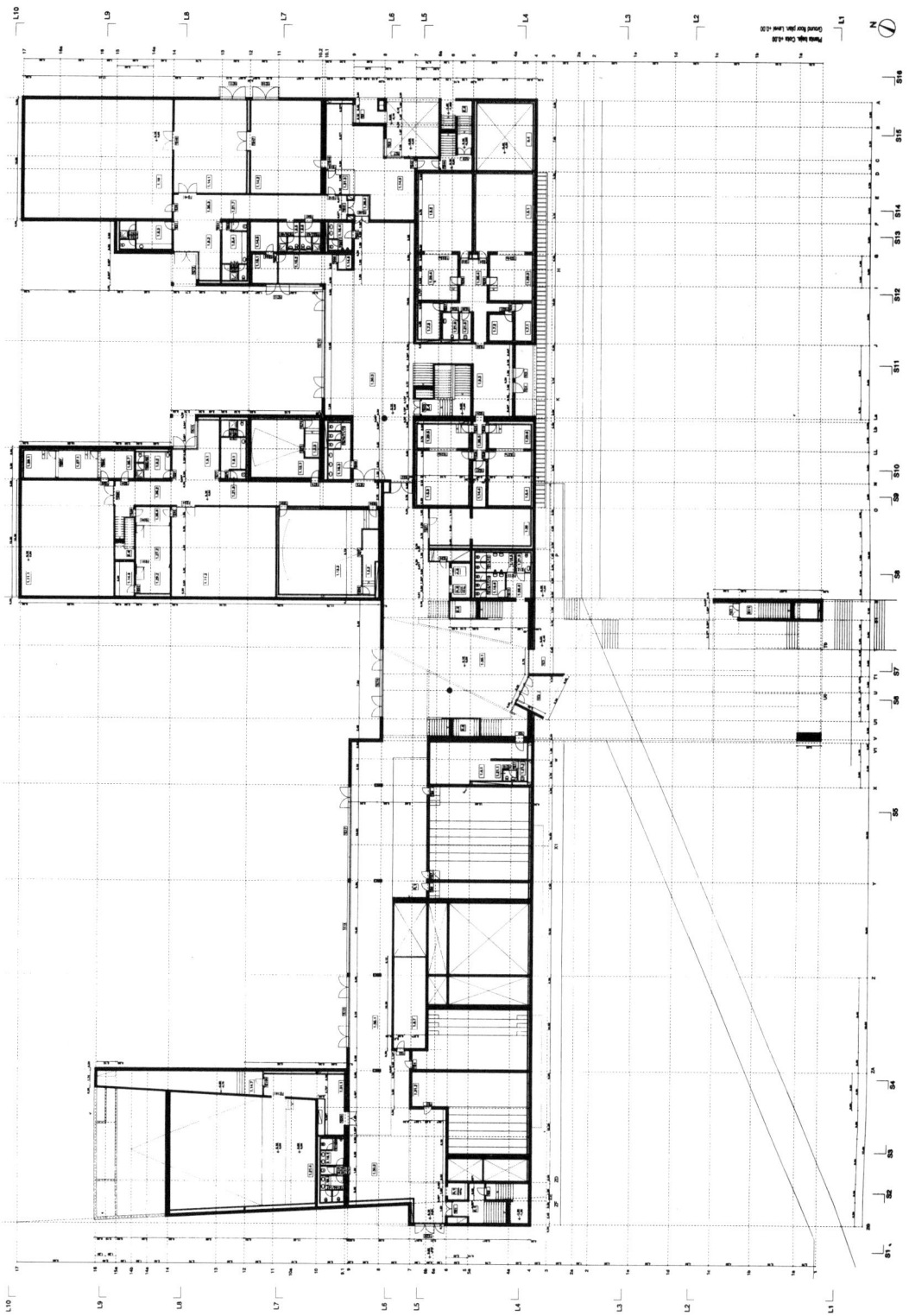

首层平面

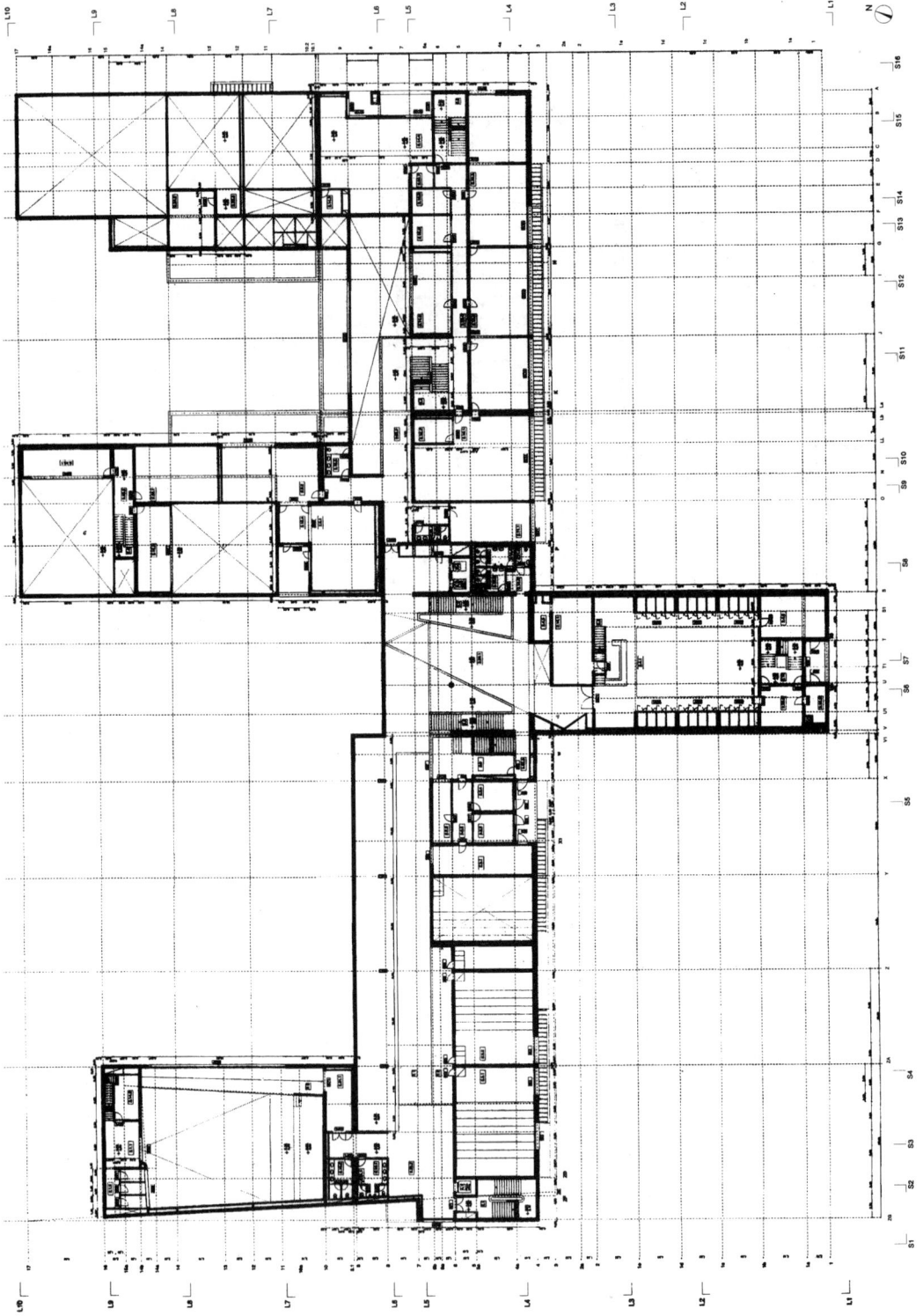

二层平面

N

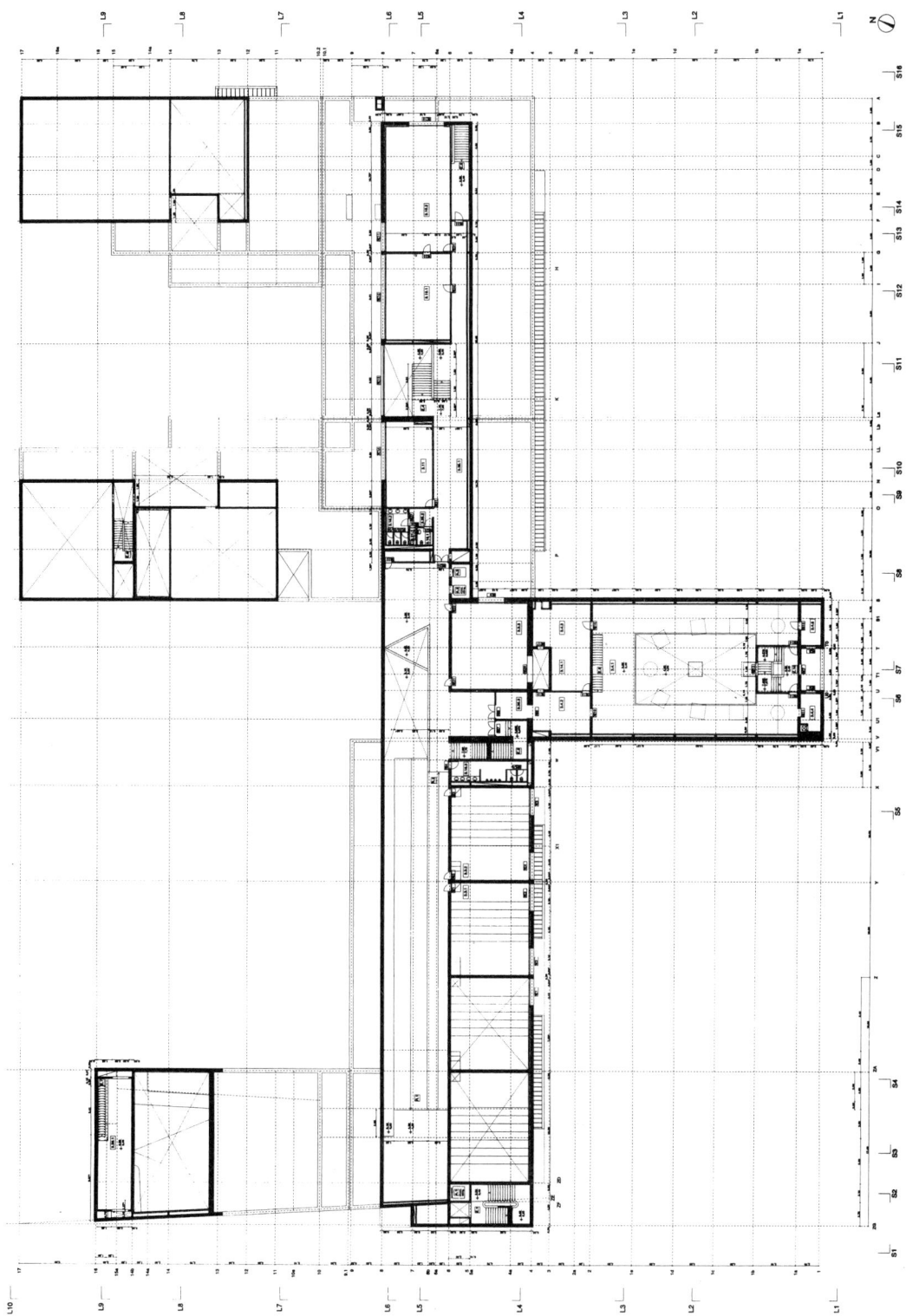

三层平面

277

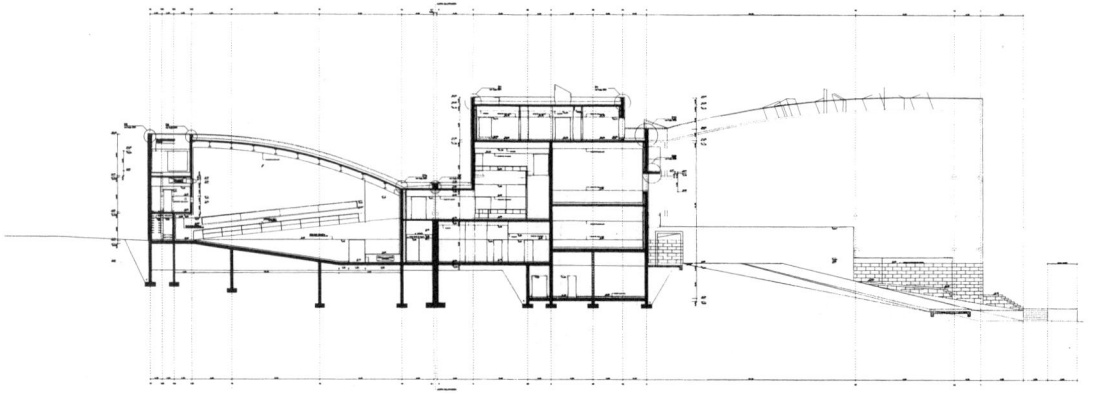

报告厅的横向剖面

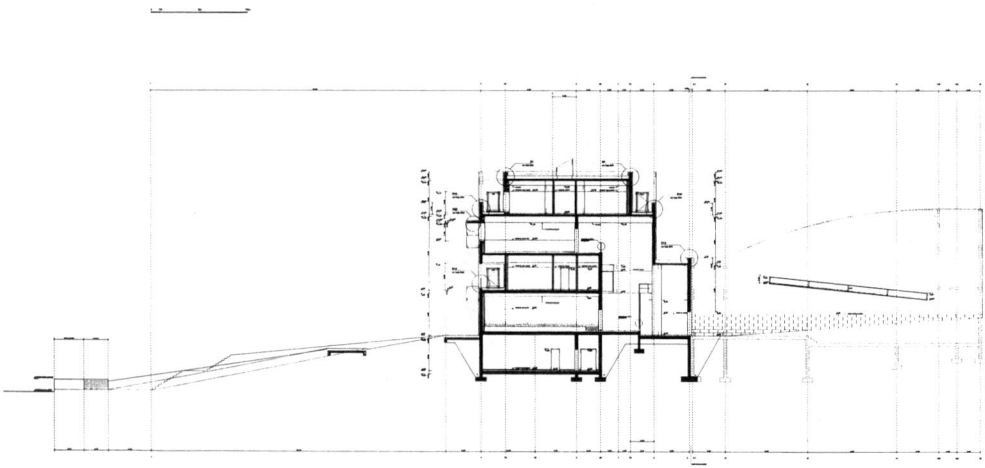

教室大厅的横向剖面

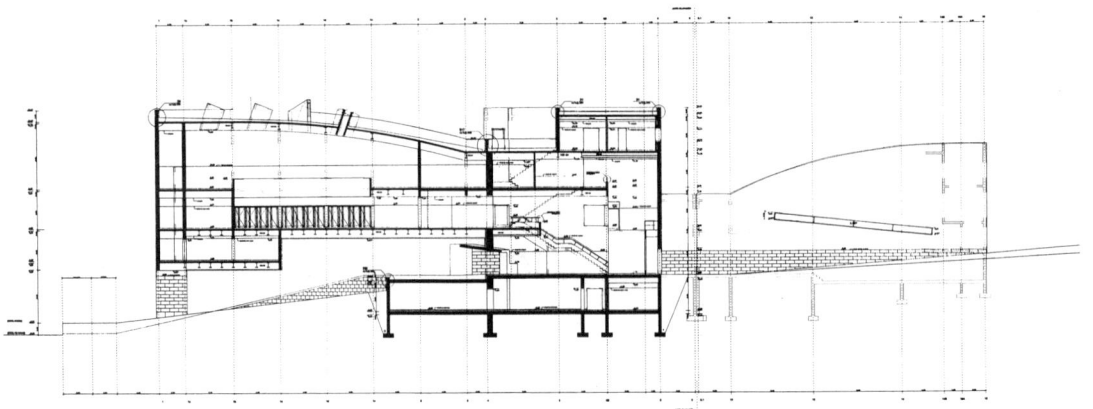

图书馆和主入口的横向剖面

278

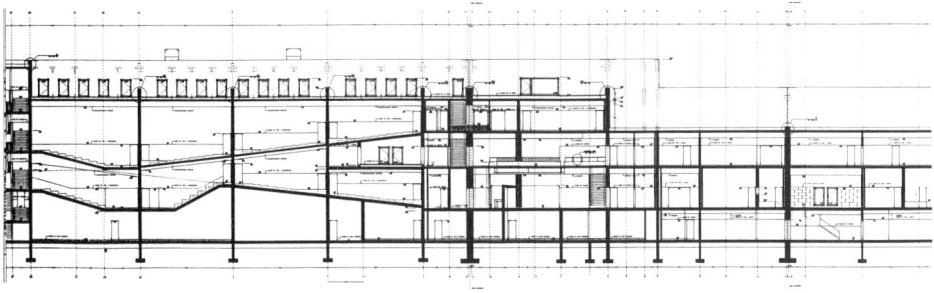

教室的纵向剖面

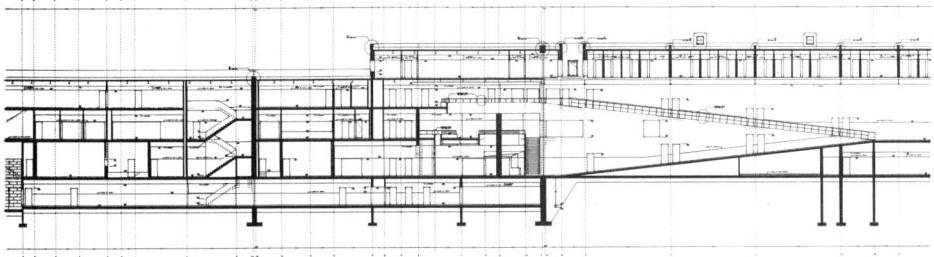

坡道和教室大厅的纵向剖面

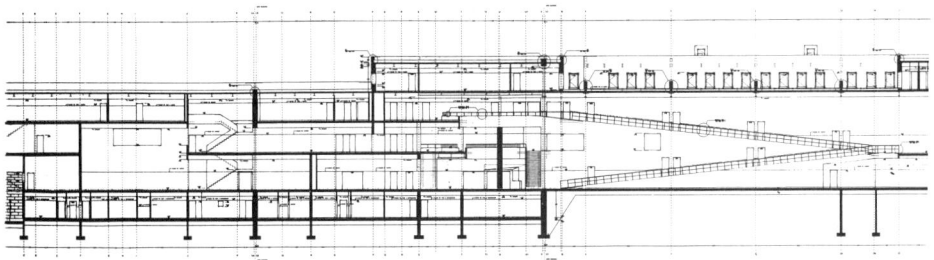

研究室大厅和教室走廊的纵向剖面

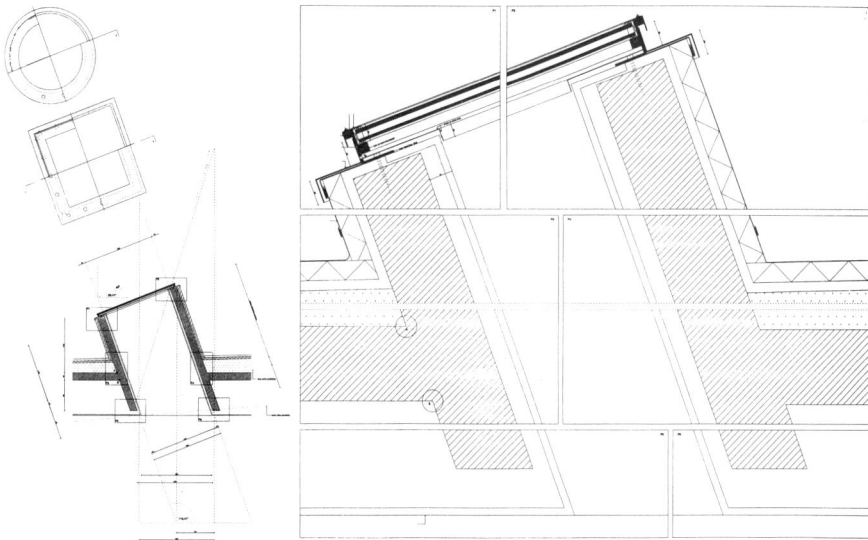

天窗构造细部

鸟瞰

南面外观

东面外观

南面外观局部之一

南面外观局部之二

入口

室内空间模型

室内坡道之一

室内坡道之二

门厅

报告厅室内

二层过厅

报告厅室内

图书室屋顶天窗

图书阅览室室内

284

28. 1998年世界博览会葡萄牙展览馆
(Expo'98 Portuguese pavilion 1998)

葡萄牙，里斯本（Lisbon），1995～1997

1998年世界博览会葡萄牙展览馆与很多博览会建筑一样，在设计上存在着一些先天的困难。在设计的初始阶段，周围建筑的设计者并不确定，而其设计方案也并未明确，不论内部空间和外部形式都缺乏有力的参照来指导设计。西扎的作品表现了标志性和庆典性的建筑形象，并充分结合了后续建设，与未来的城市形态构成相互协调，在城市中扮演了重要的角色。

原先的构思是建筑在码头和侧面大道之间的空地上占据轴线上的重要位置，而随后建造的建筑物设置于码头和街道的侧面。而西扎提议将建筑移到西北角的码头。新的不对称的设计与沿码头修建的其他建筑形成了更富活力的联系。

建筑和谐的创造了两个功能截然不同的区域：3900m²的有顶的礼仪广场和14000m²的建筑物（其中包括展示区2600m²、接待区和饭店11200m²、在地下室的服务区4500m²）。有顶的公共活动区域平面尺寸为65m×58m，最小高度10m，一片20cm厚的加强钢筋混凝土薄板用两根混凝土柱廊之间的粗钢缆悬挂起来。面板粉刷为白色，而柱廊则铺满素色的花岗岩面板。

另一栋建筑物的平面尺寸为70m×90m，共有2层，还设置了地下室、天井、院落和沿着码头东向的柱廊。通过外墙上模数化的开窗和天井获得自然光线，开启的规则分布结合竖向交通流线的巧妙安排，提供了空间划分和使用上的灵活性和适应性。

在这个近期作品中，可以看出西扎逐渐显现的极简主义风格，对于现场环境要素的转化与利用以及对于混凝土材料及光影的塑造和表现，而且，西扎对于环境的尊重也为未来的城市发展留有充分的余地。

草图

286

内部庭院纵向剖面

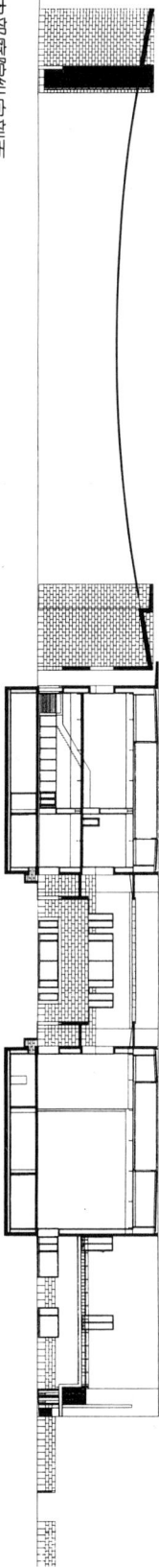

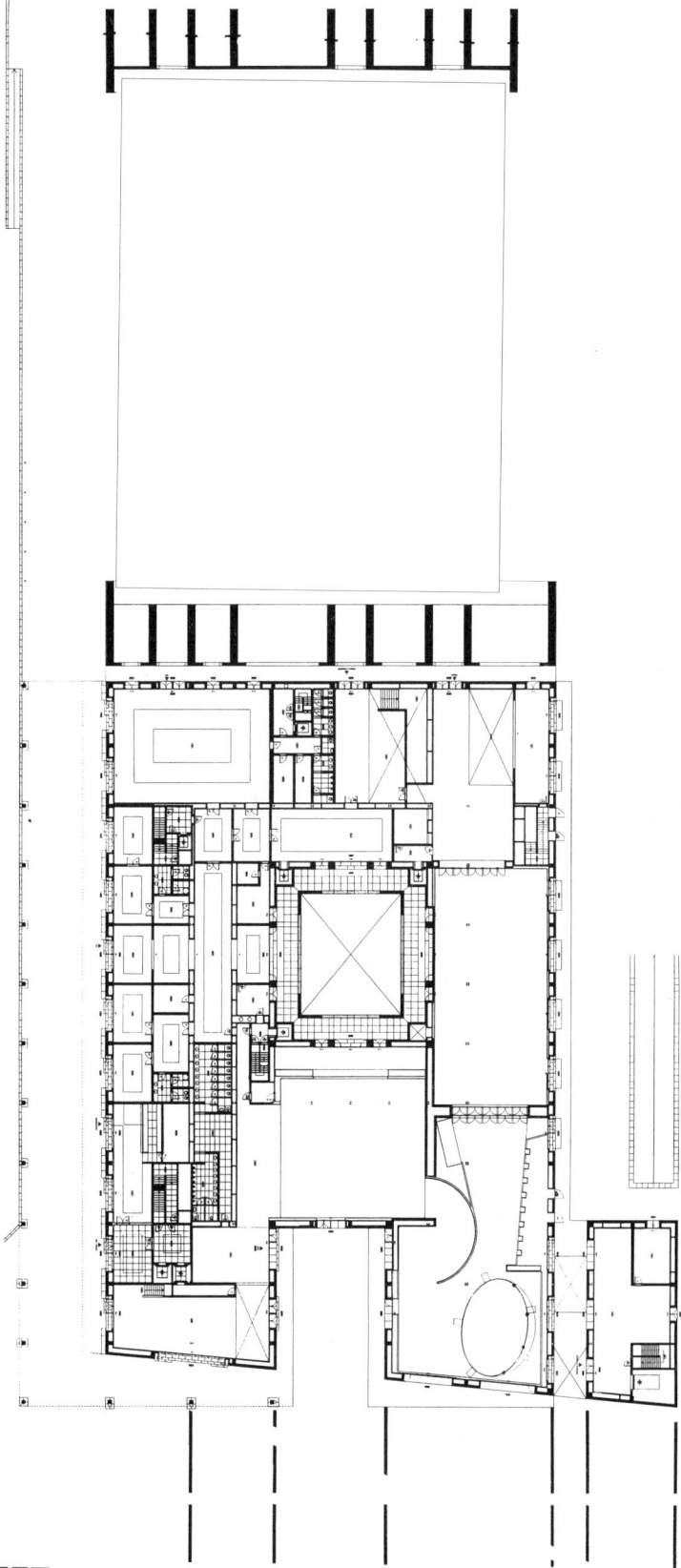

首层平面

287

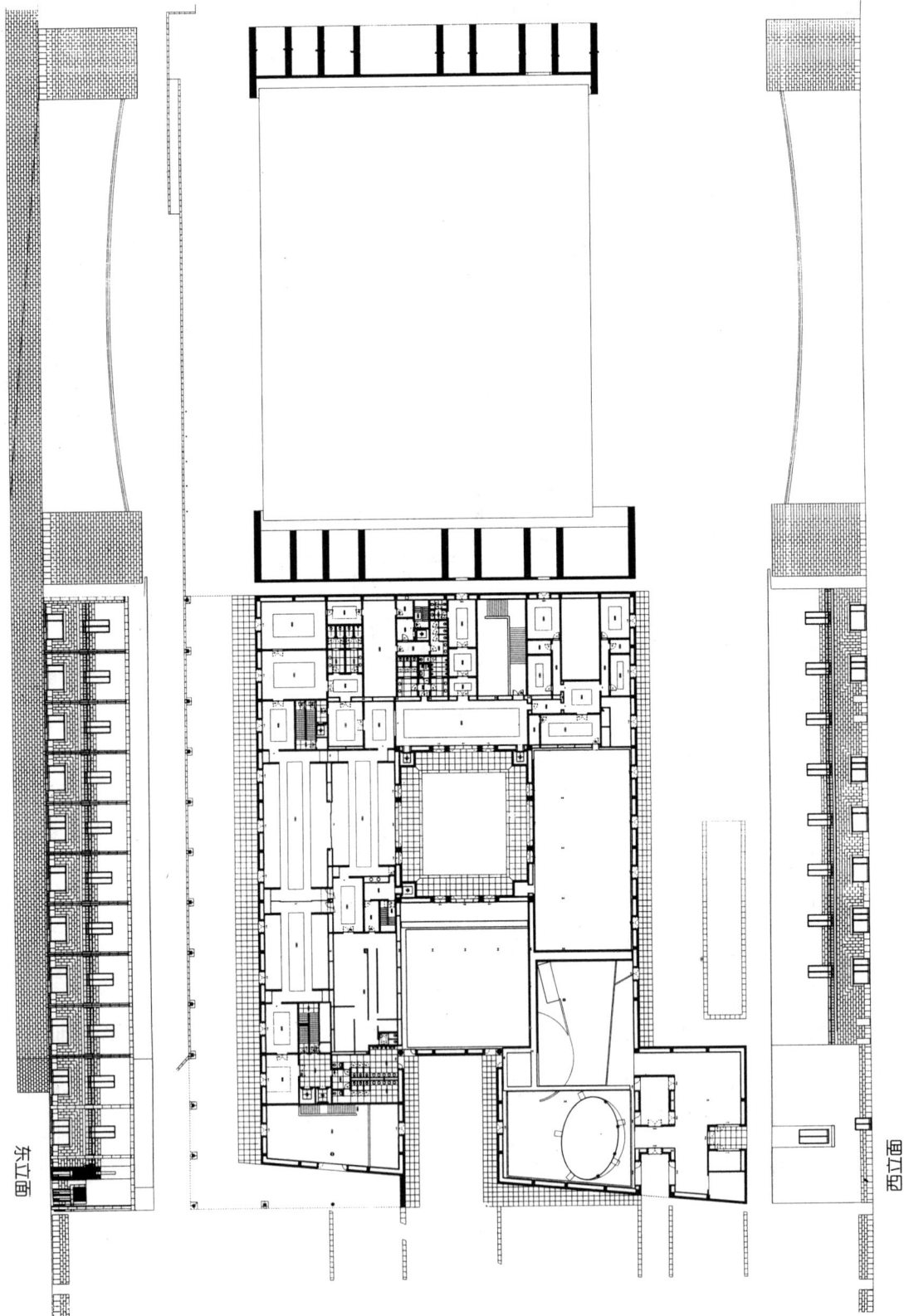

东立面

西立面

更高标高平面

288

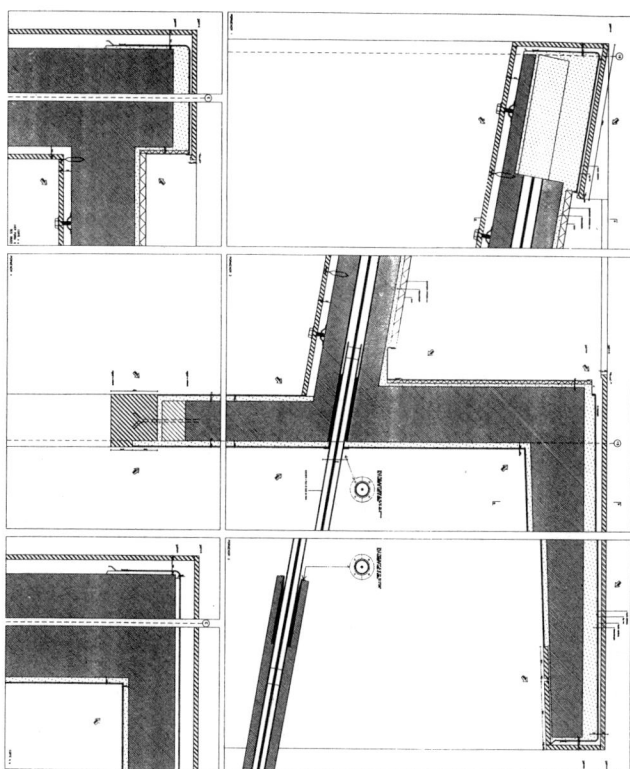

柱廊与钢悬索剖面构造细部

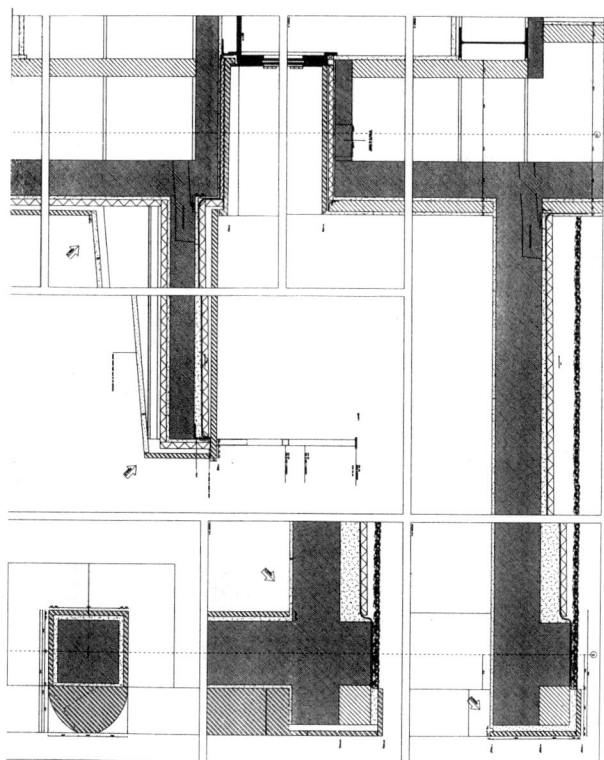

东立面构造细部

■	钢
▨	混凝土
▨	隔热层
▨	木头
▨	大理石
▨	砖
▨	涂层

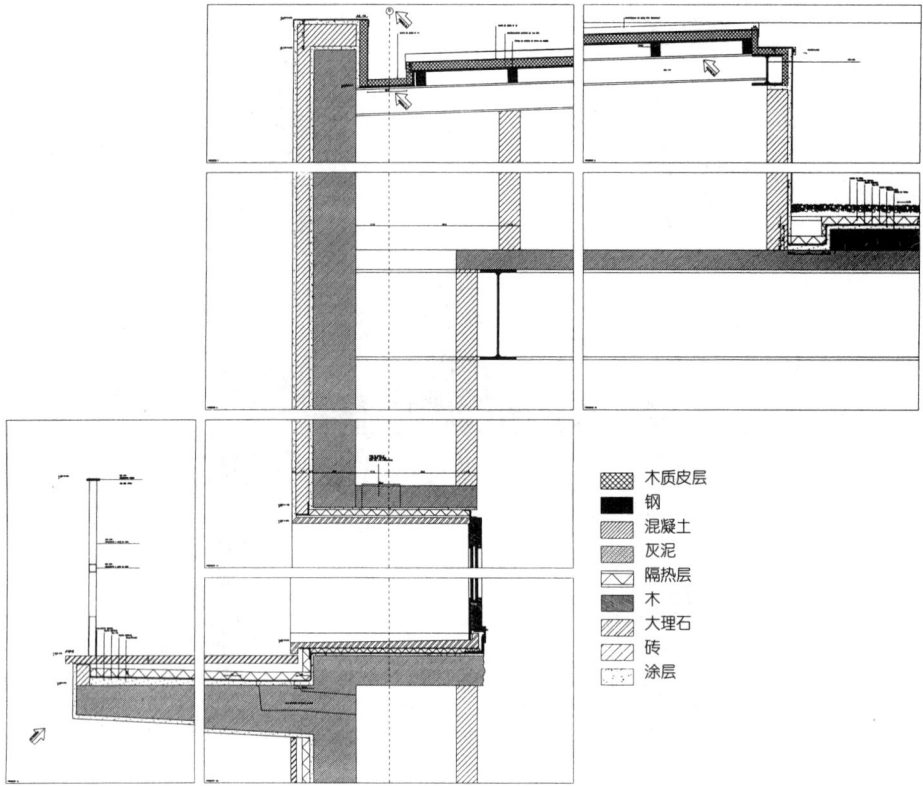

木质皮层
钢
混凝土
灰泥
隔热层
木
大理石
砖
涂层

西立面构造细部

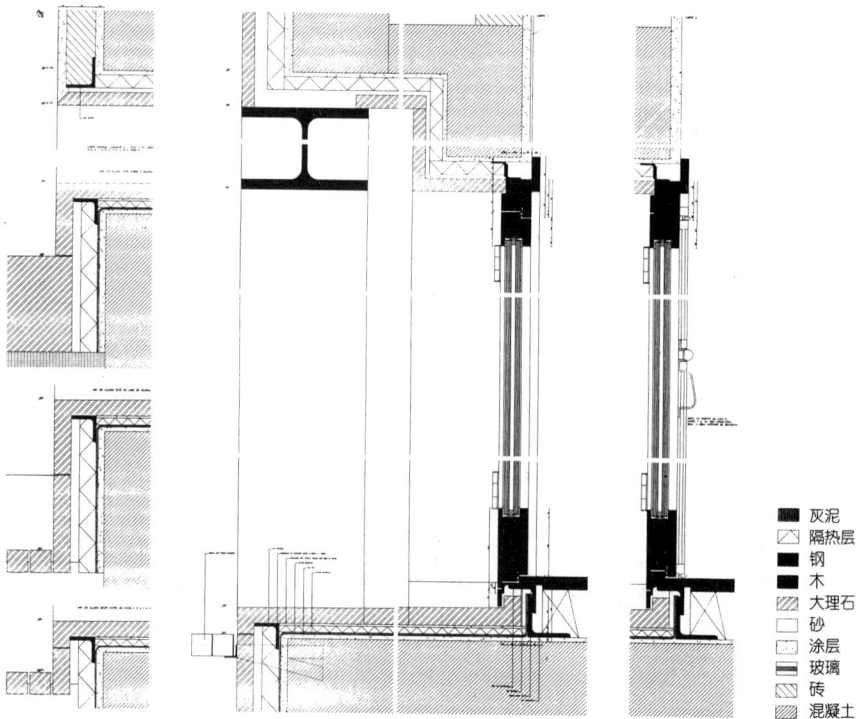

灰泥
隔热层
钢
木
大理石
砂
涂层
玻璃
砖
混凝土

窗框架竖向剖面

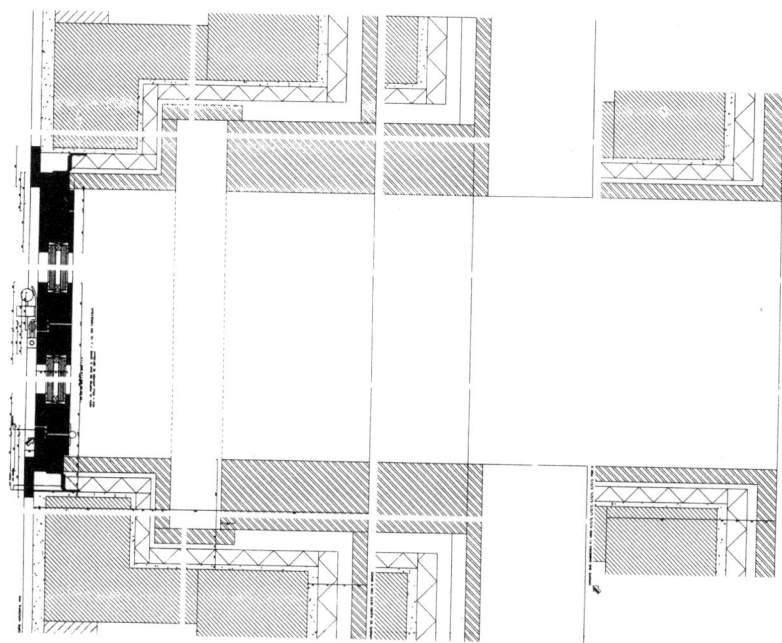

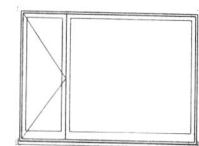

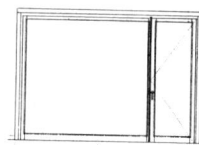

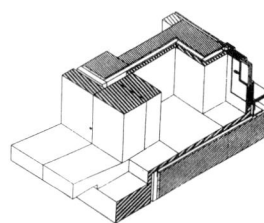

窗框架水平向剖面

东面滨海外观

西南外观

东北外观

西北外观

南立面外观

顶棚局部之一

北面外观局部

顶棚局部之二

连续的混凝土板

顶棚下的空间之一

顶棚下的空间之二

内院之一

内院之二

室内之一

室内之二

29. 阿利坎特大学神学院
(Rectorate of the University of Alicante)

西班牙，阿利坎特（Alicante），1995～1998

　　阿利坎特大学的用地位于一个废弃的军用机场中，建筑用地中平行于东北——西南轴线的建筑序列界定了校园的西北边界。在东北端，教室界定了场地的边界；而在另一端，保存下来的机场控制塔则成为了重要的空间参照物。

　　建筑整体上比较内向。具有明确水平伸展性的建筑被设计为一座封闭的堡垒，以阿拉伯建筑的传统方式来抵抗难熬的酷热。建筑强调了校园平坦的地形特征，并且创造了明确的几何性表达所必需的封闭感和简明体量，与校园内大量不规则形式的开放空间形成鲜明对比，建筑形象十分突出。

　　建筑具有两个不同用途的内院，平面呈"H"形。经过精心设计的长廊强调了阳光产生的阴影，创造了朴素的建筑形象。

　　建筑总体上为地上两层，在接近控制塔的地方设有第三层，并有一个较小的地下室。各个楼层具有不同的使用功能，并设有天井。大的内院具有横向的形式，将行政管理的空间组织在一起，而较小的内院则具有公共性和标志性的功能。两个内院通过连廊联系。

　　内部空间的设计也基于朝向的因素，形成了外廊式的连续空间序列。整个建筑的主入口接近控制塔的最低点，与其轴线呈切线方向。建筑采用了传统阿拉伯建筑的间接入口的方式，同时还设有水体。迂回的流线使参观者在惊喜之中依次游历两个相互渗透的内院。在两个教室侧翼的一端有两个次入口。步行入口引导向纪念性的内院，而车行入口直接导向地下室。

　　建筑的结构采用混凝土板柱结构，简明的结构和两砖墙的使用使建筑具有良好的隔热性能，以适应当地恶劣的天气条件。建筑外墙以粉刷饰面，墙体下部1.80m以石材覆面，天井则运用面砖——这是这一地区的传统方式，能够保证室内的凉爽。外窗采用钢、木窗框。室内的覆面材料强调了各个楼层用途上的差异。底层用石材铺面，上层用开槽的木板条。内部墙体用石灰粉刷，底层楼板用木地板，楼梯则以面砖饰面。

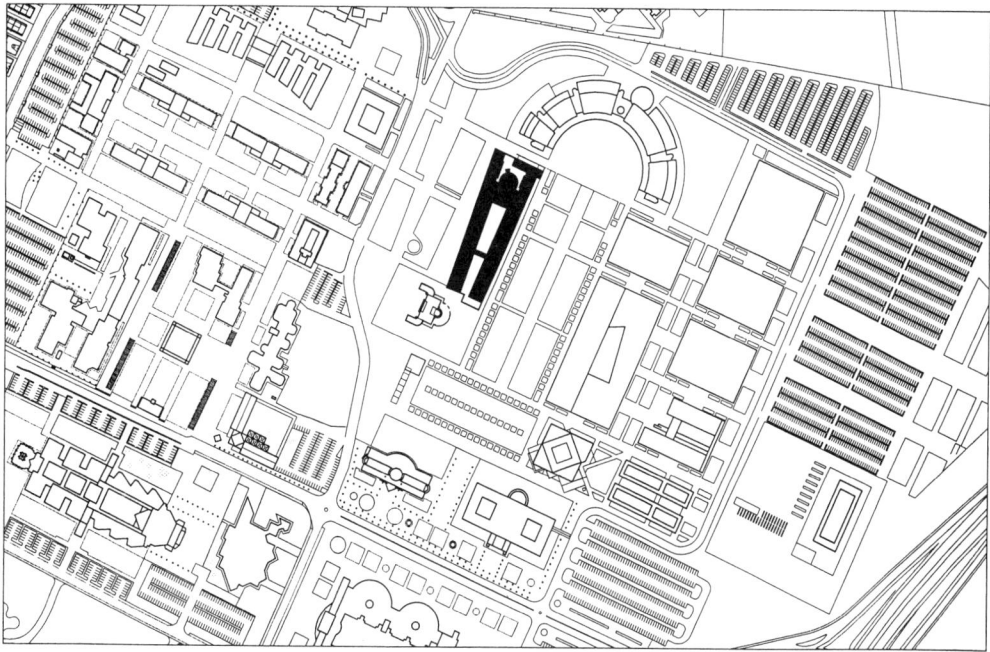

总平面

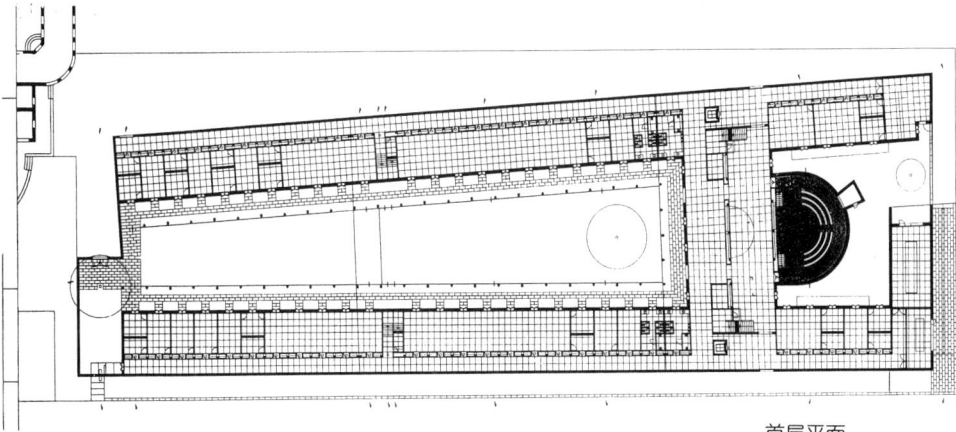

首层平面

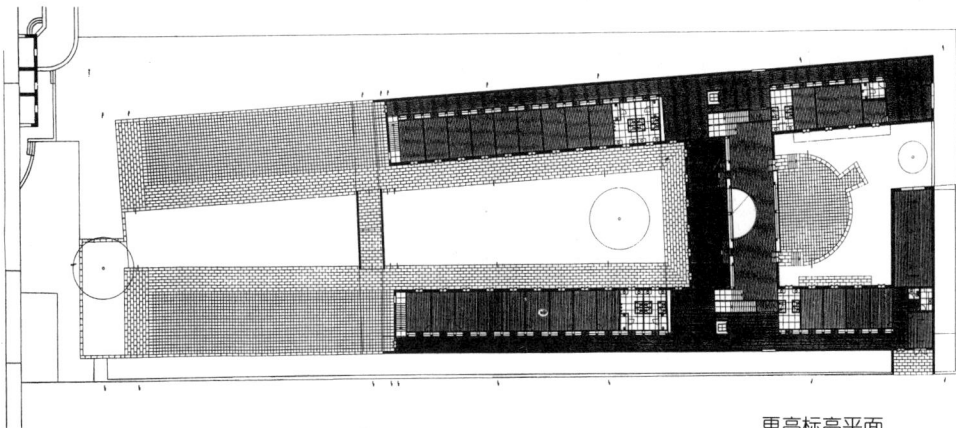

更高标高平面

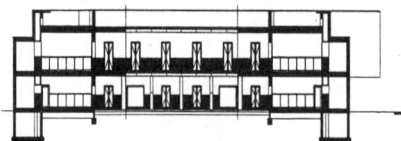

横向剖面

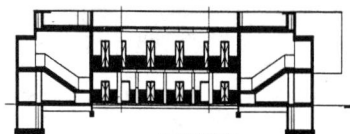

横向剖面

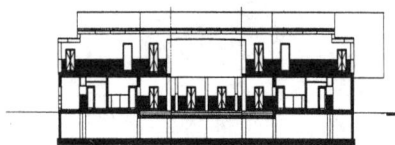

横向剖面

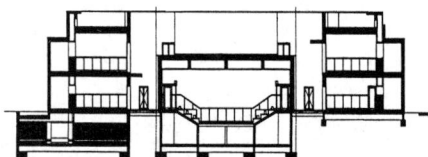

横向剖面

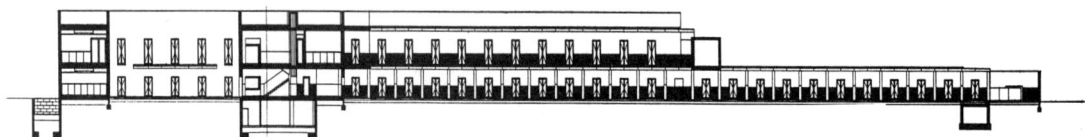

纵向剖面

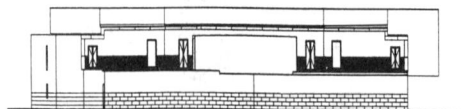

西立面

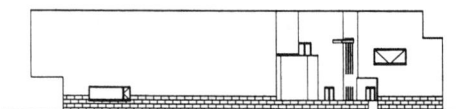

东立面

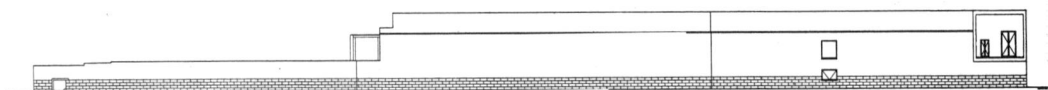

南立面

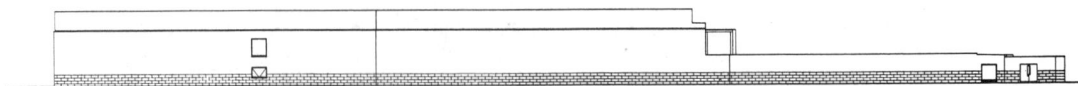

北立面

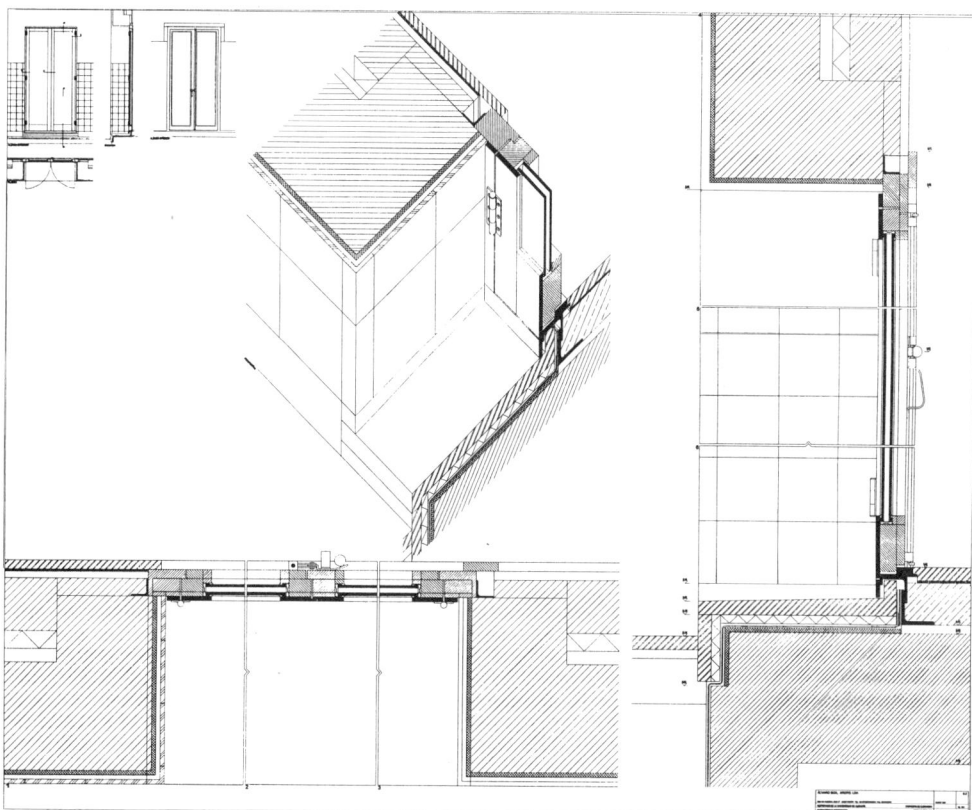

房门构造细部

西北鸟瞰

东北外观

东南外观

西北外观

西北外观局部

东立面局部

内院之一

内院之二

从廊下看内院

内院之三

柱廊细部

中庭之一

中庭之二

30. 比利时一座农庄扩建
(Maison a Oudenburg, Belgium)

比利时 (Belgium)，1997~2001

　　该项目将一个原有的农庄进行保留、修缮并扩建为居住空间和一个艺术展廊。设计的主题是将三个建筑体量按照"U"形布置，围合一个内院。通过这种方式，具有半公共性的第一个开放空间与现场的发展过程融为一体，同时第二个内院与新建建筑相联系，并创造一种更具私密性的氛围。

　　新的扩建部分在材料和细部上与原有建筑加以区分。朝向景观的比例适当的开启将光线引入室内，这与当地风格朴素的佛兰德斯早期艺术时期的室内空间相一致。同时，在蓝色坚硬石块中的斜向凸窗与雪松木覆面的立面和铅皮屋面表明了新的加建部分与时间的流逝和手工艺特征密切相关。材料古旧的光泽，随着时间的流逝而少许变化的灰色和建筑与当地广阔平坦的自然景观融合都表现出对历史文脉的尊重。在艺术展廊，天光的反射与孤立的柱子相互结合，表现了空间的形态构成。作品体现了对于传统手工艺建造技术的新的诠释。

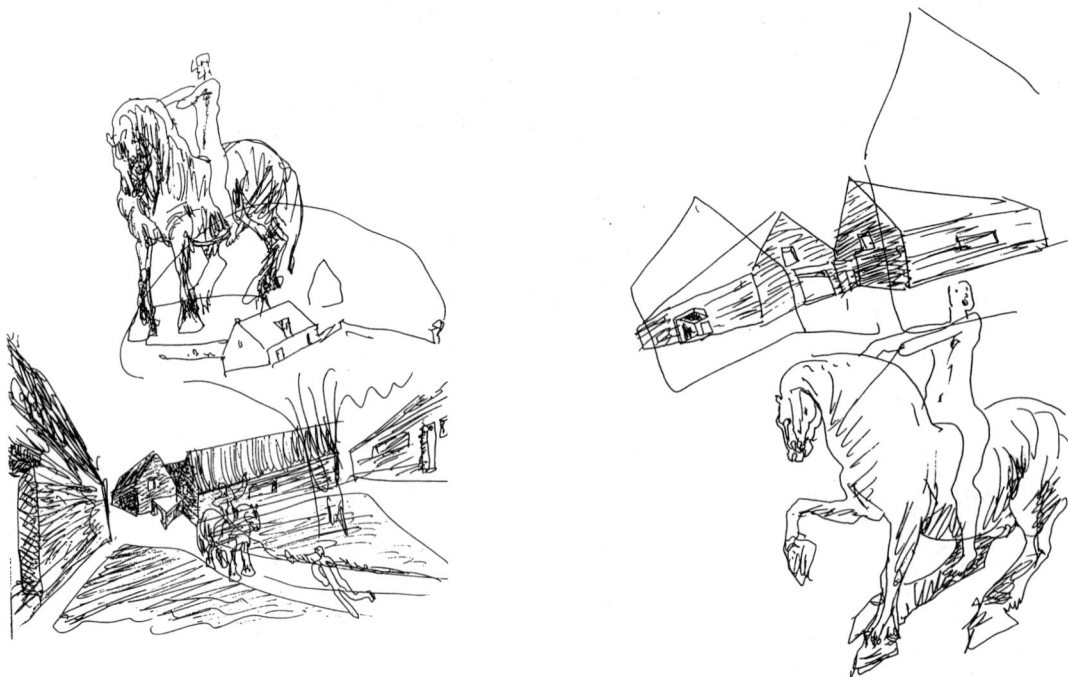

草图

剖面

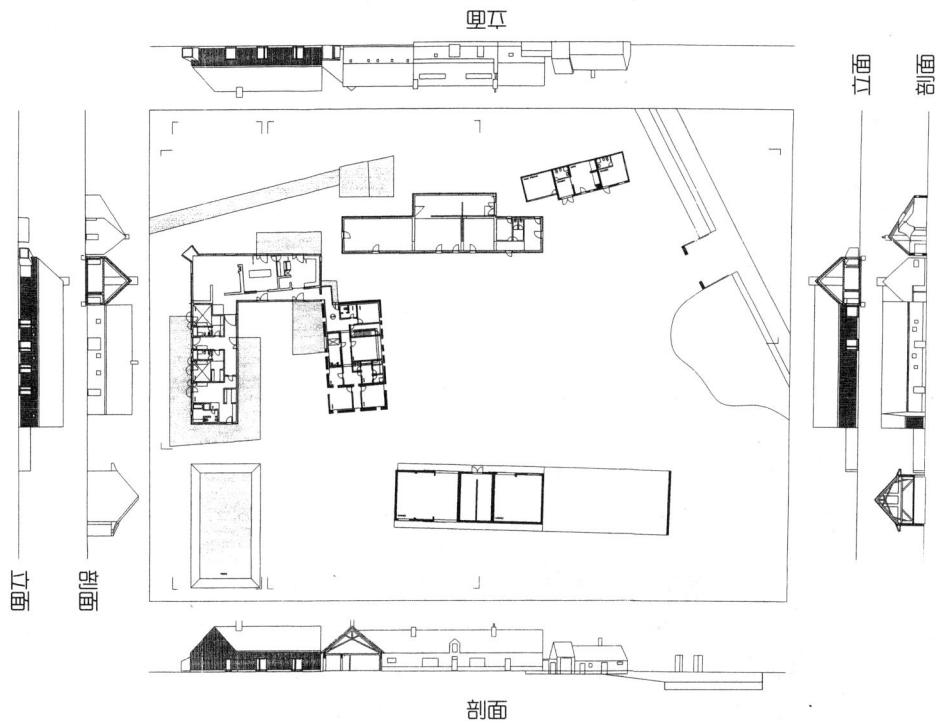

比利时一座农庄扩建平面

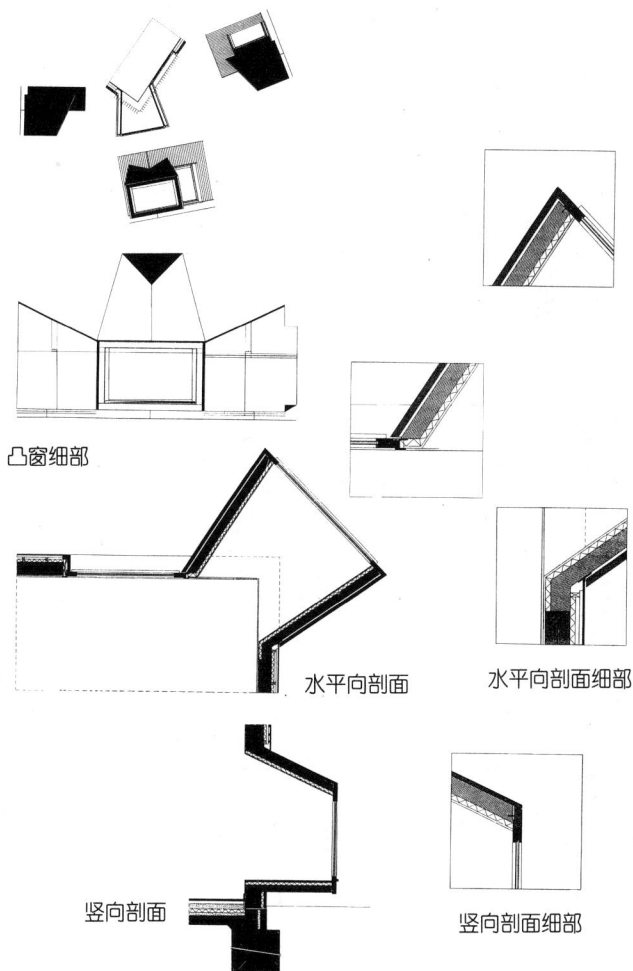

凸窗细部

水平向剖面　　　水平向剖面细部

竖向剖面　　　　竖向剖面细部

内院景观

模型

西南外观局部

画廊西南端室内

3

论文

1. 关于我的作品

我的许多设计从未被实现。有一些设计仅仅被部分地完成，另一些则被完全改变，或者甚至被放弃。一个人必须为这一现实留出余地。

在描绘现实特征的矛盾冲突和紧张不安中，试图在现有的创新潮流中占据其自身位置的建筑学的研究（这一研究努力超越对于现实的纯粹被动的抄录，拒绝将限制强加给现实，并逐一分析现实的每一个方面）是不能以静态的形象作为基础的，它不会遵循一个线性的演进过程。

出于相同的原因，这个研究不能是含糊不清的，它不能被约简为一个学术性的论述，然而却可能是正确的。

我的每一项设计都试图以最大可能的严密性在所有的细微差别中来捕捉一个转瞬即逝的形象到来的那一时刻。到了人们能够捕捉现实的那种转瞬即逝的特质的程度时，设计将或多或少的明朗化，而且设计越是精确，就越是脆弱。

这些理由必定解释了为什么只有边缘性（仅维持在最低限度的）的作品（一个安静场所中的住房、一座远离尘嚣的度假屋）当它最初被设计时就已经被实现了。

这是参与到包括建设和破坏在内的文化转型过程中的结果，但是这一结果的某些方面被保存下来。到处获得认识、在我们当中延续的片断，被遗留在空间和人群中的标志，被人随即拾捡的碎片，这些将融入到整个的变革过程中。

然后我们将那些碎片放置在一起，创造一个中介性的空间，并将其转化为一个形象，我们再赋予其意义，所以从其他的形象看来，每一个形象都具有一种意义。

在这一空间中我们可以找到最终的里程碑石和最终的矛盾。我们通过面对"他者"的片断，以转化我们自身的方式来转化空间。

景观（作为人的居住场所）和人（作为景观的创造者）都吸收了一切事物，接受或拒绝那种具有短暂的形式的事物，因为每一个事物都在它们身上留下了标记。从孤立的碎片开始，我们寻求支撑它们的空间。

我被邀请来谈论我自己的专业作品。几乎是随意的，我写下了几行文字，共八点内容：

1. 当我参观现场时，我开始设计（就像几乎总要发生的那样，时间计划表和条件状况是不确定的）。在其他的时候，我要早一些开始设计，由我对现场的一个观念开始（一段描述、一张照片，我曾读过的内容、我曾偶然听到的内容）。这并不意味着大多没有用到最初的草图。但是每一个事物都开始于某一个地方。一个场地对于它是什么、可能会是什么以及想是什么都是能产生效果的——有时那里存在着对立的事物，但这些事物从来都不是毫无关联的。在过去，我的许多设计在第一张草图中来回往复。并像其他人的设计那样，以一种混沌的方式思考。即使到了只有很少的现场残余物的程度，它也可以唤起对现场完全的回忆。没有哪块场地是一块荒漠。我总是当地居民中的一员，秩序是对立物的集成。

2. 有人说我在咖啡馆中进行设计。我是一个设计小规模的工程的建筑师。我在咖啡馆中进行设计是事实，但是我不像Toulouse Lautrec在"卡巴莱"❶餐厅（一种有歌舞表演的餐厅）中那样去设计，或是为了罗马的一些奖金而在废墟中设计。咖啡馆中的气氛既不使你产生灵感，也不使你激动不已。但是在这里——波尔图，它是你可以保持不被人认出和全神贯注的很少的几个场所之一。它并不是避开各学科间的讨论、电话、规章表、预制构件或安装工具（它们使很多事情变得更为简易）的目录、计算机或邻座会议（neighbourhood meeting），以及躲避会议桌的一种方式。它将超越与此工作和为此工作的基础。我常去咖啡馆，次数太多了。当我注意到我与我的茶和咖啡一起正在获得特殊的注意时，我就走开了。

3. 我最近的一些项目已经包含了与已有的居民或将来的居民的有组织的团体所进行的漫长讨论。关于那些讨论，没有任何新鲜的东西。在其他环境中，我曾经以类似的方式工作，或者说我曾经希望那样工作。然而在从1974年革命中过来的葡萄牙，它并不是希望与不希望的事情。一旦监狱被打开，在波尔图，在里斯本，在阿尔加维，对于住宅供给的争斗将远远超过住宅、行政区划和合作社的限度。它占有了城市的地产所有权。一个短暂的经历。一旦它作为一种方法被采纳，这一行动的实质就退化为一个令人感到安慰的托词，一个转让的仲裁人，它很不情愿的投入到愿望的重构中——我们的愿望或其他人的愿望。

4. 据说我的作品（不论是近期的还是建成于数年前的）都是以地域的传统建筑为基础的。然而即使拥有这些作品，我还是遭遇了工人的抗拒和路人的愤怒。传统是对革新的挑战。它由持续不断的嵌入物构成。我是一个保守派和传统派——那也就是说，我在冲突、妥协、杂交、变革之间行动。

5. 他们告诉我，我没有支持性的理论或方法。我没有为指明道路作任何事。更何况那也没有教育和指导意义。由波浪驾驭的小船令人费解的并不总是意味着失事。我并未过多的暴露我们小船的甲板，至少不是在远海上。过度的暴露会把船只打成粉碎。我研究海流、漩涡，我确保我在冒险之前知道水港在哪里。人们会看到我独自一人，行走于甲板上。所有的船员和设备都在那里，而船长是一个灵魂。当北极星几乎看不见的时候，我不敢把手放在船舵柄上。我并未指出一条明确的道路。道路从来都不是明确的。

6. 我不愿完全以自己的双手来制造我设计的东西。没有哪项设计是全部由我独立完成的。那将使它缺乏创造性。……没有那个部分是独立存在的。

7. 我未完成的、被中断的、被修改的作品与未实现的美学观念毫无关系，与对未决定的作品的信仰也毫无关系。它们与软弱无力的不可能性完成有关，与我无法克服的障碍有关。

8. 我曾经和一位工人讨论如何将30mm×30mm的马赛克放置于一块不规则形状的楼板上：以对角线的方式（就像我所建议的）或以平行于一面墙体的方式。他告诉我："在柏林，我们不按你说的方式干。"第二天我回到现场。这位工人告诉我，"您是对的。按这种方式来干更为简便。"于是我们达成了共识：要以最实用和最合理的方式来建造，就像在帕提农神庙、在沙特尔❷或是在米拉公寓（Case Milá）（只要我们能够及时回归）所发生的一样。今天，我们要重新发掘那些显见事物的不可思议的奇妙和独特。

---

❶ 卡巴莱（cabaret），指有歌舞或滑稽短剧等表演的餐馆或夜总会。

❷ Chartres，沙特尔法国北部城市，位于巴黎西南方。市内13世纪的大教堂为哥特式建筑的杰作，以其彩色玻璃和对称螺旋体而闻名。

2. 莱萨·达·帕尔梅拉

我记得孩提时代去瓦伦西亚时曾经有过的经历：当时我有一种强烈的城市边界和被橘树果园环绕的感觉。但在今天，如在南美，有许多规模巨大的城市，它们已经无法给人一种边界的感觉。任何在布宜诺斯艾利斯旅行并逐渐远离其市中心的人都能体验到一种感觉——城市是漫无边界的。消失的是与城市有关的景观的连续性的感觉；这是一个极其糟糕的现象，并且这个现象日趋明显，特别是在发展中国家。然而，这种感觉对于任何项目都是最基本的。

沿着莱萨·达·帕尔梅拉的海滨大道，在我第一座建筑作品表达了对这种感觉的诉求。这一区域存在明显的边界性特征，一片挡土墙环绕着海滩和峭壁，面对着大西洋。因为海岸警卫队颁布的法令禁止任何建造活动，所以景观几乎都是从未触动过的。

第一个项目博阿·诺瓦餐厅设计是1956年经由马托辛纽什政府举行的一次竞赛而获得的。现场的选定是由于其布满岩石的海岬。除了因为在当地居民的记忆中，它与当地的诗人安东尼奥·诺勃利（Antonio Nobre）的生平有关联以外，在某种意义上，地点是确定的。现场非凡的美丽景色可能会使得像我这样职业生涯刚刚起步的建筑师胆怯。正像近来的经验所证明的那样，在一个特别美丽的场所中建造建筑经常会破坏那个场所。

设计在一座小教堂和远处的一座灯塔之间展开，并在对该基地区域自然的平衡性关注之中发展形成。然而，餐厅并不是一座高大的建筑，这既是由于建筑本身性质使然，也是为了避免与教堂尺度相抵触。方案的目标在于不与现状竞争，同时要确保建筑具有特色，而且还要使新建筑的自律性与其现有环境相协调。在初始阶段，建筑遵循岩石的轮廓，好像被锚固于岩石上。只是随后，在我注意到建筑外轮廓的过度的（也许是不成熟的）不连续之后，我选择了几乎水平的屋面，而同时各种不同功能的连接也经过调整而适合于岩石的轮廓。关于提炼建筑表达与其文脉一致性的敏感性，最初的体验其实是很重要的。几年之后，马托辛纽什市政当局决定在餐厅以南几百米建造一个游泳池，仍然沿着海岸线。他们选定了一块场地，在那里岩石形成一个小湖，并且该项目被委托给一位工程师，即费尔南多·塔欧拉的一位兄弟。由于他懂得建筑容易对景观施加影响，他决定与一位建筑师合作并将我提名给委员会。塔欧拉的兄弟已经设计了一个由四面墙体封闭的游泳池。然而，我的方案力图尽可能的利用可以说启动了游泳池设计的自然条件，同时利用了峭壁并以这些确实必需的墙体来使天然形成的水潭更为完备。以这种方式，我们成功的使景观与建筑成为整体，但是由于我们先前的经验，这一整体在其限定内更为明确和自主。

一座由简洁的直线和长长的墙体构成的建筑试图与基地中的岩石不期而遇；设计目的在于从周围环境中引出几何学，或者更在于让其确定并提供一种特定的几何学倾向。一句话，建筑与构造几何学具有相关性。

一个决定性的因素蕴含于对入口问题的解决之中。由于马路紧贴着海岸线延伸，同时一条1.5km长的抹灰石墙将道路平面与海滩平面隔离开来，所以基地深度很小。我找到了一种解决的办法——通过设计"之"字形回旋曲折的道路，从而赋予该建筑综合体入口以强烈的深度感。同时，由穿越光线暗淡区域的一条渐进通道所引起的光线变化也成为对户外最终路段的引导。在这里，高墙遮掩了入浴者，使其免于接触海滩来的光线。而且，一座小桥沿着海岸引向大海，收束了由受控光线运用所调节的路段。

这一区域的浅进深也意味着该项目会偏向于一个纵向的构成，这也就是尽管事实上这一建筑位于1.5km之外，它还是成为博阿·诺瓦餐厅理想化的延续的原因。在这一点上，很明显，我们必须协调该地区的发展。出于这一原因，在1974年，我设计了一个总体规划，尽管它从未被采纳。由于已经经过了很长时间，博阿·诺瓦餐厅已经是一座被其经历的年代打上烙印的建筑。如果它看起来一点也不过时，这是因为景观的特征启示了尊重和谨慎。解析它的建筑构成，可以清楚发现阿尔瓦·阿尔托对我的影响，特别是他的维堡图书馆。

3. 埃武拉－马拉古埃拉

在我们这个时代，在建筑和城市方面，有一种态度给我留下极为深刻的印象，那就是急于完成每一件事的心态。而这种对明确解决方案的渴望妨碍了不同因素之间的互补，这些因素包括城市网络和纪念物、开放空间和建筑。现今，不论它是多么微小的和片断性的，任何干预都直接影响最终的形象：这解释了城市不同组成部分之间相互渗透的困难性。

在埃武拉，我曾经用大量时间来进行了解和研究，以使我能够避免运用某一预设的条条框框。在方案实施的20年中，干预性插建总是面临被突然打断的危险，这恰恰是因为人们认为它是无组织的和分散的，因而也就没有能力提出一个城市问题的解决方案。

设计的最初前提在于企图以一系列的干预性插建来界定区域边界，同时保留时间和多方面的主动性来完成完善方案的任务，并且占据空间。与设计的演变共同持续前进的可能性对于方案的统一性具有决定性意义。往常，至少在20世纪初以前，建筑师通常独自遵循着城市的发展过程。现今如果人们想获得一种适当的连贯性，这仍然是一个基本的条件。

在1974年4月25日的革命之后的一段时期，在埃武拉具有古老城墙的老城区以外，在SAAL的计划中为居民联合会会预留了一片广阔的区域。对于该地区的规划已经有了，这是在1960年代末期准备的，该规划预见了较高建筑的建造（其中一些后来被实施），这些较高的建筑严重威胁着城市的轮廓线。努诺·保塔斯（Nuno Portas），首届临时政府的住房和城市部门的秘书，决定推迟这些建筑的建造并制定了新的准则：保持1200个住所的居住密度，保护沿着一条水系延伸的绿地，建造低层、高密度住所。于是一个对于乡村的果断的创新意图得到了表达——在试验新的住房解决方案的同时保护乡村地域。

城市委员会委托我进行规划的准备，而居民联合会邀请我进行住宅的设计，因此对于城市和建筑的工作同时展开。该计划的第一个实质性困难蕴含于其自身的名称之中：社会住宅，好像是一种特殊化的概念。在城市中，住宅是持续不断的现实存在，并且总是社会性的。另一个困难来自于不充足的财政资源，这是一个必须克服的艰难阻碍。于是，这些廉价房屋必定糟糕透顶的想法被广为传播，因为社会住宅经常与种种矛盾和质量的缺乏联系在一起。

伴随着这些假设，我开始了设计工作，而未来使用者的参与（被革命所激发的）是影响工作方法的无法抑制的变革力量。随着岁月的流逝，在设计与家庭之间的直接关联已经丧失，这首先是由于实施计划所必不可少的资金和贷款日益缺乏造成的。1976年SAAL的终结实际上使居民联合会转变为一个合作协会。结果，更穷困的家庭突然发现自己被排斥于新的住房项目之外并且最受人关注的试验也走到了尽头。除此之外，居民联合会由已经经过合并和统一的团体组成，而合作协会接纳来自于任何社会阶层的成员，因此与某一个阶层（one place）就没有特别的联系，而且还包括中产阶级。来自于埃武拉具有共产主义性质的市政管理部门的公开持续的支持使合作团体成为了可能，这在葡萄牙是绝无仅有的。这种形势引起了中央政府的顽固对抗，随之而来的是在获取项目的财政资金及批准通过方面的种种困难。

我记得在SAAL时期曾经参加了一次在政治家和技术专家之间的热烈争论,在争论中存在许多偏见和误解。我甚至听到了这样的质询:"建筑师是人民的工具吗?"我这样回答这个极具煽动性的问题(如果在我们心中依然记得那个时代的革命风气,这段煽动性的言论也是可以理解的。):我认为解除建筑师的作用是无法接受的,因为集体并不是某种特殊而不可或缺的技艺的替代物。与其全部知识一起,专业背景是不容被忽视的资源。在那种持续敌对的境遇中我感到轻松自在。因为在对话和讨论中,建造单个家庭(single family)的中产阶级住房的经验已经使我受到了锻炼。相反,以前曾经为社会住房而工作的那些人在1974年之前不具备这种经验,因为在1974年之前,那些计划并不是为特定而具体的业主准备的:它是预先确定的住宅样式,既没有使用者也没有讨论。

　　在建筑的历史上,总是存在于单个家庭的住所建造中的对话是必不可少的。甚至现代主义运动也并不局限于工人住房演变的深化,而由那一时期的倡导者建造的著名住宅(萨伏伊别墅和吐根哈特住宅)也明显受到了房主的影响。今天,社会住房正在渡过一个困难时期,并且由于一些原因而被忽视:一个原因当然是建筑师倾向的不稳定性,这些建筑师在20世纪60年代将公众参与变为一种流行的形式,而在接下来的10年间又将其遗忘。因此,在这一时期,人们以怀疑的眼光来看待任何继续支持讨论的重要性的人,因为公众参与已经与那些被动的建筑师(作为人民的工具)建造成果的低下质量联系在一起。关于这类项目,另一个受鄙视的原因是由于在工作中现实存在的困难,而且这些工作很少获得尊重且报酬很低。人们深信关于社会住房的任何事都有可能发生,包括在建筑师的酬金上打折扣。然而,恰恰相反,为了在这些复杂的项目中获得优秀的质量,更为细致的准备是必需的。

　　当我第一次调查27hm²的规划区域时,许多现状引起了我的注意。首先,圣玛利亚(Santa Maria)未经批准的区域被从通向里斯本的道路开始的土坡遮掩,而这一道路沿着水体延伸。那有许多以前的痕迹:在一条溪流旁边的阿拉伯式浴场,再向上是一棵栓皮栎树、一座蓄水池和一座水箱。然后,最重要的,马拉古埃拉乡村居住地与其毗邻的橘树林一起出现。一条道路横穿另一个未经批准的区域(Nossa Senhora da Glória),通向一座学校和两个破旧的风车磨坊。最后,还有7层的房屋,是在以前的规划范围内建造的。整个区域属于乡村居住地,从那里人们可以看到埃武拉美丽的轮廓线,那是一座用花岗岩和大理石建造的城市,具有自己的大教堂、一座罗马式礼拜堂(Romanesque church)和一座新古典主义的剧院。

　　我开始研究圣玛利亚街区的巨大活力,这种活力是由一些小型商业活动的存在所激发的。人们离开他们的家,从水源中来回取水、上学和去另一个街区:因此,随着时间的流逝,人们在地上留下了对于他们而言最为便捷的道路的踪迹。这些非常清晰的踪迹也有助于解释行为与地形的关系,并且概括出各种变化及联系的可能性。在两个未经批准开发的区域之间的联系成为方案应该考虑的基本问题之一,这一点很快就变得十分明确了。我认为需要一条东西轴线方向的道路(它将横穿整个区域及一段水系)将新区与城市相联系。然后,为了促进土地与通向里斯本的道路之间"无形的"移置,我又决定勾画出南北向轴线,它一直延伸到一条步行道路之中:这个十字建立了干预的结构,而且关于建筑的讨论也起始于此。沿着东西向轴线暗示了靠近圣玛利亚街区的几幢建筑。在两个分区之间的空地出现了一条被我称为"百老汇大街"的道路(一个后来被当地居民承认的名字)。这条将新、旧建筑隔离开来的道路使现有的住房开放空间的重获成为可能,并且还配置了通道、楼梯和花园,从而使住宅适合于规划准则,并丢掉了其未经认可的身份。

　　我设计的住宅遵循一种类型学结构:建筑背对道路,每一座住宅都具有一个天井和一片与另一住宅隔开的墙体，另一座住房向后重复相同的设计。我有一个构思——将基础设施的网状系统提高到屋顶的高度：次一级的管道在两座面对面的住宅之间穿行，供应所有的住户，它与主管道一同开始，而且沿东西向轴线设置。采用这一结构的主要动机在于埃武拉的高架水渠，它确实给我留下了深刻的印象并因此成为最初的启示。事实上，由于我拥有的财政资源是这些住宅建设的唯一资力，我必须使之保持在一定的规模。此外，甚至由于政治原因，使其他部门感兴趣于公共工程的建设是很困难的，所以我必须找到一个解决方案，这一方案将考虑到住宅统一而连续的结构和公共住宅综合体之间的对话，这一对话可见于任何城市之中。因此，这个贯穿于整个地块的巨大结构具有定义另一种尺度的基本功能。在这个构思方面，最后一个障碍是各种服务供应系统的艰难协调（电、水、电话、燃气和电视）。解决方案最终获得了认可，这主要因为较低廉的维护费用使整个新建项目更为经济。

在房屋和高架水渠之间，我为以后的商业活动预留了一些空地。我想避免出现新添功能的设置与街区的结构不相容的情况。因此主要管道和次级管道的交叉点也就使一系列间隙空间的产生成为可能，这些空间使方案增添了更多的可能性。荒谬的是，最猛烈的批评来自于把这些空间解释为未完成的场所，而我也因没有能力完成工作而受到责难。实际上，我对于这一综合体的形态学的关注是非常实际的，而这些地点的空间现在也开始被使用了。

关于建筑尺度的确定十分艰难，而一座半球形的建筑将发挥决定性的作用。和高架水渠相似，这座建筑将在建成结构和开放空间之间占据一个中介性的区域，并且成为一个集体生活的专用场所和城市发展的核心部分。然而它并未被建造，尽管其结构计算已经完成（且并不昂贵），而关于其建造的任何保证仍是不可企及的。然而，在某种意义上这座半球形的建筑已经存在了，并且在小公园的构成要素的设计过程中逐渐显现其自身的形式，这个小公园将发挥其背景的作用。在那一点上，管道并未从城市网格中分离，而是与住房结为一体。所有这些要素，与地块的形式本身一起，都有助于精确的辨别那半个穹顶。这个空间包容了水箱和栓皮栎树，它们后来在建设中被推土机破坏。二者仍然存在于记忆之中，而且等到建造这半个穹顶的时候，二者都将回归它们原来的位置。

对于方案的整体性而言，艰难的建立起第二种尺度的是必需的。例如，近来有人建议，为了适应交通，东西向轴线应被扩展。然而，这项干预将破坏综合体的整体性，而我是否继续在埃武拉工作也取决于这项建议是否被批准。任何作品都必须被准备用来应付变化和变革，但是却无法适应那些将导致其毁灭的变化和变革。城市无法承受的某些干预确实存在；实际上，当下的许多城市都表明：超过了某个确定的限度，忍耐力就不可能再存在了。只有那些追逐对城市完美而直接的理解的人，那些没有能力在事物之间进行判断的人才会认为马拉古埃拉是不完备的，具有被错误确定的或被遗弃的地区。

我曾经阅读了许多将本土性的葡萄牙建筑与理性主义广泛联系的诠释。我认为自己与此观点格格不入，而且并未发现其具有任何重要性。首先，我认为研究将要介入的文脉背景的经济和技术前提是必不可少的。除了我以前提到的有限的资金外，阿伦特茹（Alentejo）当地的建造条件也是一个决定性因素。在葡萄牙南部的这一地区，居民稀少，土地众多，直到最近，大量的工作仍然是季节性的。在阿伦特茹，当地的生产以非常缓慢的速度发展，主要依赖于手工技术和原材料，而公共住宅建造是惟一的例外，且是非常少量的。事实上，这一情况完全解释了为什么埃武拉和整个阿伦特茹被保护的极好，在那里既没有建设也没有破坏：一种土地所有者的珍宝。住宅用阳光下烧制的砖来建造，这些砖在今天仍然被制造和使用。对于我的工程，这一方式不能在给定的范围内运用，并且出于这一原因，传统的生产是不可能的。

最后一个争论关系到平屋顶。不过，选择平屋顶的原因之一是屋面瓦的缺乏。此外，为了建造最初的100座住宅，埃武拉的城市委员会不得不与别人合办一座生产水泥砌块的小工厂。由于缺乏熟练技术工人和实际技术知识，建筑的缺陷也就可以理解了。从这一观点看，在外部气候条件和内部空间之间创造一个微观小气候的需要解释了天井的选择——它的确是历史影响的结果——因为使用的材料不能为房间提供足够的维护。如果忽视了这些因素，就不可能理解这一设计。另一方面，必须指出的是，最初的100座住宅是为那些来自于乡村因而仍然具有乡村价值观念的人们设计的。因此可以说，具有一个天井的住宅设计受到了许多不同范例的影响，而不仅仅是那些可以被归纳为乡土建筑或是现代主义运动的影响。

4. 福尔诺斯教堂

　　距波尔图以东一段距离,在福尔诺斯的小镇上矗立的这个教堂是一个宗教综合体的一部分,这一综合体最终将由一个礼堂、一所口授式教义学校和教区教士的住所组成。对于选定的建筑地块的勘察曾经使我陷入深深的困扰;这是一块地形非常不平坦的难于处理的场地,它直接在一条繁忙公路的上方。另外,城市的这一区域以质量糟糕的建筑为标志。这就是为什么综合体的目标在于确立一个场所,而不是一个毫无意义的坡地的原因。

　　教堂在两个标高平面上连接为一体:上层提供教众的集会空间,下层是一个殡仪礼拜堂。这两个空间具有非常不同的特征,就像它们各自的接近路线所表明的那样。殡仪礼拜堂有效地充当了建筑的基座:它界定了一块经过平整的、上面坐落着教堂的坡地。其花岗岩墙体和回廊建立了与道路的距离感。这一可居住的平台用来呈现一个"建造的地形"的外观。同样重要的是教区中心和教区教士住所的位置,它们正对着主入口;它们的区域限定了一个大的"U"形,它正对着钟楼和洗礼池形成小的"U"形。这依次界定了能够容纳正立面的巨大的空间,并且建立了与这座"卫城"周围的小规模建筑的和谐关系。

　　这个方案最初的参照点是一座已有建筑——一幢老人之家,它别具风格,端正而整齐,伫立在坡地的上部并向道路伸展。综合体的其余部分从这个新的标高平面连接,回应于现有建筑的混乱,并最终使教堂的确定成为可能,这一墓地可以俯瞰福尔诺斯的美丽山谷。教堂的大门有10m高,与广阔宏伟的远景相比照,这是有道理的。在一般情况下,为了进入教堂要使用右侧塔楼下面的一个玻璃门;主入口仅在非常特殊的场合才开放。一旦进入到教堂内部,人们就会意识到在右侧一条狭长低窗的存在,这窗户再一次提供了外部的视景,而且人们难以察觉从左侧倾斜弧墙上的开启倾泻而下的漫射光线。人们看到的是山谷和在前景中的建筑。这个窗户并不促使我们在教堂中所期待的冥想气氛的产生,而这也导致了一定程度的争议,就像圣母玛利亚神像的位置一样。但是雕像占据了居中的位置(其位于在窗户末端,被强烈的光线照亮),并且作为祭坛所占据的空间的引导,而正在进入的人们并不能直接看到这个祭坛空间。礼拜仪式的空间被抬升到三个踏步的高度并被两个开启所补充,通过这两个开启,被高高的竖井过滤的明亮光线照入室内。设计布局、弥漫于教堂后殿的弧面形式和教堂总体空间中的光线相互影响。自然光线随着时间按照太阳的位置而变化,从一道光束的投影变化为弥散光线的宁静。所有元素被有条理地组合,但是从中形成的秩序(这秩序引入了客观存在的和蓄意造成的矛盾)以一种缓慢而艰辛的方式建立起来。在此,并不存在先入之见;我们看到的是对于宗教性空间本质的一系列反思的结晶。现今礼拜仪式所经历的重大变革已经使这些反思变得十分困难,就像神父面对教众来举行弥撒的实际所证明的变革一样。这种变革改变了宗教仪式的特征并且导致礼拜仪式空间的传统组织方式的过时。然而,这种新的情况并未允许我们将教堂看作一个礼堂,而最近几乎所有作品都未能以恰当的方式来处理这个问题。通过反思被这种情况确定的"功能性的"含义,我已经确定了保证在主持弥撒的神父与教众之间进行交流的需要，同时避免礼堂中典型的分离状况。出于这个理由，在教堂的后殿，我采用了凸圆而不是凹圆的墙体，这并未遵循从礼拜仪式的改革中简单抽取的任何前提，尽管具有保持与作为宗教仪式组成部分的物体和活动相互联系的目标。在祭坛周围，讲经台、神龛、座椅和十字架逐渐被确定，并且依次对空间的构成贡献力量，而空间构成根据弥撒的既定活动被组织起来。以这一方式，教堂获得了其阴刻雕塑的形态和在各个部件之间确定的连续张力及联系。

在较低的楼层，从室外通向殡仪礼拜堂的道路设计是对这些空间中所发生的事件的研究成果，也是葬礼对葡萄牙北部米纽地区的人们所具有的意义的认识。在这里，在葬礼期间家人和好友是与死者接近的，而大多数其他人则遵从礼仪远离一定的距离。这启发了具有不同特征的一系列空间的限定，并且出于这一理由，我认为回廊（一个人们在那可以吸烟、聊天甚或谈生意的地方）是一种抵消由如此直接遭遇死亡而造成的巨大悲痛的方式。

回廊紧接着一个初始的、相当宽阔的长廊，这个长廊（在入口之后）以后殿弧墙的延伸为标志。在左边，向前几米，是另一个长廊，在这个长廊的尽端有一个能看到公路景象的垂直窗户。我并不确切知道这个开启和教堂内的水平开启之间的关联，但是我相信在基座中的水平形式是为了传达建筑的重量感和重力感。流线结束于殡仪礼拜堂，这个礼拜堂通过窗户与第一个长廊联系。以这种方式，室内的人可以观察进进出出的人们，就像在上面的平面，教众可以看到公路一样。在礼拜堂内，为平台上的祭坛照明的光线以提供对回廊的视线的开启作为收束。从回廊通向上层标高平面的一段楼梯在此是非常重要的，因为方案的统一感来源于在一个循环中又回到起点的流线构成，以表达处于一个封闭且受限制的场所中的感觉。

有一个事实总是给我留下深刻的印象：教堂总是倾向于强加一种冥想的气氛；因此开启通常都很高，以至于不可能看到外面，并且彩色玻璃的运用也妨碍了窗体的透明性。然而对我而言，近来礼拜仪式的变革似乎与这种封闭且与世隔绝的空间观念相矛盾。因此，当我开始研究方案时，我意识到与传统连续性相决裂的重要性，这种传统的连续性几乎不能触及教堂与社会在日常生活中的关联。另一方面，尽管为了适应变化而做出调整，我仍然努力保护与传统的连贯性，如果人们密切关注这个教堂的特征，就会发现：很明显，隐藏于其后的观念实质上是保守的。高度轴线化的平面设计就是这方面的一个体现，就像内部空间的垂直属性一样。事实上尽管教堂中殿具有一个正方形剖面，但各种不同要素的表达（比如祭台后的开启）的目标却在于创造一种垂直向上的效果。瓷砖被用在一些内部的墙面上。由于实际上采用一个利于清洗和维护的表面是必要的，我最初设想过用木材覆面，但是这将可能削弱墙体的垂直感和光线的反射。因此，我改为考虑运用具有轻微不规则表面的手工制造的瓷砖，这会发出特殊的反射光，就像强调它们与抹灰墙面的中断的缝隙那样。最初，我考虑整个教堂都用面砖，但是由于包括弧形墙体和大门在内的一些问题，我限制它们的运用。我所设定的目标之一在于确保细部不太过显眼以致与空间结构发生竞争。因此，我将大量注意力倾注于研究被使用的各种材料之间的关系上。

在外面，人们会意识到花岗岩的大量存在，而花岗岩是该地区自然和人造景观的一种典型材料。基座成为上面白色体量的轻巧及几何简洁性的必要对应。在一天中的某些时刻，教堂（的实体）似乎消解了，而在另一些时刻，它又完全从天空的背景中凸现。也正是由于这个原因，我需要用一个基座将其锚固于地面上，就像我曾经在秘鲁学到的一些前哥伦布时期的建筑那样。

5. 圣地亚哥·德·孔波斯特拉的博物馆

　　当我被委托在圣地亚哥·德·孔波斯特拉建造一座博物馆时，我被特别要求将它远离道路布置。这个要求显示了新建建筑有时可能引起的一种广泛担心，而这种担心并非没有道理。当人们在距已被列为国家级纪念建筑仅一米之遥的地方进行建造时（就像圣多明戈·德·博纳瓦尔修道院的情形一样），人们会担心危及其整体性。因此，我被要求将新的建筑物掩藏起来。我认为一个文化中心对于城市而言将是一座意义重大的建筑，因此不能简单的将其看作是修道院的一座附属建筑。另外，我还成功地指出，由于一片划分用地界限的花岗岩高墙的存在，修道院从未是完全可见的。我能够致力于处理新建建筑与道路的本质关系。因此，一旦博物馆的场地被确定，将其更为靠近修道院放置就是必要的。

　　在新建的博物馆中，与入口协调一致，两个区域限定了一个小的开放空间，这一空间与修道院正面的对面那个升起的广场相互作用。这两个面对面的城市空间限定了接近花园的通道，这座花园也因此成为其他所有房屋从属的中心要素，这是在修道院被建造时就已经发生的情况。紧接着花园的这个入口，就是我保护下来的一座朴素的建筑物，它连贯了沿着露台展开的路线。博物馆的平面设计因循绿色空间的路线而展开。我研究了博物馆与外部（道路和花园）的关系，来考虑内部空间的需求，以找到形式与功能之间的协调关系并保证在各个不同部分之中的透明性。由此发展了三个区域，各自对应三种功能：中庭和办公室、礼堂和图书馆、展览大厅。这第一个区域坚持与道路接近，不像第二个区域那样远离道路，而第三个区域则作为花园的边界。在平面中，这一连接方式转化为两个三角形，它们并不仅仅作为剩余空间出现，而是凭自己的地位获得了主要的角色，因为它们被放置于关键点上。第一个三角形空间位于礼堂和中庭之间，沿着建筑的外界。这个解决方案（非常缓慢的得到的）源自于道路另一侧的建筑排列方式。第二个三角形空间被设置于建筑内部，并在博物馆的心脏部位接收和发散光线。这个清晰的空间结构被两条以"明晰"和"自由"作为标志的路线支持，同时也充分利用了机会——从来没有为博物馆确立精确的程序，并且也没有完全确定的作品收藏（一个仍待解决的问题）。但是事实证明，该博物馆具有较好的灵活性，因为其展览大厅从未妨碍它们被赋予的用途。

　　绿色空间的设计决定了博物馆的方案。从我最初与委员会接触开始，我就已经了解到我也会负责花园的设计。从一幅18世纪的地图中，我了解到修道院空间的组织及表达方式，并且对于这些现存关系的研究对于博物馆方案起到了促进作用。对于与周围建成环境的关联的持续求索在一座坚实的建筑中找到了表达方式，其最终的构成被花园的设计工作所明确，这证明是对于自然的"利用"的一个理想的方法。在加利西亚，从凯尔特人留传到阿拉伯人，建筑方面的伟大才智具有独特的根源。因为我提到的平面图不能提供所需的全部信息，就进行了另外的调查，而且我们最终发现了该地区古老的灌溉系统。古老的花岗岩沟渠与毁坏近半的喷泉和墙体一起被发现。而且花园以 "之"字形回旋的坡道和梯段作为基础而设计。博物馆内部的道路也遵循一条相似的路线。

在波尔图的塞拉维斯博物馆的项目中，主要问题之一在于限制新建筑对美丽的花园的影响，这个花园是1930年代的，是装饰艺术风格住宅的延伸。确实像在圣地亚哥·德·孔波斯特拉发生的一样，在这一博物馆中，计划所要求的空间的形式和组织构成来源于和花园的特定关系。这个绿色的区域，在波尔图市中心被奇迹般的保留下来，并以住宅、布置整齐的花园、一片树林和一片农田的饶有趣味的序列为特征。在博物馆和住宅的不同尺度之间的碰撞是该项目最富趣味的一个方面。博物馆从中庭逐渐生成（这参照了装饰艺术风格的住宅），然后从一个巨大的中央大厅呈"U"形向外分叉。

6. 阿尔瓦·阿尔托

芬兰于1917年独立，次年阿尔瓦·阿尔托创作了他的第一个作品——他父母住宅的改建设计。随后他充满激情地参与到为实现及维护国家独立自主的工作之中：为合作社及爱国组织、工业建筑、国家及国际展览馆建造建筑。这一时期的活动被第二次世界大战打断，但同时却得到了巩固。

在其帕米欧肺病疗养院（1929）和维堡图书馆（1930），尤其是纽约展览馆的光彩夺目的外观获得普遍认可之后，阿尔瓦·阿尔托获得了国际知名度。在1940年6月，阿尔瓦·阿尔托在《艺术杂志》发表了"战后重建"一文，在文章中他开始提出问题及其解决方案，提倡回应的广泛性："芬兰应该成为所谓'重建'人类活动方面的一个主要的实验研究场所。这是这个国家对于全人类的责任。"在这篇文章中，阿尔瓦·阿尔托倡导了一种介于非常时刻实用性临时庇护所和新的"完美的"城市之间的、兼具演进性和开放性的第三条道路。如果我们看看在法国、德国，甚至英国以此方式重建的后果，可以发现阿尔瓦·阿尔托的观点仍然具有显见的生命力。

近来的争论——像1987年在柏林的国际建筑展览（IBA'87）上所发生的或是后现代思潮的局部兴起，当然，首先是人们对此的觉醒反应——导致我们去思考芬兰建筑公认的本质，而这大部分应归功于阿尔瓦·阿尔托。

"我不认为我有民俗学的倾向"，他在1967年曾经表示，"我自己对于传统的理解主要与气候、物质资料条件和那些使我们感动的悲剧和喜剧的本质相关。我不制造表面上的'芬兰建筑'，而且我也没有看见芬兰本土性和国际式（建筑）要素之间的任何对立。"

尽管阿尔瓦·阿尔托在国际上取得了成功，这本来可以使他走上别的道路，而他却留在芬兰——那个偏远、人烟稀少且不知名的国家，在那里遍布湖泊和森林，道路也没有任何标记，且一年中大部分时间被积雪覆盖。人们的双脚以最自然的方式在纯净的表面上作画。战后他所做的工作强烈地受到材料的限制、生产及运输方式的制约。与其他国家发生的情况不同，混凝土和钢铁的缺乏导致了地方材料（砖、木、铜）的运用并且使手工技艺的生存成为可能。

阿尔瓦·阿尔托的作品不能被定义为对于"现代主义机械化"（Modernist Mechanism）的反抗，并且当他就这一主题发表见解的时候，他态度非常温和适中；他并不背离CIAM和他所受训练的构成主义成分，既不是新古典主义的，也不是浪漫主义的。对阿尔瓦·阿尔托而言，这些分界并不存在；如同在芬兰的自然风景中一样，偶发性的事件构成了一个完美、连续且富于变化的结构。即使当这种自然风景指导他的设计时，当某个湖面形状与他设计的窗户形状一样时，这也只是他在设计中要囊括一切，希望利用一切设计因素的一个特殊方面。一个渴望旅行的芬兰人（旅行者是一个具有坚强品质的人）吸取了那些令他印象深刻的要素，并且像所有伟大的创造者那样，成为一个"异花授精的媒介"——变革的萌芽。我的意思是，通过掌握已被证明的模式（模式是普遍存在的），可以将它们加以转化，将它们引入不同且被改造了的现实；他也使这些原型相互交融，以一种令人惊讶且浅显易懂的方式加以运用：于是，一个陌生的形体来到世间并扎根成活。例如，1947年的波士顿麻省理工学院的学生宿舍是一栋美国建筑，而同时也是一个阿尔瓦·阿尔托的作品。

　　……

　　阿尔瓦·阿尔托在1947年写道："大量的需求和边缘性的问题阻碍了基本建筑思想的明确表达。""在这种情况下，我经常以一种完全本能的方式进行设计。在将作品特征和其广泛的需求吸收到我的潜意识中后，我会努力使自己暂时忘却所有的问题，并且开始以一种非常接近抽象艺术的方式来绘制设计草图。我画着草图，仅仅由本能控制，并略去建筑的综合性，有时以看上去像孩童作品的草图作为结束。以这种方式，以抽象为基础的主要构思逐渐成型，他具有能使各种各样的问题和矛盾互相协调的性质。"读到这些文字，如果听到有人说"阿尔瓦·阿尔托，建筑师，芬兰人，没有建立理论，没有讨论方法"，是令人无法接受的。他提出了理论和方法，而且是卓越的。而且我知道没有比阿尔瓦·阿尔托的这篇短文和其他著述中所总结的内容更为精确和敏锐的关于设计思想过程的分析，它并不因为简短而缺乏启发性。这篇论述所阐明的不仅是阿尔瓦·阿尔托的设计方法，而是在我们这个时代完成设计所应当贯彻的方法——这一方法因多种原因而被掩藏，就像发生在被掩盖于想象外衣之下的原原本本的真理（它不需要任何语言）身上的情况一样。建筑师是谦逊的，如果任何人都是这样的话。

　　……

　　阿尔瓦·阿尔托的建筑仅仅是在1950年代后半叶之后才在葡萄牙具有影响力。而且我认为它只是持续了一段较短的时期，而且更为频繁的表现在形式上（也只是其中的一些），而不是内容上。但是这种影响并非偶然……

　　我提到了在《对于葡萄牙建筑的调查》（the *Inquérito à Arquitectura Portuguesa*）之后的时期和随后发生的运动，从里斯本到波尔图的学生和建筑师都参与到其中了，被紧密的团结于《建筑》（*Arquitectura*）杂志周围。

　　研究阿尔瓦·阿尔托有助于使我们不要将他看作是一位很难与之交流的伟大天才，相反，却会有助于我们正确评价他落落大方的交流能力。他的影响力首先在我们建筑学院的改革中得到体现，这促使我们开始思考当今时代的问题。在对这些问题的回应中，我们能够找到一条前进道路，同时无需将我们的信心建立在战后我们从未真正拥有过的现代主义之上。

7. 萨伏伊别墅

巴黎，1987年12月

毕加索说他花了10年时间学会了绘画，又花了另外10年学会了像孩童般的画画。现今，在建筑学的训练中缺少了这后一个10年。

参观萨伏伊别墅中获得的喜悦来自于一种纯真（naïveté）及各种观念的持续转变：与持续的创造的相遇。每项措施都改变了建筑的秩序（而这秩序却保持着永久的存在），并且驾驭着各种不同要素的重要性。孤立地看，这些可能是微不足道的；不论是否被感知，它们总是陪伴着任何一个生活在那的人，从来不会令人感到惊奇。每一个创造都导致另一个创造产生。被发现的事物具有无穷无尽的可能性——上面和下面，向右和向左，斜角的和直角的。

对于细部直接的、几乎未加修饰的表达并非原始的或不成熟的。它是第二自发性（由努力而获得，也可直接被揭示）、假设和批判的运用（向汇合点加速前进）、一种逼近本质的途径。

与19世纪一直在探索关于新材料的独创性发现和运用的建筑师查利❶不同，勒·柯布西耶并没有固定的客户或者是杰出的手工艺工匠组成的队伍，他在深度和广度上追寻着内在的思想。在那个设计者和工匠相互直接理解的日渐衰退的世界中，他追寻着精确但并详尽的图纸，对于守旧和冒险不持成见，同时又充满怀疑、直觉和影响，就像对于查利所发生的那样。

在他的阐释中，他似乎已经受到凡奈尔（Alexandre Vaneyre）思想的影响。而凡奈尔以一种不加区别的态度，表明瑞士——一个兼容并蓄和优柔寡断的国家——应当采用地中海式的生动鲜明的白色。

他不满足于已经被创造的民族风格——一种阿尔卑斯山区和中世纪建筑的混合物——在都灵博览会上，安德莱德（Alfredo de Andrade）的村庄已经被用作一个范例了。

勒·柯布西耶在与奥赞方❷的不期而遇中，绘画的实践似乎已经被导向了一种日常物品的线性联系——一个瓶子、一把吉他、一根导管和平常的玻璃——直线和曲线的纯净形式（构成一个无止境的环链）在一个框架中发展，并构成了坡伊希❸露台的基础，从那里它们向天空伸展。

这种相关的联系和延展的实践得到进一步的拓展并落地生根达到很高的水平；它从拉索德方❹的平台开始，经过巴黎林立栉比的地块和南美洲未经规划而发展的城市，向昌迪加尔遥远的地平线前进——144m × 144m的独立街区，或者在巨大岩石中的大平台。

直线型的和曲线型的建筑物在阿尔及利亚或里约热内卢的山间自由滑行，令人眼花缭乱，

---

❶ 查利（Chareau），法国建筑师。

❷ 奥赞方（Ozenfant），纯粹派代表人物，《立体主义之后》作者。

❸ 坡伊希（Poissy），法国地名，萨伏伊别墅所在地。

❹ 拉索德方（La-Chaux-de-Fonds），瑞士地名，勒·柯布西耶的出生地。

这样的布置还利用了朝向海洋的峡谷和港湾。在 the Maison du Salut，在街区的缝隙中分离出紧凑的单元，在获取建筑的可能性的过程中分解成片断。在塞夫勒❶的 3m × 3m 的工作室中（在这里，曾经用于威尼斯医院的顶光可能不是必需的）。当时的巴黎充满探索的新精神（Esprit Nouveau），然而探索并不总是富于耐心的。

但是，萨伏伊别墅表现出了一种调查研究和一定的自由度之间的不期而遇：一个业主和一块空地。

它可能是从另外一个世界来的物体；这就是第一眼看到它所留下的印象。它可能是用铁和铝建造的，而没有别的材料。但是石膏抹灰反而赋予了分段形式以连续感，而且每天开裂的裂缝暴露了建造过程和实现设计的支配技术的犹豫不决。

紧邻道路、被一道墙体半遮半掩的门房预示了还未看到的建筑的语言风格。一条巧妙布置的通路隔开了两幢建筑，二者完美并完全地相互联系，就像这是一块小的巴黎地图一样。勒·柯布西耶完全占领了空间：房子是这一空间的一个细节。

强有力的形式，蕴含于被抬升于柱子之上的平行六面体的体量之中，通过一个连续的水平开启在楼板或露台等各处显现。

边缘四周的柱子实际上建筑的界定相一致。伴随着资金的缺乏，水平面的接合点变得不太确定，并短少了几平方厘米。这样，盒子就可能坠落，同时在柱子上滑动；在露台上延展的窗体几乎不能达到高度，收紧并接近于由门洞上方过梁所暗示的缝隙。

房子的外观激起了一种硬度感，柱子被融入二层的墙体。你只好绕着它们走来走去；在剩下的三个面，自由支撑（不需依靠支撑物的）的结构形成了一条有顶廊道的边界。经过计算半径的弧线将两个柱子隔离在外面；它暗示着通向车库的入口。许多可见的梁使柔和感发生偏转。主要的门在四个连接性的柱子的弧形墙体上（与结构网格的轴线相一致）占据了中心位置。在内部，结构的划分则为门和道路提供了界定，并以坡道为标志。

这组框架被令人难以想象的简洁所加强：一堵墙体，在对面被一个固定桌台和一个标准盥洗池所平衡；在门边两列呈对称布置的灯。

这一简洁的秩序被连续而频繁的要素所拆解：包括一座雕塑性的楼梯、在内院上方呈三角形的开启、坡道的不对称性、光线、墙体的偏转。三层的空间环绕内院布置，内院完美的为三层提供日照。另一方面，轴向的坡道抑制了不稳定的空间感，这些坡道在外部再次出现且通向露台；强烈的流线被包含于墙体华丽的弧线，仿佛被拥抱其中。

不可思议的是，这里存在着一种宁静，这源自于空间张力的饱和状态。客厅的长向伸展统帅了多重的斜线，并在入口门厅的镶嵌地板得到了反映；通过主卧室的道路——另一个 U 形，提供了空间的深度感，就像在老房子中一样；并且再一次展示了内院和开敞空间的景致。

建筑的每一个元素都有自己独立自主的生命，它突然使焦点不再汇聚，就像你每天在一个城镇中行走时所发生的一切。在元素之间的接合并不绝对完美。踢脚板在碰到阻碍或水管时就停顿下来；门框、楼梯的弧线、或浴室的墙都没有确定的控制。没有什么是系统化的。在设计中和实施设计的操作中存在着明显的误差，共有的优柔寡断相互交织；而且通过向我们展示如何转化，每一个误差都创造一种诗意。

在此，勒·柯布西耶给我们的是这样一种印象（也是一致贯穿于其文章和设计中的），潜藏于一种外在明显的傲慢之下的对于已成定论的东西的坚决拒绝，一种无知的天真，一种并

---

❶ 塞夫勒 (the Rue de Sevres)，法国城市。

324

非被其分析、综合及说服能力所破坏的不安，一种确实的不安全感，一种对自负的拒绝。

从建筑学的角度，萨伏伊别墅带来的许多愉悦源自创造它的那些人们之间的不明确且不稳定的合谋：发起者、建造者和设计者。它的持续衰退不仅反映出维持这种令人愉快的平衡是不可能之事，也反映了连这方面的努力都是不可能的。我们不知道什么神居住在里面。就像日本的寺庙，在它逐渐消退之前就被重建。它使人想起健康、青春、幸福、卫生和在白色覆盖下的镀金盒子——高尚的艺术。这里存在着不知疲倦和永无止境的追求，在飞机上设计的昌迪加尔的地毯，还有按通信的内容制作的雕塑，约瑟芬的肖像，天堂中的夏娃的笑容。

8. 关于设计

　　我已经开始关注我的住宅业主所委托的家具设计。对我而言，家具的设计为特定的空间而构思。然而，正像一幢建筑的设计试图将其自身从其功能性的条件中逐渐解放出来一样，一件家具的设计趋向于设计生成一个能够适合于不同情况的物体。困难在于表现家具的自主性，这一定不能妨碍空间本身的自主性。因此，我认为有三项训练是不可缺少的：想像城镇、想像建筑和想像一件家具——它们之间相互依存。

　　我设计的第一件家具是一个原型，它是为所要服务的内部空间专门设计的。概略性的限制相对较小而且不成其为担心的理由。随后，由于连续生产的需要，使我觉得这种与特定空间直接而惟一的关联是一种缺陷。事实上，一旦达到了过程中某一确定的点，设计必须从起决定性的情况中自由释放，以获得更大的自主性和个性。成果的品质取决于这种对自主性追求的后果，并且同时取决于与环境的关系。重要的是澄清每一件家具的性质，要问问自己在本质上它是什么。例如设计一张椅子，我主要关注于它看起来应当像一把椅子。那是个根本性的问题，但是现今人们设计那些看上去像其他东西的椅子，并且可以说，对于新奇的追求导致他们对对象本质的忽视。每一个对象都有一段历史，并且如果我们正确的看待它们，它们会表现出轻微的差异：正是在这些轻微的差异中，它们表现了自己关于时间的内涵。差异可以被引入（在材料和比例上不同），但是必须保留的是椅子的本质，或者更应是椅子与躯体的关系。也是出于这个原因，阿道夫·路斯在设计上的反省是重要的且具有当代性：他们强调，实际上，必需性——而不是艺术性——才是一个完美物品设计的刺激动因。路斯设计的Thonet椅子是奇妙的。看着它，你立即会干脆的说："那是一张Thonet椅子"。然而，尽管就整体而言，它是一件完全独一无二的物品，但在其比例及某些不易察觉的细节方面仍有一些过分讲究的地方，同时它也表现出一定的保守。除了一些特殊的案例，实际的情况仍是：一个物体不可能是绝对意义上的主导者；它一定要表现出很大程度的节制，更应允许自身被用于建立某种关联。我坚持认为工业设计面临这一现实问题。在历史上留下印记的家具都具有相当程度的适度性和一种平庸性——一个含有双重语义的词汇，我用它并不是指"缺乏趣味及特征"，而是指"对连续性有益"这样的意思。

　　对于建筑师而言，观察是最重要的训练。我们观察得越多，就越逼近事物的本质。当我设计一件物品时，我从大量的构思开始，并且将完全不同的甚至有时很夸张的内容画成草图。设计慢慢地经历一个约简的过程，引向其本质和对其物质的逐渐征服。我像一个小孩一样画出的程式化的椅子具有使这一特定物体区别于其他所有物体的全部特征：四条腿、一个靠背、一个座位。这保留了设计起点：提炼认识然后达成"第二个自发性"的获得，同时陷入船只失事总是具有可能性的危险航程。设计暗含着与手工艺工匠的工作及工业化生产程度之间具有很强的联系。为了充分开发其潜力，我们必须首先了解其提供的可能性。在生产过程中，特别当我们使用一个心胸偏狭的手工艺工匠时，必须在设计和实施设计者之间建立起紧密联系。

此刻我正在设计一套餐具。叉子将会有一些被特别插入的尖齿，并且刀片的重量将与刀柄的重量相当，以避免不平衡的情况发生。许多解决方案来自于经验，来自于对物品随着时间是如何被转变和改进的思考。在这个案例中，我也只是画了草图，这些草图使我能够创造出一定数量的原型。观察这些草图，我开始给它们添加修改，然后与建筑师朋友和我的家庭成员讨论，他们几乎没有概念化的先入之见。这个"学习过程"支持了设计，而设计吸取了假设和批评，并因此对那些批评做出回应。

再回到椅子的设计：为了表现一定的独特性而不背离其本质，确保设计不要冒险——过于显而易见的——是很重要的。在这方面可以设想，一点新奇的意味可能会谨慎的具有吸引力，而同时还保持着"平庸"。被新奇所纠缠的设计起点表现了一种粗俗而浅薄的态度。

9. 阿尔瓦罗·西扎在1992年普利茨克颁奖典礼的致谢词

　　直到现在,我仍然难以置信,我成为了今年普利茨克奖的得主,这一由海亚特基金会(The Hyatt Foundation)颁发的威望极高的奖项曾经授予了许多我极为尊崇的建筑师们。最重要的是,建筑奖项的目标应该是支持和赞美那些完美的表现。而我仍然没有达到完美的境界。

　　我仍然记得在许多年以前与我的朋友,也是我在波尔图建筑学院的老师费尔南多·塔欧拉(Fernando Tavora)的一次谈话。在那次谈话中,他提到了他对于伯鲁乃列斯基(Brunelleschi)的圆屋顶从某个角度看去的不完整性的困惑。最初他感到某种失望,继而产生了一种发现和充分理解的感觉。在这里,我并非是指艺术家的永不满足(尽管这种不满足我也常有)。我正在谈及的是有形的和物质的非理想状态:墙壁的裂缝、某种不舒适感、不合规程的粉刷、或是弯曲的木材,总之,并未获得完全的严密性。

　　另一方面,我正在谈及的是对于探求美感的障碍和轻视,而协调或对比之美是极为重要的。建筑师的职业生活现在不仅受到非理想状态的各种因素的影响,而且也被建造建筑的不可能性和各种困难所困扰。

　　面对满足最多人的需求的艰巨挑战和个人表现机会的巨大吸引(这与建筑的生命力密切相关),我总是感到二者之间在专业上的分离。而最终,二者应互为补充、不可分割。

　　建筑周围的各种环境最近将我导向最重要的城市问题(以一种片断的方式),而城市问题是由形成某一城市和地区的各种平凡的要素所构成的。我的意图在于重新获得已经失去的自发性,从自发性和差异性中受益;一种为特定的城市事件找寻或塑造场所的不受抑制的整体能力。

　　我梦想着一个时刻,到那时这一本质且整体的需求将不再依赖于建筑的地位。那时,不但在我的国家,对于那些陈腐的、重复的事物(作为增强城市的美感和纪念性的一个条件)加入特征的需求和方式将面对深刻的变革,也许在那时,这种变革是极其痛苦的,但却是超越于明显疆界的富于希望、令人着迷和创造性的变革;不是高技的也不是手工艺技能的(建筑创造的陈旧的支持),而是对于现实的质疑和追求的中间状态,这是因我们不断开拓而产生的不断消亡和重生的状态。

　　我想要表达的是,普利茨克奖给我的内心以平静。这对我传达了一个明显的信息:它承认了我们现在面对的情况是过渡性的,尽管在各个环境之间存在差异,但却是普遍存在的;它将逐渐从过去的中心与边缘的狭隘观念中解放出来。

　　我感谢普利茨克家族,他们将建筑作为艺术而加以热爱和颂扬,而且以一种整体的而非片面的态度鉴赏建筑。

　　我感谢评审团的成员,他们毫无保留、坚持不懈的寻求着那种正直和诚实。我感谢我的家人和朋友——同事、工作室的合作伙伴、业主及其他所有的人,感谢出席并授予我此项荣誉的人。

　　毕竟,直到现在我才终于敢说:我终于知道了授予我普利茨克奖的原因。我感到非常高兴和自豪。谢谢!

附　录

1. 阿尔瓦罗·西扎简历

（资料来源：http://www.pritzkerprize.com/siza.htm）

1933/6/25	出生于葡萄牙马托西纽什（Matosinhos）
1949～1955	在波尔图大学建筑学院学习
1955～1958	在费尔南多·塔欧拉（Fernando Távora）事务所工作
1958	创立阿尔瓦罗·西扎建筑事务所

2. 主要奖项及荣誉

（资料来源：El GROQUIS 68/69+95 ALVARO SIZA 1958～2000．El GROQUIS, S.L. 2000 Kenneth Frampton．alvaro siza Complete Works．Phaidon Press Limited．2000）

1982	国际艺术评论家协会葡萄牙分部建筑奖
1987	葡萄牙建筑师学会奖
1988	密斯·凡德罗基金欧洲经济共同体建筑奖
	哈佛大学城市设计威尔士王子奖
	阿尔瓦·阿尔托基金会金奖
1992	美国普利茨克建筑奖
1993	葡萄牙建筑师学会奖
1994	贝尔拉格奖
1995	日本奈良世界建筑展金奖
1998	美国纽约美国艺术及文学学会布鲁纳纪念奖
	日本东京艺术协会皇家金奖

3. 主要作品年表

1958～1963	葡萄牙，莱萨·达·帕尔梅拉，博阿·诺瓦餐厅

1958~1965	Portugal, Leça da Palmeira, Boa Nova Restaurant 葡萄牙，莱萨·达·帕尔梅拉，康西卡奥游泳池 Portugal, Leça da Palmeira, Quinta da Conceição Swimming Pool
1960~1962	葡萄牙，马亚，罗沙·里贝罗住宅 Portugal, Maia, Rocha Ribeiro House
1961~1966	葡萄牙，莱萨·达·帕尔梅拉，莱萨·达·帕尔梅拉海洋游泳池 Portugal, Leça da Palmeira, Ocean Swimming Pool in Leça da Palmeira
1964~1968	葡萄牙，米纽省，阿尔维斯·科斯塔住宅 Portugal, Moledo do Minho, Alves Costa House
1964~1970	葡萄牙，Póvoa de Varzim，阿尔维斯·桑托斯住宅 Portugal, Póvoa de Varzim, Alves Santos House
1967~1970	葡萄牙，波尔图，曼努埃尔·马加尔哈伊斯住宅 Portugal, Oporto, Manuel Magalhães House
1971~1973	葡萄牙，米纽省，阿尔西诺·卡多索住宅 Portugal, Moledo do Minho, Alcino Cardoso House
1971~1974	葡萄牙，奥利维拉·德·阿泽梅斯，平托·索托银行 Portugal, Oliveira de Azeméis, Pinto&Sotto Major Bank
1973~1976	葡萄牙，Póvoa de Varzim，贝莱斯住宅 Portugal, Póvoa de Varzim, Dr. Beires House
1973~1977	葡萄牙，波尔图，博萨社会住宅 Portugal, Oporto, Bouca Social Housing
1974~1977	葡萄牙，波尔图，圣·维克多居住区 Portugal, Oporto, São Victor District Rehabilitation
1976~1978	葡萄牙，圣·德索，安东尼奥·卡洛斯·西扎住宅 Portugal, Santo Tirso, Antonio Carlos Siza House
1977~	葡萄牙，埃武拉，马拉古埃拉社会住宅区 Portugal, Évora, Quinta da Malagueira Social Housing
1979~1987	葡萄牙，阿尔科泽罗，玛利亚·马加利达住宅 Portugal, Arcozelo, Maria Margarida House
1980~1984	1986-1988　德国，柏林，Schlesisches Tor 住宅 Germany, Berlin, Schlesisches Tor House
1981~1985	葡萄牙，奥瓦尔，阿维利诺·杜阿尔特住宅 Portugal, Ovar, Avelino Duarte House
1982~1986	葡萄牙，孔迪镇，博格斯·伊尔玛奥银行 Portugal, Vila do Conde, Borges & Irmão bank
1983~1984	澳门，澳门城市扩建规划 Island of Macau, Macau Urban Expansion Plan
1983~1988，1989~1993	荷兰，海牙，Schilderswijk 和 Doedijnstraat 城市再发展计划和社会住宅

	Netherlands, Hague, Urban Redevelopment Plan and Social Housing Schilderswijk and Doedijnstraat
1984~1991	葡萄牙，佩纳费尔，若奥·德乌斯幼儿园
	Portugal, Penafiel, João de Deus Kindergarten
1984~1994	葡萄牙，新法玛丽康镇，戴维·维埃拉·卡斯特罗住宅
	Portugal, Vila Nova Famalição, David Vieira de Castro House
1985~1986	葡萄牙，波尔图，卡洛斯·拉莫斯展览馆
	Portugal, Oporto, Carlos Ramos Pavilion
1985~1994	葡萄牙，冈多马尔，路易斯·费古埃拉多住宅
	Portugal, Gondomar, Luis Figueiredo House
1986~1988	荷兰，海牙，凡·德·温尼公园两座住宅和商店
	Netherlands, Hague, Two Houses in van der Venne Park
1986~1994	葡萄牙，塞图巴尔，塞图巴尔教师培训学校
	Portugal, Setúbal, Teachers' Training College In Setúbal
1986~1995	葡萄牙，波尔图，波尔图大学建筑学院
	Portugal, Oporto, School Of Architecture, University of Oporto
1988~1989	葡萄牙，阿威罗，阿威罗大学水塔
	Portugal, Aveiro, Water Tower, University of Aveiro
1988~1994	西班牙，圣地亚哥·德·孔波斯特拉，加利西亚现代艺术中心
	Spain, Santigo de Compostela, Galician Centre of Contemporary Art
1988~1995	葡萄牙，阿威罗，阿威罗大学图书馆
	Portugal, Aveiro, Aveiro University Library
1988~	葡萄牙，里斯本，齐奥多街区重建
	Portugal, Lisbon, Chiado District Reconstruction
1989~1992	西班牙，巴塞罗那，巴塞罗那奥运村气象中心
	Spain, Barcelona, Metereological Centre in the Olympic Village
1990~1997	葡萄牙，福尔诺斯教区中心
	Portugal, Church in Marco de Canavezes
1990~1998	荷兰，Maastricht，凯拉米克公寓和办公建筑
	Netherlands, Maastricht, Céramique-apartment and Office Building
1991~1994	德国，魏尔，维特拉家具厂厂房
	Germany, Weil am Rhein, Production Building For Vitra
1991~1998	葡萄牙，波尔图，博阿维斯塔居住综合体
	Portugal, Oporto, Boavista Residential Complex
1991~1999	葡萄牙，波尔图，塞拉维斯基金会（波尔图当代艺术馆）
	Portugal, Oporto, Serralves Foundation,
1993~1997	葡萄牙，阿古埃达，莱维格里斯大厦
	Portugal, Agueda, Revigres Building

1993～1998	葡萄牙，波尔图，西扎建筑事务所办公楼
	Portugal，Oporto，Architecture Office
1993～1999	西班牙，加利西亚，圣地亚哥·德·孔波斯特拉大学的信息科学系馆
	Spain，Galicia，Faculty of Information Sciences
1995～1997	葡萄牙，里斯本，1998年世界博览会葡萄牙展览馆
	Portugal，Lisbon，Expo'98 Portuguese pavilion 1998
1995～1998	西班牙，阿利坎特，阿利坎特大学神学院
	Spain，Alicante，Rectorate of the University of Alicante
1997～2001	比利时，比利时一座农庄扩建
	Belgium，Maison a Oudenburg，Belgium
1999～2000	德国，汉诺威，2000年世界博览会葡萄牙展馆
	Germany，Hanover，PORTUGUESE PAVILION OF Expo 2000

参考书目

1. El GROQUIS 68/69+95 ALVARO SIZA 1958−2000. El GROQUIS, S.L, 2000

2. Kenneth Frampton. alvaro siza Complete Works. Phaidon Press Limited, 2000

3. Philip Jodidio. Alvaro Siza. Koln:TASCHEN, 1999

4. Peter Testa. Alvaro Siza. Bacel:Birkhauser Verlag, 1996

5. Dentro la città. Álvaro Siza. Motta Architetture, 1997

6. Brigitte Fleck (Ed.). Alvaro Siza. Stadtskizzen/City Sketches/Desenhos urbanos. Bacel:Birkhauser Verlag, 1994

7. Philip Jodidio.ARCHITECTURE NOW. Koln:TASCHEN, 1999

8. A+U, 00:04 (335):2. Alvaro Siza's Recent Works

9. Architecture Review, 1999, 11

10. GA DOCUMENT, 50, 57, 59, 63

11. DOMUS:655, 778, 786, 791, 802

12. CASABELLA:612, 700, 706, 707

13. Detail:2002 1−2

14. [英] G·勃罗德彭特 著. 张韦 译.建筑设计与人文科学.北京：中国建筑工业出版社,1990

15. [法] 丹纳 著.傅雷 译. 艺术哲学. 天津：天津社会科学院出版社,2004

16. [意] 曼弗雷多·塔夫里／弗朗切斯科·达尔科 著.刘先觉等 译.现代建筑.北京：中国建筑工业出版社, 2000

17. [日] 渊上正幸 编著. 覃力 黄衍顺 徐慧 吴再兴 译. 现代建筑的交叉流——世界建筑师的思想和作品. 北京：中国建筑工业出版社,2000

18. 王建国, 张彤 编著. 安藤忠雄.北京:中国建筑工业出版社,1999

19. 项秉仁 著.赖特.北京:中国建筑工业出版社,1992

20. 刘先觉 编著.阿尔瓦·阿尔托.北京:中国建筑工业出版社,1998

21. 王受之 著.世界现代建筑史. 北京:中国建筑工业出版社, 1999

22. 赵巍岩 著. 当代建筑美学意义.南京：东南大学出版社,2001

23. 杨志疆 著.当代艺术视野中的建筑.南京：东南大学出版社,2003

24. 万书元 著. 当代西方建筑美学.南京：东南大学出版社,2001

25. 董豫赣 著.极少主义.北京:中国建筑工业出版社,2002

26. 弗兰西斯·弗兰契娜, 查尔斯·哈里森 编.张坚, 王晓文 译.20世纪西方美术理论译丛:现代艺术和现代主义.上海：上海人民美术出版社,1988

27．张路峰 著．阅读西扎．建筑师，10/1998

28．周凌 著.融合与平衡——阿尔瓦罗·西扎和他的七个作品.华中建筑，03/2000

29．赵恺，李晓峰 著.突破"形象"之围——对现代建筑设计中抽象继承的思考.新建筑，02/2000

30．世界分国地图：西班牙 葡萄牙 安道尔，中国地图出版社

31．张旭平 编著，漫游世界指南——葡萄牙．沈阳：辽宁教育出版社，2000

32．http：//www.PortugalNo1.com

33．http：//www.pritzkerprize.com/siza.htm

34．http：//www.greatbuildings.com/buildings/ Alvaro_Siza_Office.html

35．http：//www.arcspace.com/studio/siza.html

36．http：//www.greatbuildings.com/architects/Alvaro_Siza.html

37．http：//www.cidadevirtual.pt/blau/siza.htm

38．http：//www.cidadevirtual.pt/blau/tavora.html

39．http：//www.epdlp.com/siza.html

40．ABBS 建筑论坛

后　记

　　阿尔瓦罗·西扎是闻名于当代的建筑大师。面对生活中的种种矛盾,他的作品大到一城一池、小到一宅一院,都以朴实而谦逊的态度,持续探索着对现实和变革的回应。他的实践成就和思想观念对于找寻当代中国建筑的发展道路具有特殊的启示意义。只愿本书能够为了解阿尔瓦罗·西扎及其作品的读者提供一些帮助和便利,给读者以开卷有益的启迪。

　　在编著本书期间,阿尔瓦罗·西扎先生慷慨赠送了图片、图纸和论文等宝贵资料,摄影师Hisao Suzuki先生提供了大量精彩的图片,而Hisao Suzuki图片社的Mona Tellier小姐和阿尔瓦罗·西扎建筑事务所的Anabela Monteiro小姐的热心帮助对本书的完稿也具有重要作用,在此一并表示衷心的感谢。此外,还必须向曾经为本书的完稿作出贡献的朋友们致以谢意。感谢李海清博士为本书提供部分图片;感谢蒋邢辉、冯炀、顾震弘、戴琦、何伟的关心和帮助;感谢沈旸、胡石、俞海洋、陈栋为部分插图的绘制和整理所付出的艰辛劳动;最后,特别感谢家人,他们的关心和支持是我们写作的动力源泉,此书亦是回报他们的礼物。

　　时至今日,此书终于付梓,感慨良多。写作期间,心情的焦灼、翻译的艰涩、梳理的繁杂几令人停笔,但我们还是坚持了下来。然而疏漏与偏颇恐在所难免,希冀读者的批评与指正使得本书的编著质量更上一层楼。在此,惟愿本书的完成只是暂时的完结,同时又期待着新的开端……

作　者

2004年12月写于东南大学